エコビジネス
特論

岸川 善光〔編著〕
KISHIKAWA Zenko

朴 慶心〔編著補〕
PARK Kyeong Sim

学 文 社

執　筆　者 ＜横浜市立大学大学院　特論タスクフォース＞
岸川善光　横浜市立大学大学院国際マネジメント研究科教授（第1章）
朴　慶心　横浜市立大学大学院国際マネジメント研究科（第2・3章）
中野皓太　横浜市立大学大学院国際総合科学研究科（第4・5・6・7・8章）
長村知幸　横浜市立大学大学院国際マネジメント研究科（第9章）
山下誠矢　横浜市立大学大学院国際マネジメント研究科（第10章）

執筆協力者 ＜横浜市立大学国際総合科学部　岸川ゼミ＞
高橋竜馬（第1章）／河合敦子（第2章）／中村祐太（第3・5章）／斉藤友哉（第4・10章）／持田静香（第6・7章）／岡本遙夏（第6・8章）／高尾育穂（第9章）

── ◆ **はじめに** ◆ ──

　21世紀初頭の現在，企業を取巻く環境は，高度情報社会の進展，地球環境問題の深刻化，グローバル化の進展など，歴史上でも稀な激変期に遭遇している。環境の激変に伴って，ビジネスもマネジメント（経営管理）も激変していることはいうまでもない。

　本書は，このような環境の激変に対応するために企画された「特論シリーズ」の第1巻として刊行される。ちなみに，「特論シリーズ」のテーマとして，エコビジネス，アグリビジネス，コンテンツビジネス，サービス・ビジネス，スポーツビジネスの5つを選択した。選択した理由は，従来のビジネス論，マネジメント（経営管理）理論では，この5つのテーマをうまく説明できないと思われるからである。これら5つのテーマには，①無形財の重視，②今後の成長ビジネス，③社会性の追求など，いくつかの共通項がある。

　本書で取り上げるエコビジネスは，すでに循環型社会の実現について社会的合意が得られつつあり，ビジネスとしても，無形財の重視，今後の成長ビジネス，社会性の追求について，ある程度の合意が得られつつあるといえよう。現実に，環境にやさしく社会性を重視した「戦略的社会性」の追求が，実は利益増大につながるという実証データも着実に揃いつつある。

　本書は，大学（経営学部，商学部，経済学部，工学部等）における「環境経営論」等，大学院（ビジネス・スクールを含む）における「環境経営特論」等の教科書・参考書として活用されることを意図している。また，エコビジネスに関係のある実務家が，自らの実務を体系的に整理する際の自己啓発書として活用されることも十分に考慮されている。

　本書は，3つの特徴をもっている。第一の特徴は，エコビジネス，環境経営などの関連分野における内外の先行研究をほぼ網羅して，論点のもれを極力防止したことである。そして，体系的な総論（第1章〜第3章）に基づいて，エコビジネスの各論（第4章〜第9章）として重要なテーマを6つ選定した。第10章は，まだ独立した章のテーマにはなりにくいものの，それに次ぐ重要なテーマを選択し，今日的課題としてまとめた。これらの総論，各論について，各章10枚，合計100枚の図表を用いて，視覚イメージを重視しつつ，文章による説明と併せて理解するという立体的な記述スタイルを採用した。記述内容は基本項目に絞り込んだため，応用項目・発展項目についてさらに研究したい人

は，巻末の詳細な参考文献を参照して頂きたい。

　第二の特徴は，エコビジネスに関する「理論と実践の融合」を目指して，理論については「戦略的社会性」の追求など，一定の法則性を常に意識しつつ考察し，実践についてはエコビジネスに関する現実的な動向に常に言及するなど，類書と比較して明確な特徴を有している。また，「理論と実践の融合」を目指して，各論（第4章～第9章）の第5節には，簡潔なケーススタディを行った。理論がどのように実践に応用されるのか，逆に，実践から理論がどのように産出されるのか，ケーススタディによって，融合の瞬間をあるいは体感できるかも知れない。

　第三の特徴は，エコビジネスについて，伝統的なビジネス論，マネジメント（経営管理）論に加えて，①無形財の重視にいかに対応するか，②今後の成長ビジネスとしていかに具現化するか，③社会性の追求が本当に利益を生むかなど，現実のソリューション（問題解決）について言及したことである。今後のビジネス論，マネジメント（経営管理）論は，ソリューション（問題解決）にいかに貢献するかが第一義になるべきである。よい理論とは，ソリューション（問題解決）においてパワフルでなければならない。そのためには，今後エコビジネス論の幅と深さがより求められるであろう。

　上述した3つの特徴は，実は編著者のキャリアに起因する。編著者はシンクタンク（日本総合研究所等）において，四半世紀にわたり経営コンサルタント活動の一環として，数多くのクライアントに対して，エコビジネスに関するソリューションの支援に従事してきた。その後，大学および大学院でエコビジネスに関する授業や討議の場を経験する中で，理論と実践のバランスのとれた教科書・参考書の必要性を痛感したのが本書を刊行する動機となった。

　本書は，横浜市立大学大学院の特論タスクフォースのメンバーによる毎週の討議から生まれた。より正確にいえば，特論タスクフォースのメンバーによる毎週の討議の前に，学部ゼミ生（執筆協力者）による300冊を超える先行文献の要約，ケースの収集，草稿の作成という作業があり，本書は，これら全員の協働によって生まれた。協働メンバーにこの場を借りて感謝したい。

　最後に，学文社田中千津子社長には，「特論シリーズ」の構想・企画段階からご参加を頂き，多大なご尽力を頂いた。「最初の読者」でもあるプロの編集スタッフのコメントは，執筆メンバーにとって極めて有益であった。記して格段の謝意を表したい。

2010年2月

岸川　善光

── ◆ 目　　次 ◆ ──

【第1章】　エコビジネスの意義　　1

第1節　環境問題と企業 ……………………………2
　① 環境問題の深刻化　2
　② 環境問題の特性　3
　③ 高まる企業への期待　5

第2節　エコビジネスの定義 …………………………6
　① 先行研究のレビュー　6
　② 本書におけるエコビジネスの定義　8
　③ エコビジネスの目的と特性　9

第3節　エコビジネスの担い手 ………………………11
　① エコビジネスの主体　11
　② 企業からみた環境問題　12
　③ エコビジネスのステークホルダー　13

第4節　エコビジネスの将来性 ………………………15
　① エコビジネスの変遷　15
　② エコビジネスへの期待　17
　③ トリプルボトムラインの追求　18

第5節　サスティナビリティ社会の実現 ………………20
　① サスティナビリティ社会の成立要件　20
　② サスティナビリティ社会における企業の役割　21
　③ サスティナビリティと企業の競争優位　23

【第2章】 エコビジネス論の生成と発展　　27

第1節　環境問題の変化 …………………………………………28
① 産業公害問題の時代：1960年代　　28
② 資源・エネルギー枯渇，国際化の時代：1970年代～1980年代　　29
③ 複雑化の時代：1990年以降　　30

第2節　企業の変化 ………………………………………………31
① 公害対策・環境対応の時代：1960年代～1980年代　　32
② 環境保全・CSRの時代：1990年代　　33
③ 環境戦略・サスティナビリティの時代：2000年以降　　35

第3節　消費者の変化 ……………………………………………37
① 被害者の時代：1960年代　　37
② 傍観者の時代：1970年代～1990年代前半　　38
③ 参画・協働の時代：1990年代後半以降　　39

第4節　政府・自治体の変化 ……………………………………41
① 国内法整備の時代：1960年代～1970年代　　41
② 国際的な法整備の時代：1980年代～1990年代　　43
③ 提携・支援強化の時代：2000年以降　　44

第5節　国際社会の変化 …………………………………………45
① 先進国による認識の時代：1970年代まで　　45
② 先進国主導の時代：1980年代～1990年代前半　　47
③ 国際的な合意形成の時代：1990年代後半以降　　49

【第3章】 エコビジネスの体系　53

第1節　エコビジネスの位置づけ　54
① 経済社会システムにおける位置づけ　54
② 企業経営における位置づけ　55
③ 学際的な位置づけ　56

第2節　エコビジネスの成立要件　58
① 企業の役割　58
② 政府・自治体の役割　59
③ 消費者・市民の役割　61

第3節　エコビジネスの分類　62
① 先行研究のレビュー　63
② エコビジネスの分類と特徴　64
③ 事業分野ごとのかかわり　66

第4節　エコビジネスと企業　67
① 大企業とエコビジネス　67
② 中小企業と認証取得の重要性　68
③ 中小企業の戦略的エコビジネス　71

第5節　エコビジネスとビジネス・システム　72
① サプライチェーン・マネジメントとエコビジネス　72
② ディマンドチェーン・マネジメントとエコビジネス　74
③ 企業間関係とエコビジネス　74

【第4章】 エコビジネスの市場動向　　79

第1節　エネルギー関連分野 ……………………………80
- ① 概　　要　80
- ② 現　　状　81
- ③ 今後の課題　83

第2節　エコプロダクツ・エコマテリアル関連分野 ……85
- ① エコプロダクツの概要と現状　85
- ② エコマテリアルの概要と現状　86
- ③ 今後の課題　88

第3節　ソフトサービス系環境ビジネス関連分野 ………89
- ① 概　　要　89
- ② 現　　状　90
- ③ 今後の課題　91

第4節　廃棄物・リサイクル関連分野 ……………………93
- ① 概　　要　93
- ② 現　　状　95
- ③ 今後の課題　96

第5節　池内タオルのケーススタディ ……………………98
- ① ケ　ー　ス　98
- ② 問　題　点　99
- ③ 課　　題　101

【第5章】 環境経営戦略　　105

第1節　環境経営戦略とエコビジネス　106
① 先行研究のレビュー　106
② 本書における環境経営戦略の定義　107
③ 環境先進企業の特徴　109

第2節　競争優位の確立　111
① 環境経営戦略の優位性　111
② 競争優位の確立要件　112
③ 価値連鎖の拡大　114

第3節　守りの環境経営戦略　115
① 環境効率の向上　115
② 環境コストの削減　117
③ 環境リスクの管理　118

第4節　攻めの環境経営戦略　119
① 環境マーケティングの実施　120
② 環境適合設計の導入　121
③ 環境イノベーションの推進　122

第5節　パナソニックのケーススタディ　124
① ケース　124
② 問題点　125
③ 課題　126

【第6章】 環境マネジメントシステムとビジネスシステム　131

第1節　環境マネジメントシステムの意義　………………………………132
① 環境マネジメントシステムの目的　132
② 環境マネジメントシステムの構成要素　133
③ 環境マネジメントシステムとビジネスシステム　134

第2節　認証取得とISO14001　……………………………………………136
① ISO14001の概要と目的　136
② ISO14001の取得方法　137
③ ISO14001の運用　138

第3節　環境会計　……………………………………………………………140
① 環境会計の概要と目的　140
② 環境会計とビジネスシステム　142
③ 環境会計の国際比較　143

第4節　環境情報　……………………………………………………………145
① 環境情報の目的とその重要性　145
② 環境報告書の目的と活用　146
③ 環境ラベルの目的と重要性　148

第5節　キヤノンのケーススタディ　………………………………………149
① ケ ー ス　149
② 問 題 点　150
③ 課　　題　152

【第7章】 ステークホルダーの戦略的活用　157

第1節　ステークホルダーと企業 …………………………………158
① オープン・システムとしての企業　158
② 適切な関係の構築　159
③ win-win な関係の構築　161

第2節　環境金融 ……………………………………………………162
① 投資姿勢の変化　162
② SRI とエコファンド　164
③ 今後の課題　166

第3節　研究機関との連携 …………………………………………167
① 大学との連携　167
② シンクタンクとの連携　169
③ 今後の課題　171

第4節　その他のステークホルダーとの連携 ……………………172
① 市民との連携　172
② NPO・NGO との連携　173
③ メディアとの連携　175

第5節　損保ジャパンのケーススタディ …………………………177
① ケース　177
② 問題点　179
③ 課題　180

【第8章】 エコビジネスと法規制　　183

第1節　法規制と企業の関係　……………………………………184
① 先行研究のレビュー　184
② 本書における法規制の位置づけ　186
③ 法規制の分類　187

第2節　法規制への関わり方　……………………………………188
① 法規制の目的と重要性　188
② 企業の積極的対応・消極的対応　189
③ 適切な規制・不適切な規制　191

第3節　法規制の国際的な動向　…………………………………192
① 関連法案導入の歴史　192
② WEEE, RoHS, REACH 規制への対応　194
③ ビジネスライセンスとしての重要性　195

第4節　法規制と排出権取引　……………………………………196
① 排出権導入の背景　196
② 排出権取引の分類と現状　198
③ わが国における排出権取引　199

第5節　ホンダのケーススタディ　………………………………201
① ケース　201
② 問題点　202
③ 課題　204

【第9章】 エコビジネスの国際比較　209

第1節　ドイツのエコビジネス ……………………………… 210
　① EUにおけるドイツ　210
　② 現在の取組み　211
　③ 今後の課題　213

第2節　米国のエコビジネス ……………………………… 214
　① エコビジネスの拡大背景　214
　② 現在の取組み　215
　③ 今後の課題　217

第3節　中国のエコビジネス ……………………………… 218
　① エコビジネスの拡大背景　218
　② 現在の取組み　219
　③ 今後の課題　220

第4節　その他の環境先進国のエコビジネス ……………… 222
　① 北欧諸国周辺のエコビジネス　222
　② ASEAN諸国のエコビジネス　223
　③ 中南米のエコビジネス　226

第5節　サンテックのケーススタディ ……………………… 228
　① ケース　228
　② 問題点　228
　③ 課題　231

【第10章】 エコビジネスの今日的課題　　235

第1節　環境ベンチャーの台頭 …………………………… 236
① 環境ベンチャー台頭の背景　236
② 現　状　237
③ 今後の課題　238

第2節　環境教育への期待 ………………………………… 240
① 環境教育の主体と役割　240
② 社内・社外への環境教育　241
③ 今後の課題　243

第3節　グリーン・サービサイジングとエコビジネス …… 244
① グリーン・サービサイジングの拡大背景と成立要件　244
② 分類とその現状　246
③ 今後の課題　248

第4節　新たな事業展開 …………………………………… 249
① ESCO事業　249
② PFI事業　251
③ 今後の課題　252

第5節　環境先進国日本の復権 …………………………… 253
① 過去の状況と背景　253
② 現　状　255
③ 今後の課題　257

参考文献 ……………………………………………………… 261
索　引 ………………………………………………………… 281

◆ 図表目次 ◆

図表1-1　地球温暖化による世界各地の被害予想　3
図表1-2　産業公害問題と地球環境問題の比較　4
図表1-3　エコビジネスの概念における共通項　9
図表1-4　企業が直面するトレードオフ　10
図表1-5　企業業績と環境経営の関係　13
図表1-6　環境問題をめぐるステークホルダー　14
図表1-7　環境問題の歴史と企業経営の変化　16
図表1-8　エコビジネスの市場・雇用規模　18
図表1-9　サスティナビリティのスイートスポットによる効果　22
図表1-10　持続可能性のポートフォリオ　24

図表2-1　国内の主な環境年表　31
図表2-2　環境問題への対応戦略の違い　33
図表2-3　環境問題への対応プロセス　34
図表2-4　企業を取り巻く環境の変化　35
図表2-5　環境問題への意識　39
図表2-6　消費者が環境問題対策に参画する昨今の契機　40
図表2-7　「公害国会」での成立法案　42
図表2-8　循環型社会形成のための法体系　44
図表2-9　リオ宣言の構成　48
図表2-10　国外の主な環境年表　50

図表3-1　エコビジネスの位置づけ　55
図表3-2　環境経営の見取り図　56
図表3-3　企業に求められる役割の拡大　59
図表3-4　環境と経済の好循環のまちモデル事業　60
図表3-5　エコビジネスの分類　65

図表3-6	事業分野ごとのかかわりによる拡大 66
図表3-7	ISO14001と簡易版EMSの比較 70
図表3-8	中小企業におけるエコビジネスの重要成功要因 71
図表3-9	サプライチェーンとエコビジネスの関連性 73
図表3-10	組織間関係を構築することによる効果と課題 76

図表4-1	新エネルギーの分類 81
図表4-2	新エネルギーの導入実績と導入目標 83
図表4-3	環境改善11のポイント 86
図表4-4	エコマテリアル材料性能の3次元ベクトル表示 87
図表4-5	ソフトサービス系の主な分野と関連業界 89
図表4-6	ステークホルダーが企業の環境報告に求める内容 92
図表4-7	従来の3Rと各社の5R 95
図表4-8	最終処分場の残余容量と残余年数および最終処分場数 96
図表4-9	連関図法による"環境"を軸として成熟産業を脱却するまでの軌跡 99
図表4-10	成熟産業における理論の適用 101

図表5-1	環境経営戦略の系譜 108
図表5-2	環境先進企業が保有する優れた特徴 110
図表5-3	優位性獲得のフレームワーク 113
図表5-4	価値連鎖の拡大 115
図表5-5	各社における環境効率の測定 116
図表5-6	環境コストの分類 118
図表5-7	環境マーケティング戦略の見取り図 121
図表5-8	環境適合設計の原則 122
図表5-9	パナソニックグループのエコアイディア戦略の全体像 125
図表5-10	パナソニックが抱えた問題点とその解決に向けたフローチャート 127

図表6-1	環境マネジメントシステムモデル	134
図表6-2	各ビジネスシステムへのEMS導入例	135
図表6-3	日本および海外の審査登録制度	138
図表6-4	連関図法によるISO活動の効果	139
図表6-5	環境会計の構造	141
図表6-6	環境会計における研究動向の国際比較	144
図表6-7	環境報告書の原則	148
図表6-8	ISOにおける各種の環境ラベル	149
図表6-9	キヤノンが抱えた問題点とその解決に向けたフローチャート	151
図表6-10	キヤノンにおけるMFCAとPCDAサイクル	153

図表7-1	ステークホルダーとそれぞれの関心事	160
図表7-2	ステークホルダー評価マトリックス	161
図表7-3	SRIの発展史	164
図表7-4	わが国におけるエコファンドの台頭	165
図表7-5	わが国における産学連携	168
図表7-6	環境ビジネスにおける企業およびシンクタンクの現状と対応	170
図表7-7	企業とNGOの新たなパートナーシップの時代	175
図表7-8	環境メディア論の構図	176
図表7-9	損保ジャパンが行っているステークホルダーとの連携の構図	178
図表7-10	損害保険会社3社の環境への取組み比較	179

図表8-1	国内における法規制の導入とそのポイント	185
図表8-2	環境政策手法の分類	188
図表8-3	規制の先取りによる差別化	190
図表8-4	適正に設計された規制のメリット	191
図表8-5	世界の環境規制の進展	193
図表8-6	ビジネスライセンス獲得のための基本的課題	196
図表8-7	京都メカニズムの3つの手法	197

図表8－8	排出権取引制度における方式の比較　198
図表8－9	マスキー法成立までの流れとホンダの活動　202
図表8－10	ホンダのCVCCにおける成功から課題抽出までのフローチャート　204

図表9－1	新エネルギー導入量の国際比較（2008年）　211
図表9－2	シーメンスが取り組む拡大生産者責任　212
図表9－3	各国のグリーンニューディール政策　216
図表9－4	スマートグリッドの仕組み　217
図表9－5	環境クズネッツ曲線　220
図表9－6	中国政府からみたエネルギーと気候変動をめぐるイシュー・マップ　221
図表9－7	ASEAN諸国の環境制度　225
図表9－8	中南米のエコビジネス（CDM）　227
図表9－9	ビジネスモデルの異同点（国際比較）　229
図表9－10	企業の範囲の決定　230

図表10－1	環境ベンチャーの類型　238
図表10－2	環境ベンチャーの成長に不可欠な要素　240
図表10－3	企業が行う環境教育　242
図表10－4	環境教育のプロセスと課題（温暖化対策を例に）　244
図表10－5	グリーン・サービサイジングを展開する際の視座　246
図表10－6	グリーン・サービサイジングの分類　247
図表10－7	ESCO事業のスキーム　250
図表10－8	PFIの事業形態　252
図表10－9	エネルギー効率の国際比較　254
図表10－10	資源の依存状況と太陽電池事業における逆転現象　256

第1章
エコビジネスの意義

　近年，企業活動における環境問題への対応が求められつつある。そして，環境問題へのさまざまな取組みは，「エコビジネス」「環境ビジネス」「環境配慮型経営」などと，統一された概念がないままに拡大されてきた。しかし，企業にとって環境問題への対応は，今後ますます重要課題となるため，共通認識が不可欠となる。

　そこで本章では，第一に，深刻化する環境問題とその特性を明らかにした上で，企業と環境問題との関係性を考察する。

　第二に，「エコビジネス」という用語に統一した上で，定義について考察する。具体的には，先行研究をレビューし，それらの異同点を踏まえた上で，本書におけるエコビジネスの定義を導出する。そして，エコビジネスの目的と特性について理解を深める。

　第三に，エコビジネスの担い手について考察する。本書では，エコビジネスの担い手を行政，企業，家計（消費者・市民団体）とし，それぞれの取組みについて概観する。そして，特に企業からみた環境問題の位置づけを整理した上で，その解決に向けて着目すべきステークホルダーを明確にする。

　第四に，エコビジネスの将来性について考察する。特に，エコビジネスの市場規模と雇用人口の変遷を，データに基づいて考察する。そして，今後の拡大に不可欠な概念となるトリプルボトムラインについて理解を深める。

　第五に，サスティナビリティ社会について考察する。まず，成立要件を整理し，サスティナビリティ社会の構築に向けた企業の役割を明らかにする。そして，競争優位との関係について理解を深める。

第1節　環境問題と企業

❶　環境問題の深刻化

　今日の環境問題は，時間の経過とともに多様化・複雑化している。そして，この傾向は，空間的な広がりを含みながら次第に深刻さを増し，われわれの生活環境をも脅かしつつある。そこで本節では，まず環境問題の現状を把握し，その特性を明らかにした上で，企業との関係性について概観する。

　金原達夫＝金子慎治[2005]によれば，地球環境問題は地球温暖化（気候変動），熱帯雨林の減少，オゾン層の破壊，有害廃棄物，酸性雨の増加，砂漠化，生物多様性の減少，海洋汚染，の8つに大別される[1]。地球環境問題の分類については，清水浩[1991]や仲上健一＝小幡範雄[1995]もほぼ同様の見解を示しているため，一定のコンセンサスはとれている[2]。図表1－1は，なかでも地球温暖化によってどのような影響があるのかを，IPCC[3][2007]が予想したものである。

　図表1－1に示されるように，温暖化による被害は，上記にあげた他の7つの環境問題にも密接に影響している。例えば，温暖化によって農作物の最適地域が変化すれば，新たな別の場所に耕作地域を確保する必要がでてくる。これによって砂漠化が広がり，野生生物の生息域も縮小し，生物多様性が脅かされる。IPCC[2007]は，「気候システムの温暖化には疑う余地がない[4]」と断定しつつ，「世界の温室効果ガスの排出量は，工業化以降，人間の活動により増加しており，1970年から2004年の間に70％増加[5]」と，その原因を人間の活動としている。

　植田和弘他[1991]によれば，「環境破壊（Environmental Disruption）という表現は，今日ではすっかり一般化し，誰もが用いるようになっている[6]」と述べている。環境の世紀といわれる21世紀において，環境問題の解決は，看過できない重要なテーマのひとつである。

図表1−1 地球温暖化による世界各地の被害予想

地　域	影　響
アフリカ	・2020年までに，7,500万〜2億5,000万人の人々が気候変動に伴う水ストレスの増大に曝されると予測される。 ・2020年までに，いくつかの国では，天水農業における収量は，最大50％まで減少し得る。
アジア	・2050年代までに，中央アジア，南アジア，東アジア及び東南アジアにおける淡水利用可能量は，特に大河川の流域において減少すると予測される。 ・風土病の罹患率や主に洪水及び干ばつに伴う下痢性疾患による死亡者数は，水循環に予測される変化によって，東アジア，南アジア及び東南アジアで上昇すると予想される。
オーストラリア及びニュージーランド	・2020年までに，グレートバリアリーフやクイーンズランド湿潤熱帯地域を含む，いくつかの生態学的に豊かな場所で，生物多様性の著しい喪失が起こると予測される。 ・2030年までに，オーストラリア南部及び東部，ニュージーランドのノースランドと東部地域の一部で，水の安全保障問題が強まると予測される。
ヨーロッパ	・気候変動は，ヨーロッパの自然資源と資産の地域格差を拡大すると予想される。 ・山岳地帯では，氷河の後退，雪被覆と冬季観光の減少，及び大規模な生物種の喪失（高排出シナリオの下では，いくつかの地域では2080年までに最大60％の喪失）に直面する。
ラテンアメリカ	・今世紀半ばまでに，気温の上昇とそれに伴う土壌水分量の減少により，アマゾン東部地域の熱帯雨林がサバンナに徐々に取って代わられると予測される。
北アメリカ	・西部山岳地帯における温暖化は，積雪の減少，冬季洪水の増加及び夏季河川流量の減少をもたらし，過度に割り当てられた水資源をめぐる競争を激化させると予測される。 ・沿岸のコミュニティと居住は，開発や汚染と相互作用する気候変動の影響によりストレスが増加する。
極　域	・予測される生物物理学的影響の主なものは，氷河，氷床及び海氷の厚さと面積の減少と，渡り鳥，哺乳動物及び高次捕食者を含む多くの生物に悪影響を及ぼす自然生態系の変化であると予測される。
小島嶼	・気温上昇に伴い，特に中・高緯度の小島嶼において，非在来種の侵入が増加すると予想される。

（出所）　IPCC［2007］訳書11-12頁を一部抜粋。

❷ 環境問題の特性

　環境問題への対応が必要であれば，そもそも環境問題がどのような経緯で発生し，その特性は何かを理解することが不可欠である。現象把握なしに効果的な解決策を実施することはできない。

　加賀田和弘［2007］は，環境問題の原因は，「人間の活動」であるとしている。

具体的には，①産業革命以降の膨大なエネルギー利用，②世界人口の急増（1700年から1950年までの250年で，世界人口は約7億人から，約3倍以上の25億人に増加[7]），③農業機械の発達による広大な農地開拓と農作物の大量生産，などをあげている[8]。すなわち，科学技術の進歩による急激な生活水準の向上や人口の増加が，地球環境そのものに大きな負荷をかけているのである。

では，今日の地球環境問題の特性とは何であろうか。よりわかりやすく捉えるために，以下では産業公害問題との比較分析を適用し，その特性を明らかにする。

図表1－2に示されるように，産業公害問題と地球環境問題は，因果関係・汚染源・汚染者責任など，すべての面において特性が異なっている。具体的には，地球環境問題は，因果関係が不明確で，影響が可視化するまでに時間がかかる。また，対象領域が広範囲であり国際的な影響を及ぼしているため，特定

図表1－2　産業公害問題と地球環境問題の比較

	産業公害問題	地球環境問題
因果関係	明らか/比較的単純	不明／複雑
汚染源	特定の工場など	不特定多数
汚染者責任	特定の企業など	特定困難，社会全体
影響の空間的規模	地域的，狭い	地球規模，越境，広い
影響の時間的規模	急性	慢性，世代を越える
影響の強さ	目に見える，強い	目に見えない，弱い
対策	主に技術	総合的，包括的な方法
主な学問的アプローチ	主に工学	学際的
対策の主体	主に企業（技術者）	さまざまな主体(政府，企業，市民)
対策の時期・タイミング	事後的対処	予防的措置
対策の期間	短期集中型	継続的な努力
対策の成功事例	多い（先進国）	ほとんどない

（出所）　金原＝金子［2005］5頁を一部修正。

の地域だけでなく，包括的な対策が必要である。汚染源に関しては，原因が大多数の企業や個人の活動であるため，責任の所在は社会全体に及んでいる。また，NTTデータ経営研究所編[2008]は，地球環境問題の特性を，①グローバル化，②ミクロ化，③ネットワーク化，の3点に集約している[9]。

以上のことから明らかなように，人間の経済活動によって顕在化した環境問題は，個別単体での対策では意味をなさない。各国政府や企業，あるいは市民団体や消費者などあらゆるアクターが積極的に情報を共有し，お互いの責任を有機的に果たすことが求められる。なかでも，企業に求められている役割は大きい。次項では，このことについて確認する。

❸ 高まる企業への期待

先述した環境問題への対応が急がれているなかで，周知のとおり企業への期待が高まりつつある。しかし，従来，企業が環境問題の対策に着手するのは，いわゆる企業の社会的責任（CSR：Corporate Social Responsibility）（以下，CSR）であった。CSRの概念がキャロル（Carroll, A. B.）[1979]のピラミッドモデルや森本三男[1994]のCSR組織欲求階層，あるいは谷本寛治編[2004]のCSRの3つの次元などによって発展されてきたことを踏まえ，本項ではこれらの所説を念頭に置き，環境問題対策としてのCSRを戦略的社会性の観点から捉えることにする。

原田勝広＝塚本一郎[2006]によれば，「企業の社会的責任とは，企業が社会の求める経済的・法的・社会的・倫理的・社会貢献的な期待に自発的に対応して，ステークホルダーとコミュニケーションをとりながら，企業活動と相互に影響関係にある経済・社会・環境などの分野に配慮した責任ある行動をとることで，持続可能な社会の実現に貢献することである」と定義している[10]。一般的に，現代企業の社会的責任は，経済主体として企業本来の機能を遂行するための経済的責任と，新たな概念である企業市民としての責任とに大きくわけることができる。企業の行動原理を基礎づける重要な概念の一つに地球環境問題への対策が求められている今日においては，企業の環境対策は後者にあたる。

環境問題に対するCSRが広く意識され始めたのは，1960年代から70年代に

かけて発生した公害問題である。この頃から企業は，公害を放置すると企業経営に大きく影響を及ぼす負債につながる可能性があると認識し始めた。井熊均＝足達英一郎[2008]によれば，「特定の環境破壊が特定の企業の屋台骨を揺るがす[11]」としたように，企業にとっての環境問題は，個々の企業が独自に取組むリスク対応として始められた。しかし，1970年代以降には不特定多数の企業が環境問題への関わりを意識せざるをえなくなり，一部の企業では，環境問題への取組みが企業のイメージ向上につながると考え，CSRの一環としての環境対策や環境経営を社会に積極的にアピールするようになった。さらに，2005年に発効された京都議定書をさらなる契機として，地球環境に対する関心が社会全体で急速に高まり始め，企業経営の分野においても環境が中心的な課題として位置づけられることが多くなった。

　今日の地球環境問題は，先述したように，人為的な要素によってもたらされた面が大きく，深刻さは年を経るにつれて悪化の一途を辿っている。したがって，企業に向けられる社会からの期待は非常に大きく，企業にとって環境対策は，単なるイメージづくりではない。例えば，ISO14001を取得していなければ取引の対象とされないなど，企業経営において絶対的に必要な条件ともなっている。換言すれば，もはや企業は環境問題への対応なしには，通常の経営活動を行えない状況にある。

第2節　エコビジネスの定義

❶　先行研究のレビュー

　前節で述べたように，今日では環境問題への対応が急がれており，企業セクターにとっても環境に配慮した経営が期待されている。そこで本節では，まず，本書のテーマであるエコビジネスの定義について考察する。なぜならば，後述するように市場規模の拡大が早いこともあり，一貫した定義がいまだ存在しな

いからである。定義が確立していない産業に対して曖昧なまま議論を進めれば，抽象的で中身のない内容になることは自明である。

　エコビジネス[12]とは，環境関連法の整備，市民の環境への意識の変化といった，環境に関する要因によって近年急速に市場が拡大している産業であり，現在も次々と新しい事業が創出されている。そのため，エコビジネスの定義はいまだ確立されていない。日本標準産業分類においても，エコビジネスと明確に定義されるものは，中分類の1つとして廃棄物処理業があげられている程度である。

　しかし，以下に述べるように，公的機関である環境省や，エコビジネスネットワークなどの民間企業においてエコビジネスの定義が述べられている。例えば，環境省編[2002]は，「産業活動を通じて，環境保全に資する製品やサービス（エコプロダクツ）を提供したり，社会経済活動を環境配慮型のものに変えていく上で役に立つ技術やシステム等を提供しようというのが環境ビジネス」と定義している[13]。

　また，OECD[1999]は，明確な定義ではないものの，環境産業（Environment Industry）を①環境汚染防止，②環境負荷低減技術及び製品，③資源有効利用，の3分野からなるとしている[14]。

　さらに，エコビジネスネットワーク編[2007]は，「環境への負荷（ダメージ）を継続的に改善する活動に寄与する技術および財（製品・商品）やサービスを提供するビジネス」と定義している[15]。

　次に，学術的な側面からエコビジネスの定義を確認する。例えば，仲上＝小幡[1995]は，「環境にやさしい市場（エコビジネス）」と簡潔に定義している[16]。このほかにも，清水[1991]や福岡克也[1990]は，明確な定義は示していないものの，エコビジネスに関する見解を提示している。

　一方，中村吉明[2007]は，エコビジネスの定義について，「非常に幅広く，その境界が曖昧なので，厳格な定義をすることはあまり意味のないもの」とし，むしろ理念的な考え方として「環境の産業化」と「産業の環境化」の2つの側面を提示している[17]。具体的には，前者は環境対策そのものをビジネス化して付加価値を創出するビジネスである。後者は，企業経営に環境配慮性を具備

することである。

　しかし，本書では，エコビジネスの定義を先行研究の異同点に基づきながら提示することは意味のある試みに違いないと考えている。なぜならば，エコビジネスを取り巻く環境は非常に早いスピードで変化しているが，一定の方向性を丁寧に抽出し，将来性を加味しながら独自の視点を提示することは，学術的な貢献となるからである。

❷　本書におけるエコビジネスの定義

　上述したように，エコビジネスの定義には多種多様な概念が混在している。しかし，それらを整理すると，いくつかの共通項に集約することができる。

　共通項の第一は，「エコビジネスとは，既存のビジネスや製品開発とは異なる，新しい産業である」という点である。

　共通項の第二は，「エコビジネスとは，多くの産業にまたがっている」という点である。リサイクルを例にとると，レアメタルのリサイクルであれば，ハイテク製品などといった電子機器産業，半導体産業，自動車産業などが関わる。また，プラスチックのリサイクルであれば，繊維産業，化学産業，プラスチック製品製造などが関わる。リサイクル以外のエコビジネスも，公害対策，環境修復など様々なビジネスが存在しており，それぞれが多様な産業に対して関わりをもっている。すなわち，エコビジネスは多くの産業（ほぼすべての産業）に関わっていることが分かる。

　共通項の第三は，「エコビジネスは循環型社会の構築に影響をもたらす」という点である。環境負荷を低減させる製品，ビジネスを通して，循環型社会の構築に必要な技術やシステムを提供するなど，循環型社会を構築するためには，エコビジネスの存在が必要不可欠である。

　このように，エコビジネスは3つの概念において共通している。図表1－3は，その共通項を簡潔に図式化したものである。3つの領域が交わっている部分が，本書における定義となる。

　図表1－3に示されるように，本書では，これらの共通項を複合した領域をエコビジネスと定義する。すなわち，「エコビジネスとは，環境保全，持続可

第1章　エコビジネスの意義

図表1－3　エコビジネスの概念における共通項

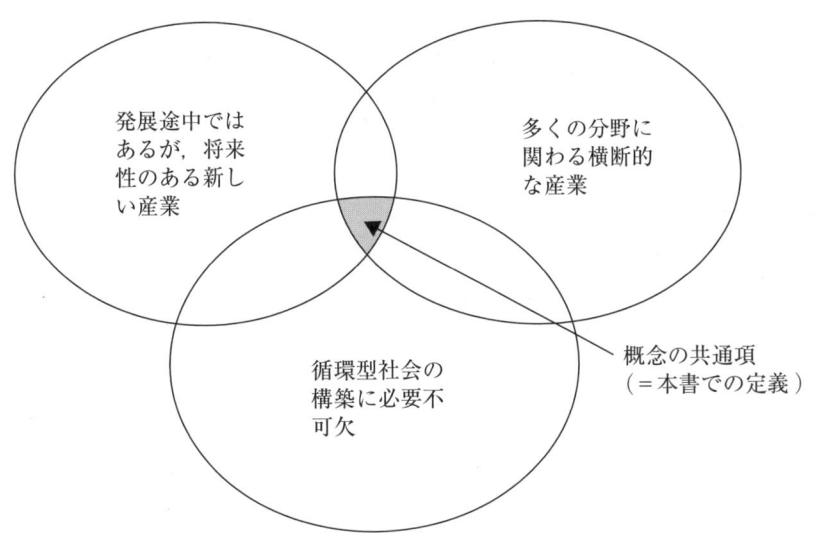

(出所)　筆者作成。

能性社会を構築するために必要な知識や技術，手段を提供する企業活動であり，産業横断型の活動」である。

エコビジネスの市場が今日においても変化していることを加味すれば，以上のような定義を設定することによって，将来的にも十分通用する定義となろう。

❸　エコビジネスの目的と特性

エコビジネスの目的は，いうまでもなく経済価値の追求と環境問題の解決である。例えば，有限資源の枯渇対策であれば，生分解性プラスチック事業が該当し，自然環境の修復であれば緑化事業やビオトープなどが該当する。しかし，特定のエコビジネス市場のみが成長しても根本的な解決にはならない。なぜなら，解決せねばならない環境問題の分野は多岐にわたるからである。

ところで，岡本眞一編[2007]によると，企業の行動は，環境配慮において次の2つに大別できる[18]。

① 　強制的アプローチ（企業を取り巻く法律や制度）：企業行動を規制する法

令などへの対応として環境配慮に取組む姿勢である。例えば，有害物質や廃棄物関連法規などの法規制に対処するために行う取組みが該当する。

② 自発的アプローチ（企業による自発的行動）：これはボランタリープランとよばれ，受け身の環境経営ではなく自主的に取組みを行うアプローチである。例えば，グリーン調達や環境マネジメントシステムの導入などがあげられる。

上述した2つのアプローチのなかで，後者は特に重要であり，ここにエコビジネスの特性がある。すなわち，経済価値と環境問題の解決という，一見するとトレードオフの構造を内包している点である。図表1－4は，このことを示したものである。

図表1－4に示されるように，環境経営に取り組む企業は，環境配慮と市場原理に基づいた競争優位性の確保というトレードオフの関係を克服する必要がある。

今日では，この特性を直視して，合理的な道筋を描きながら事業展開を図る企業が勝ち残るといえよう。第4章から第9章の第5節で取り上げているケーススタディは，このことを端的に示している。環境配慮が企業経営において不可欠な要素である以上，企業はこのトレードオフの関係を解決するために，確かな経営戦略が必要である。そのためにも，自社のエコビジネスにはどのような主体が関与しているのかを明確にすることが欠かせない。これについては，次節で詳しく取り上げる。

図表1－4　企業が直面するトレードオフ

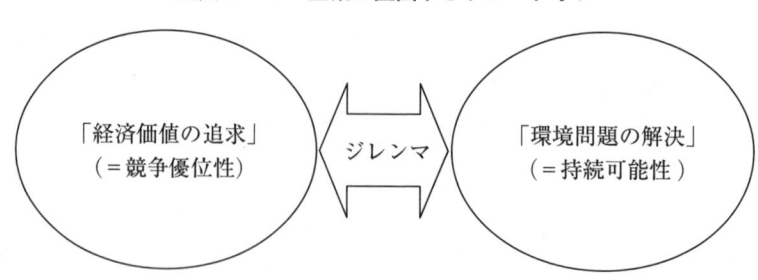

(出所)　岡本編[2007]45頁に基づいて筆者作成。

第3節　エコビジネスの担い手

❶　エコビジネスの主体

　現代における経済は，①行政，②家計，③企業，の3つの経済主体から成り立っている。岡本編[2007]は，環境問題に対処する主体においても，上記の3つの主体を指摘している[19]。
① 　行政：租税の徴収，それを利用した公共サービスの提供を行う。経済活動を調整する主体である。
② 　企業：製品・サービスを提供することによって，家計が欲するものを供給する。それにより，企業は対価として利潤を得る。
③ 　家計：労働などを企業に提供し，所得を得る。その所得によって，欲求の充足を図るために消費を行う。

　エコビジネスを考えるにあたっても，これら3主体の特性，関係を理解することが重要である。

　では，それぞれの主体がエコビジネスにどのように関わっているのであろうか。行政は，環境規制などを手段として強制力を持った法令を制定し，エコビジネスに関わる。これらの規制は，法的な拘束力があるので，企業が企業活動を行う際には，必然的に従わなければならない。また，環境教育においても重要な役割を果たしている。例えば，教育機関への出前講座や，各種出版物を刊行することによって，知識の普及を促している。また，ODA事業やPFI事業によっても，企業とパートナーシップを結び，協働しながら関わりを持つことも増えている。このほかにも，環境犯罪への対策を強化している。環境省編[2008]は，「産業廃棄物の不法投棄事犯等を重点対象」として各種取り締まりを強化し，平成20年には6,712件の環境犯罪を検挙している[20]。

　家計は，昨今の環境志向の高まりによるロハス（LOHAS：Lifestyle of Health and Sustainability）の流行や，環境ラベルなどの認証が付加されている環境配

慮型の製品を積極的に購入するグリーン・コンシューマーの増加などがあげられる。また，グリーンツーリズムの浸透が広がりをみせているように，余暇を利用して環境と密着した時間を過ごそうとする消費者も増えている。このほか，NPOなどの市民団体を設立し，自主的に活動するといった取組みもある。

企業においては，川上分野の原料調達から川下分野の販売・アフターサービスに至るまで，環境負荷軽減のために様々な取組みを実施している。この他にも，環境報告書や環境会計などによる情報開示，あるいは環境系のNPO・NGOなどの市民団体と提携関係を結ぶことによって，積極的に関わっている。

本書では，主体のなかでも企業に重点を置いているため，全体的に企業からみたエコビジネスを中心に考察する。

❷ 企業からみた環境問題

多くの企業が環境問題に取組むようになった要因は，大きく3つに分類できる。第一に，世界各国における規制の強化があげられる。例えば，EUにおけるRoHS指令やWEEEなどの規制の導入によって，グローバル市場において事業を展開する企業は，それらに対応した高い基準を設けることが不可欠となっている。

第二に，自然環境そのものによる企業や産業への圧力が要因としてあげられる。スキー場であれば，温室効果ガスの排出規制が実施されようとされまいと，気候変動によって雪が降らなければ営業ができない。

第三に，環境問題に高い関心をもった利害関係者（stake-holder：以下，ステークホルダー）が増え，企業に対して，汚染防止や環境保護により積極的に関わるよう求めたことが要因としてあげられる。環境意識の高いステークホルダーは，場合によっては政府や環境団体よりも厳しい要求を突きつけることがある。企業が顧客からそのような要求を出されることも多い。

このように，企業を取り巻く環境問題は大きく様変わりしている。企業にとって環境問題への対策とは，ビジネスを行なう上で満たすべき最低限の条件であり，それを満たせない企業は不利益を被る。しかし，競合企業にさきがけて環境問題に取組むことにより，企業は競争優位を得ることができる。

図表1－5　企業業績と環境経営の関係

収益性：営業利益率（99年度決算）
環境格付：Oekom Reserch, Munich, Germany (early 2000)
スピアマンの順位相関係数＝＋0.64

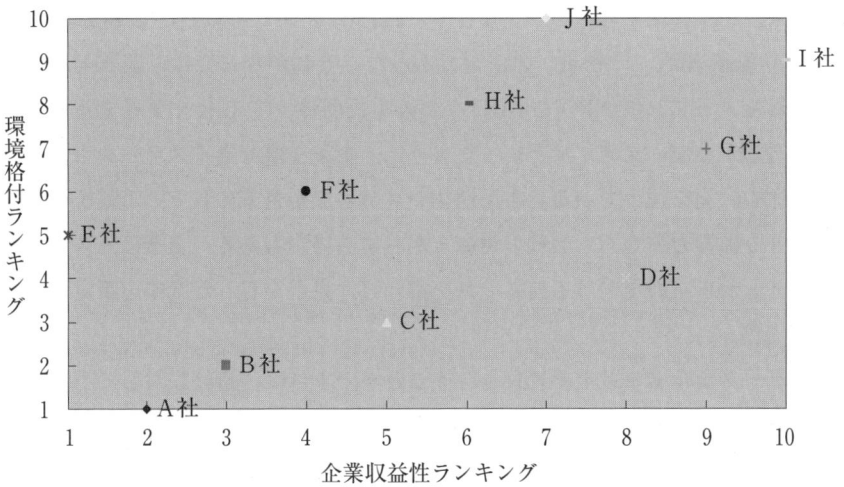

（出所）　井熊均編[2003]11頁。

　環境問題への対応は企業にとっての大きなコストである，という認識は時代遅れとなった。環境問題に戦略的，先駆的に取り組むことができれば，それは企業にとって大きな利益となる。

　図表1－5に示されるように，企業業績と環境経営は，ある程度の相関関係がある。すなわち，環境経営が好調であるほど，企業業績も好調である場合が多い。

　エコビジネスの利点は，企業の利益につながることだけではない。企業の活動において環境面での社会貢献が求められている昨今では，エコビジネスは社会貢献ともなる。これに取組むということは，企業が社会的な評価を得ることにつながる。

❸　エコビジネスのステークホルダー

　エコビジネスに関わるステークホルダーは多数存在する。環境問題が注目さ

れるにつれ，消費者は自分が購入する物の環境負荷が気になり，顧客企業も納入された部品に有害物質が含まれていないかを気にかける。また，従業員も自分の会社が環境に悪影響を与えていないか，といったことを気にする。

　従来，企業に関わるステークホルダーは，①サプライヤー，②顧客，③株主，④規制当局，⑤社員，の5つであった。それが今日では，図表1－6に示されるように，⑥NPOやNGOなどの市民団体，⑦自社や業界全体の評判を左右しかねないメディアといったように，企業を取り巻くステークホルダーは増加の一途を辿っている。市民団体やメディアが企業にしている監視や評価は大きな影響力をもち，会社の運命を左右する場合もある。企業は，ステークホルダーから圧力を受ける前にそれを察知し，先手を打った戦略を策定することが望ましい。

　ステークホルダーと上手に付き合うことができれば，自社に対して不利な評価等を未然に防ぐことが可能になる。例えば，NPOなどの団体と連携を図ることができれば，企業活動がオープンになり，社会的な信頼性の向上につなが

図表1－6　環境問題をめぐるステークホルダー

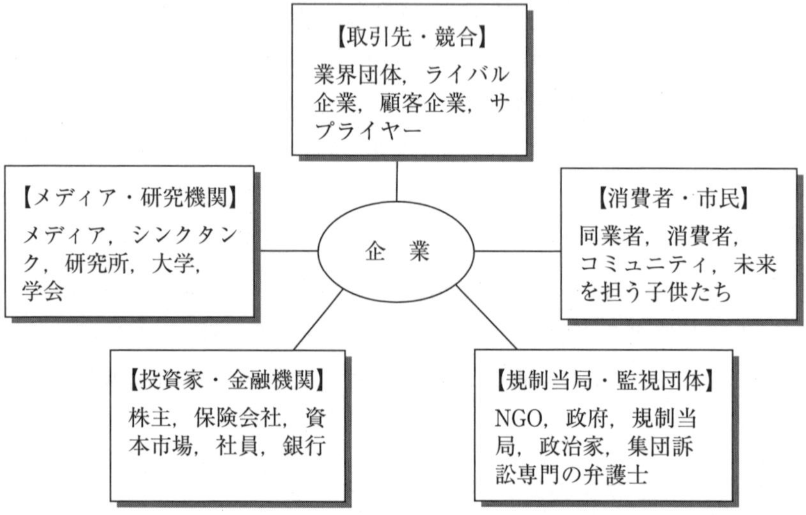

【取引先・競合】
業界団体，ライバル企業，顧客企業，サプライヤー

【メディア・研究機関】
メディア，シンクタンク，研究所，大学，学会

企　業

【消費者・市民】
同業者，消費者，コミュニティ，未来を担う子供たち

【投資家・金融機関】
株主，保険会社，資本市場，社員，銀行

【規制当局・監視団体】
NGO，政府，規制当局，政治家，集団訴訟専門の弁護士

（出所）　Esty, D. C. = Winston, A. S. [2006]訳書157頁に基づいて筆者作成。

ることもある。市民との連携により，消費者意識を身近に感じた取組みを行うこともできる。トレーサビリティなどによる情報開示も有効な手段であろう。

これらの取組みは，自社の利益にもつながる。企業が一方的に環境情報を公開するのではなく，ステークホルダーと双方向型のコミュニケーションをとりながら正しい関係を構築することは，エコビジネスを円滑に行う上で重要な手段である。

第4節　エコビジネスの将来性

❶　エコビジネスの変遷

本書では，先述したように，エコビジネスの定義を「エコビジネスとは，環境保全，持続可能性社会を構築するために必要な知識や技術，手段を提供する企業活動であり，産業横断型の活動」とした。換言すれば，エコビジネスは，① 企業や政府，あるいは市民団体の建設的な取組みによって，多くの分野に関わるようになった横断的な産業であり，② その実態はいまだに発展途中ではあるものの，将来性のある新しい産業とみなされ，③ 今後の循環型社会の構築には必要不可欠な産業である。

このことからも明らかなように，エコビジネスは，今日までの経済社会の発展とともに，かたちを変えながら形成されてきた歴史を持つ。経済産業省環境政策課環境調和産業推進室編[2003]は，将来を含めて4つの時代区分を提示している[21]。

① 1960年から70年代：水俣病や四日市ぜんそくなどの産業公害問題が深刻な社会問題となり，法規制が強化された。これにより環境対策を実施する企業が多数であった。しかし，実態としては義務的・受動的であったといえる。

② 1980年から90年代前半：1989年のエクソンバルディーズ号事件（Exxon-Valdez Accident）[22]に代表されるように，環境問題による企業経営への損害

が明確化された。すなわち，環境問題に伴うリスクへの対応を他社に先がけて実施することが優先されたのである。この頃のサントリーやソニーの取組みは好例といえる。しかし，企業の意識としては「ガマンの経営」であり，依然コストセンターとして予算が割り当てられていた。

③ 1990年代後半以降から現代：この時期には，ISO14001の認証取得事業所件数の増大や環境コミュニケーションを積極的に取り入れる企業の増加など，環境経営の進展がみられている。このほか，京都議定書の採択やEUなどで制定されている環境関連法を契機として，企業は環境問題への対応を事業機会と捉え直している。すなわち，環境経営をするなかで地球環境との共生を図り，かつ事業としても競争力をつけようと模索している時期である。

④ 将来：社会および市場における環境対応への要求は一層拡大する見込みであり，これによって企業の環境パフォーマンスが市場競争力に直結することとなろう。

なお，図表1－7は，環境問題の歴史と企業の環境経営の変化について，具体的に示したものである。

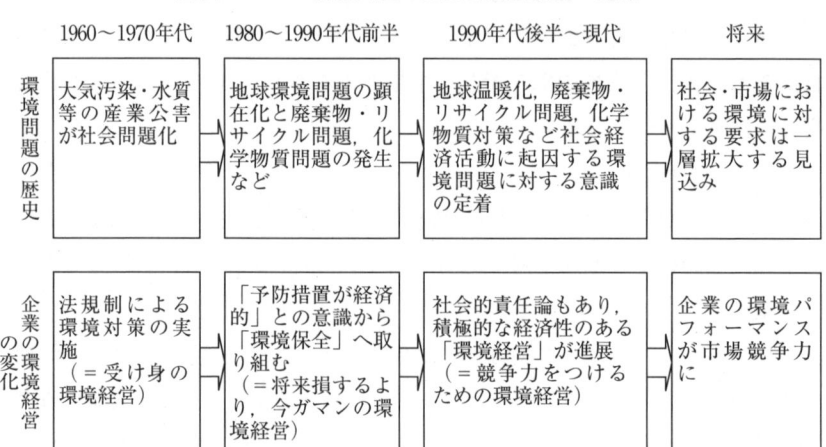

図表1－7　環境問題の歴史と企業経営の変化

（出所）　経済産業省環境政策課環境調和産業推進室編[2003]167頁を一部抜粋・修正。

❷ エコビジネスへの期待

　エコビジネスは，環境関連法が整備され，補助金や規制緩和などの一連の政策が実行されることによって急速に市場が拡大してきた。このことは，例えば，2003年度の予算配分に循環型社会の構築が反映されていたことや，環境基本法，あるいは環境マネジメントシステムの普及や環境広告の出稿本数の増加などをみても明らかである。今日においても，金融危機に対応するために，追加経済対策としての予算が環境分野に積極的に盛り込まれている。また，シンクタンクやコンサルティング会社においても，環境コンサルティングを新たな事業機会と捉え，受注件数を増やしている。

　そのような状況のもと，わが国のエコビジネスは，環境省編[2009]によれば，2000年から2007年にかけて市場・労働規模ともに大きな伸びを示している。

　さらに，環境誘発型ビジネスが注目を浴びており，市場成長を牽引する大きな動きとなっている。

　エコビジネスの拡大は，国外においても同様である。詳しくは第9章で述べるため，本項では簡潔にふれる。環境省編[2008]によれば，世界の再生可能エネルギーへの投資額の推移は，2004年の275億ドルから2006年には709億ドルと，2倍以上の伸びである。英国では2008年に，「気候変動法」と「エネルギー法」が制定され，温室効果ガスの削減や再生可能エネルギーの促進に向けてさらなる取組みをみせている。また，韓国は2009年1月に，太陽光発電や蓄電池などに，2012年までに約50兆ウォンの投資をすると発表した。

　図表1－8は，国内および海外におけるエコビジネス拡大の様子を時系列で示したものである。

　しかし，今後もエコビジネスが成長していくためには，いくつかの課題がある。例えば，経済産業省環境政策課環境調和産業推進室編[2003]は，①環境ビジネス立地の際のパブリック・アクセプタンス，②異分野交流促進のためのネットワーク化，③地方自治体による官営ビジネスの開放，④独創的なビジネスモデル創出のためのインセンティブ，⑤海外ビジネスへの展開，の5つを指摘している[23]。エコビジネスの成長が一過性になるか否かは，これら

図表1－8　エコビジネスの市場・雇用規模

(1) エコビジネス（誘発型ビジネス含む）の市場規模・雇用規模（国内）

市場規模（兆円）		雇用規模（万人）	
2000年	2007年	2000年	2007年
41	69	106	130

(2) エコビジネス市場の推移（海外）

地域別（単位：10億ドル）　　　　分野別（単位：10億ドル）

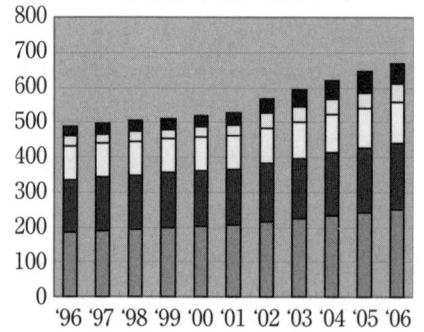

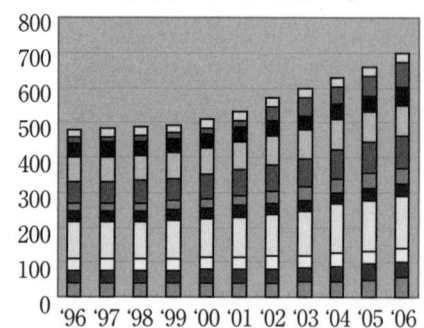

※グラフは，下から順に①米国，②西ヨーロッパ，③日本，④その他のアジア，⑤その他の地域，となっている。

※グラフは，下から順に①水設備・化学，②大気汚染管理，③廃棄物管理設備，④固形廃棄物管理，⑤コンサルティング・エンジニアリング，⑥浄化・産業サービス，⑦水処理サービス，⑧水資源等，⑨資源回復，⑩クリーンエネルギーシステム，⑪その他，となっている。

（出所）(1)は，環境省編［2009］303頁に基づいて筆者作成。(2)は，環境省編［2008］11頁に基づいて筆者作成。

の課題を克服できるかによって決まる。

❸　トリプルボトムラインの追求

　現時点においてエコビジネスが拡大基調にあることは，時系列による市場・雇用規模などの観点から明らかになった。しかし，経済産業省環境政策課環境調和産業推進室編［2003］が指摘しているように，成長維持のためにはいくつかの課題がある。では，具体的にどのようなコンセプトのもとにこれらの課題に向き合えばよいのであろうか。ここで重要となる考え方が，「トリプルボトム

ライン（Triple Bottom Line）」である。トリプルボトムラインとは，1997年にサステナビリティ社の会長ジョン・エルキントン（Elkington, J.）によって提唱された概念である。EICネットによれば，トリプルボトムラインとは「企業活動を経済面のみならず社会面及び環境面からも評価しようとする考え方」としている。

　例えば，環境格付プロジェクト[2002]は，「トリプル・ボトムラインを基底とし環境性，社会性，収益性という3つの柱を軸として，環境，社会に比重をかけて企業活動と各要素活動を評価していかなければならない[24]」としている。このことは，環境経営を評価する際にトリプルボトムラインの考え方が取り入れられていることを意味している。すなわち，環境性，経済性，さらには社会性がそれぞれバランス良く機能してこそ，エコビジネスへの期待が高まる現代社会において，高い企業評価を取得できるのである。また，金原＝金子[2005]は，「環境性，経済性，社会性のボトムラインとは，企業経営における3つの側面の達成すべき最終的な成果（益）を表している」として，環境経営の要件に社会性が加わりつつあることを指摘している[25]。

　もちろん，トリプルボトムラインの考え方は，企業のみに適用される概念ではない。例えば，山本良一編[2005]は，日本社会の持続可能性を，①経済適合性，②社会適合性，③環境適合性の3側面から評価し，「きわめて危機的状況にある」と結論づけている[26]。つまり，企業がトリプルボトムラインを追求する際には，まずマクロレベルの視点から，客観的に自社を分析することが必要となろう。そして，達成段階に至っては，あらゆるステークホルダーへの働きかけや，環境への適応とその創造が必要となる。なぜなら，3つのボトムラインは企業の一方的な行動では成り立たず，ステークホルダーとの双方向な関係が求められるためである。

第5節　サスティナビリティ社会の実現

❶　サスティナビリティ社会の成立要件

　サスティナビリティ（sustainability）というコンセプトは，1987年の「環境と開発に関する世界委員会（ブルントラント委員会）」が発表した報告書（『Our Common Future』）によって，初めて使用されたものである[27]。主な内容は，次世代のニーズを満たす能力を損なうことなく現世代のニーズを追求することであり，周知のとおり世界的な反響をよんだ。

　では，サスティナビリティ社会と企業活動には，どのような関係性があるのであろうか。サビッツ＝ウェーバー（Savitz, A. W. ＝ Weber, K.）[2006]によれば，サスティナビリティを「密接に依存し合っている今日の世界のなかで，賢明な事業を行うこと」とし，相互依存の関係性の維持を重視している。すなわち，「利害関係者（コミュニティグループ，教育機関，労働者，一般大衆など）のニーズと利益を把握して，あらゆる利害関係者を結び付ける有機的なネットワークを強めながら，事業を推進するのが持続可能な企業」としている[28]。このことから，サスティナビリティ社会は企業活動の上位概念にあるといえる。

　現代社会を以上のような視座から俯瞰してみると，サスティナビリティ社会の要件を満たしているとはいい難い。鈴木嘉彦[2006]は，持続可能な社会を構築するためにはパラダイムシフトが不可欠であるとし，その実行方法について以下のように指摘している[29]。

① 　総合評価に基づいてPDCAサイクルをまわす：Pは計画（Plan），Dは実行（Do），Cは点検・評価（Check），Aは見直し・処置（Act）のことをさす。特に点検・評価の際には，断層横断的・分野横断的・対象横断的・時間横断的な総合評価が不可欠となる。

② 　情報を循環させることによって新しい情報を生成する：情報の循環やその

やりとりが，話し手と聞き手の共通のコードを高次に発達させ，新しい情報を生成する基となる。
③ 情報の公開と共有：これは情報の循環を社会全体で実現するための前提である。

また，足立辰雄＝所伸之編[2009]は，持続可能な社会の実現に向けて，① 誰もが Think Globally, Act Locally の視点をもち，身の回りのできることから小さなことでも行動を起こすこと，② 経済的なインセンティブの導入，を指摘している。

鈴木[2006]や足立＝所編[2009]の見解で重要なのは，第一に，情報の非対称性をいかに克服し，サスティナビリティ社会を構築するための本質を掴むか，ということがあげられる。第二に，ミクロ＝マクロ志向の達成があげられる。適正な廃棄物処理には賛成であるが，地元付近に廃棄物処理工場を建設されるのは景観・衛生面から反対という現状があれば，合意形成は困難である。

以下では，先にみたサスティナビリティ社会を実現させるための枠組みを踏まえた上で，企業の役割について焦点を絞ることとする。

❷ サスティナビリティ社会における企業の役割

サスティナビリティ社会の構築における企業行動のあり方について，山本編[2005]は，「ビジネス・マインド（経営的心性）の中心に経済性と環境性の両方を置くと共に，資本主義経済システム，民主主義，自由と平等概念などの根源的意味にまで企業行動のあり方を再考することが要求される」としている[30]。すなわち，企業の役割は，人間としての営みに考慮した上での行動を期待されているのである。サビッツ＝ウェーバー[2008]は，企業に持続可能性を定着させる視点として，以下の4つを指摘している[31]。
① 自社の主張：環境への影響や労働者の安全などについて自社が公表している内容を知り，目標と実際を比較することが大前提である。そして，内容に関しては，特定の項目に片寄っていないかなど，公平性・信頼性の観点から客観的に確認することが重要である。
② 自社の事業態度：例えば，製品のバリューチェーンに環境配慮性はどの程

度含まれ，実際に運用されているかを丁寧に評価する。このほかにも，地域とのコミュニティはどの程度結ばれているか，などの点を確認する。
③　自社事業の性格：自社の製品・サービスそのものにおいて，どの程度のサスティナビリティが加味されているかを評価する。
④　サスティナビリティに対する業界の態度：医療や自動車など，業界特有の課題があるため，自社の課題を正確に把握し，その関係性を確認する必要がある。

また，三橋規宏[2006]は，サスティナブル経営の基本原則として，①企業統治，②法令順守，③説明責任，④情報公開，の4つを指摘している[32]。

ところで，サスティナビリティにおける企業への期待は，国際社会に目を移しても確認できる。例えば，グローバル・コンパクト[33]に示されるように，持続可能かつ包括的なグローバル経済を構築する上で，企業に対する環境問題への対策は重要な1項目となっている。具体的には，原則7の「環境問題の予防的なアプローチを支持する」，原則8の「環境に関して一層の責任を担うためのイニシアチブをとる」，原則9の「環境にやさしい技術の開発と普及を促進する」である。

では，企業がサスティナビリティを定着させるための視点をもち，基本原則を忠実に守りながら環境問題への対策を行うことによるメリットとは何であろ

図表1-9　サスティナビリティのスイートスポットによる効果

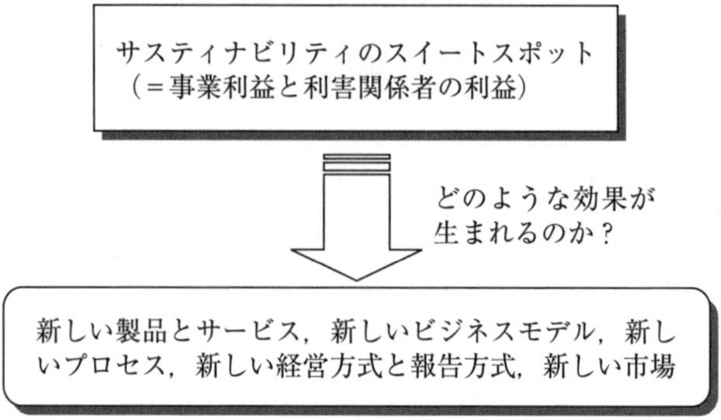

```
┌─────────────────────────────┐
│  サスティナビリティのスイートスポット    │
│   （＝事業利益と利害関係者の利益）       │
└─────────────────────────────┘
             ↓          どのような効果が
                        生まれるのか？
┌─────────────────────────────┐
│ 新しい製品とサービス，新しいビジネスモデル，新│
│ しいプロセス，新しい経営方式と報告方式，新しい市場│
└─────────────────────────────┘
```

（出所）　Savitz, A. W. = Weber, K.[2006]訳書43頁に基づいて，筆者作成。

うか。サビッツ＝ウェーバー[2006]は，事業利益と利害関係者の利益が一致するポイントを「サスティナビリティのスイートスポット」としている[34]。図表1－9は，このことについて示したものである。

すなわち，この領域を企業が目指すことで，新しい製品・サービスの開発に寄与し，ビジネスモデルが生まれる可能性がある。しかし，最終的にはこの効果によって利益を創出するだけではなく，自社の競争優位に役立たなければ意味がない。そこで以下では，サスティナビリティ社会の実現に寄与することが競争優位の源泉となりうるのか，という点について述べる。

❸ サスティナビリティと企業の競争優位

図表1－5で示したように，環境経営度と企業の収益性には一定の相関関係がある。このことについては，山本良一＝山口光恒[2001]も指摘している[35]。しかし，因果関係まで実証できている研究はほぼ皆無に等しく，結局のところ収益性の高まりが環境経営へのシフトを誘発したとする見方もできてしまう。これに対しては，本書の主たる論点ではないため，詳しくは扱わない。重要なのは，いかにしてサスティナビリティに向けた取組みを競争優位に結びつけるかである。

丹下博文[2005]は，ハート（Hart, S. L.）[1997]のフレームワークを引用して，持続可能性を実現する環境戦略の3段階を提示している[36]。

① 第1段階としての汚染防止：汚染が発生する前に排出物を最小化するか除去するとともに，エネルギー消費を継続的に削減する。
② 第2段階としての製品管理：製品の全ライフサイクルにわたって環境への負荷を最小化し，再生，再使用またはリサイクルを容易にする製品を想像する。
③ 第3段階としてのクリーン技術：持続可能性を実現できるクリーンな技術的基盤を形成するための研究開発計画を立てて投資する。

そして，ハート[1997]は，自社の取組みがサスティナビリティとどの程度乖離があるのかを測定するために，持続可能性のポートフォリオを作成している。以下の図表1－10は，このマトリックスについて端的に示したものである。

図表1-10　持続可能性のポートフォリオ

	内部的	外部的
将来	**＜クリーンな技術＞** ・製品の環境パフォーマンスは既存の能力をベースとした場合，制約を受けているか。 ・新しい技術によって大幅に改善される潜在性があるか。	**＜持続可能性のビジョン＞** ・企業のビジョンは社会・環境問題の解決を導くか。 ・ビジョンは新しい技術，市場，製品および工程を改善するか。
現在	**＜汚染防止＞** ・最大の廃棄物や排出物は現在の業務のどこから発生しているか。 ・廃棄物を根源から除去するか，あるいはそれを有効に利用することによってコストやリスクを減らすことができるか。	**＜製品管理＞** ・製品の全てのライフサイクルにわたって責任を負うとすれば，製品のデザインと開発の方向性は何か。 ・製品の環境に対する負荷を低減させながら同時に付加価値を高めたりコストを削減したりできるか。

（出所）　丹下［2005］208頁。

　企業は，自社の環境戦略と持続可能性までのギャップを知ることによって，効果的な中長期の戦略策定を行えるようになる。また，豊澄智己［2007］は，環境経営の実践は，「コスト削減効果」と「付加価値の創造」といった面で企業業績にプラスの影響を与えるとしている[37]。すなわち，環境負荷を軽減するための部品数削減，工程数削減，原材料の削減などがコスト削減効果を促す。この点について，勝田悟［2003］は，特に商品開発の際に考慮すべきコンセプトとして，資源生産性の向上を強調している。地球資源の残存量を考慮すれば，エネルギーや物質の生産性を向上させることは環境効率の向上に結びつくのは明らかである[38]。

　一方，付加価値の創造については，例えば池内タオルが確立しているIKTブランドが好例といえよう。タオルの生産に使う電力を100％風力発電でまかなうことをはじめとした付加価値の創出が，成熟産業であるタオル業界に革新をもたらしている。

　以上で明らかなように，企業が環境経営に取り組み，サスティナビリティ社会の構築を目指すには，漠然とした抽象的なビジョンではなく，明確な行動計

画・評価管理が不可欠となる。特に，外部環境が急激に変化する今日においては，常に状況把握に努め，迅速に対応できるか否かが競争優位の鍵を握る。

本章では，一貫してエコビジネスの意義について議論してきた。なぜなら，エコビジネスは，定義すら確立していない新興産業であり，共通認識をもたなければ効果的な理解が得られないためである。エコビジネスの意義を体系的に確認することが，次章以降の素地となるであろう。

注）
1）金原＝金子［2005］6頁。
2）清水［1991］は，8つの分類の他に「発展途上国の環境問題」を加えた9分野をあげている。仲上＝小幡［1995］は，有害廃棄物を含めず，発展途上国の環境問題を加えた8分野をあげている。
3）気候変動に関する政府間パネル（IPCC：Intergovernmental Panel on Climate Change）は，1988年に世界気象機関（WMO）と国連環境計画（UNEP）によって設立された組織である。主に3つの作業部会に分かれ，①気候変動の自然科学，②自然と社会に対する影響，③気候変動緩和策，について調査している。第3次評価報告書と比較すると，第4次評価報告書はより踏み込んだ表現であったといえる。
4）IPCC［2007］訳書2頁。
5）同上書5頁。
6）植田他［1991］3頁。
7）今日の人口推移については，詳しくは環境省編［2009］14頁を参照。
8）加賀田［2007］〈http://barrel.ih.otaru-uc.ac.jp/bitstream/10252/1203/〉
9）NTTデータ経営研究所編［2008］5－26頁に基づいて作成。
10）原田＝塚本［2006］15頁。
11）井熊＝足達［2008］2頁。
12）エコビジネスは，類書では環境関連産業，環境ビジネス等とも称されるが，本書ではエコビジネスという呼称に統一する。
13）環境省［2002］1頁。
14）OECD［1999］p.9, pp.12-13, pp.33-36。
15）エコビジネスネットワーク編［2007］13-14頁。
16）仲上＝小幡［1995］ⅰ頁。
17）中村［2007］16頁。
18）岡本編［2007］43-44頁。
19）同上書23頁。
20）環境省編［2008］292頁。

21) 経済産業省環境政策課環境調和産業推進室編[2003]167頁。しかし，時代区分はこの限りではない。例えば，岸川善光他[2003]11-16頁。
22) エクソンモービル社のタンカー「バルディーズ号」が，アラスカ州沖のプリンス・ウィリアム海峡で座礁し原油を流出したことによって，海岸を汚染した大規模な事件。EICネットは，「原油約4万2,000キロリットルを海上に流出させた」「350マイル以上の海岸を汚染」したと指摘している。この事故によって，海域に生息する生物に甚大な被害が発生した。岸川他[2003]は，アメリカエクソン社は「原油の回収作業に2,700億円超，漁業被害補償費380億円，生態系破壊の復元費用および和解金1,200億円超を要した」としている。
23) 経済産業省環境政策課環境調和産業推進室編[2003]54-55頁。
24) 環境格付プロジェクト[2002]180頁。
25) 金原＝金子[2005]47頁。
26) 山本編[2005]65-67頁。
27) 足立＝所編[2009]8頁。および，日本地域社会研究所編[2004]12-13頁。
28) Savitz, A. W. = Weber, K.[2006]訳書11頁。
29) 鈴木[2006]124-152頁。
30) 山本編[2005]75頁。
31) Savitz, A. W. = Weber, K.[2006]訳書183-197頁を一部修正。
32) 三橋[2006]236-240頁。
33) グローバル・コンパクトとは，1999年1月の世界経済フォーラムにおいて，アナン国連事務総長（当時）が民間企業に対して，人権，労働，環境に関して企業が守るべき10原則を定めたものである。2009年10月現在，世界134カ国7,765社が加盟（うち日本企業は96社）している。詳しくは，国際連合広報センターのホームページを参照。
34) Savitz, A. W. = Weber, K.[2006]訳書44頁。
35) 山本＝山口[2001]6頁。
36) 丹下[2005]205-208頁。
37) 豊澄[2007]226頁。
38) 勝田[2003]15-17頁，および165頁。

第 2 章
エコビジネス論の生成と発展

　本章では,エコビジネス論の生成・発展過程について考察する。今日,エコビジネス論を捉える上での時代区分は,論者によって様々であり,確立された見解はない。また,エコビジネス論は,企業のみによって生成・発展したわけではない。したがって,①環境問題,②企業,③消費者,④政府・自治体,⑤国際社会のそれぞれに対して「一定の法則性」を導出し,エコビジネス論がどのように生まれて,時代とともに変化してきたのかを複眼的に考察する。

　第一に,国内外における環境問題の変化についてレビューし,3つの時代区分を丁寧に比較した上で,どのような特性をもちながら移行したのかを理解する。環境問題への理解は,エコビジネス論の生成と発展を深化させる上での基盤となる。

　第二に,企業の変化についてレビューし,3つの時代区分を丁寧に比較した上で,企業活動における環境問題の位置づけが,どのように移行しているのかを理解する。

　第三に,消費者の変化についてレビューし,3つの時代区分を丁寧に比較した上で,消費者は,次第に環境意識が芽生え,環境問題の解決に向けて主体的に参画していることを理解する。

　第四に,政府・自治体の変化についてレビューし,3つの時代区分を丁寧に比較した上で,政府・自治体は,国内外の法整備に従事していた立場から,次第に企業や消費者と提携するようになっていることを理解する。

　第五に,国際社会の変化についてレビューし,3つの時代区分を丁寧に比較した上で,国際社会は,次第に歩調を合わせつつあることを理解する。

第1節　環境問題の進展

　エコビジネス論の生成と発展を考察するためには，前提として，環境問題の系譜を概観することが欠かせない。なぜなら，エコビジネスの目的の1つが，環境問題を解決することにあるからである。したがって，以下では，国内外の環境問題の時代区分として，3つのフェーズに分けて考察する。

❶　産業公害問題の時代：1960年代

　時代区分の第一は，産業公害問題の時代である。わが国の環境問題は，飯島伸子[2000]が指摘するように，江戸時代後半からの鉱山業への移行や，産業近代化によって明治時代に注目された足尾銅山鉱毒事件などの公害問題を除けば，1960年前後の四大公害問題（水俣病，新潟水俣病，イタイイタイ病，四日市ぜんそく）に端を発する。

　戦後日本は，先進国に追いつくために経済の復興に尽力し，経済力・生産力の向上を重視した。経済成長を何よりも優先させることにより，朝鮮特需や国民所得倍増計画なども相まって，戦後10年で早くも経済活動が戦前の水準にまで回復し，1960年代には「GNP 世界3位の経済大国[1]」になったのである。

　しかし一方で，自然環境への配慮は軽視していた時期であった。四大公害問題は，経済発展による副作用として，健康への被害が浮き彫りになった典型例といえよう。このことについては，松下和夫[2007]も，「環境への配慮が乏しいまま産業構造の重化学工業化と，石油化学コンビナートなど臨海工業地帯を中心とした産業立地が進められたこと，さらに国や自治体の環境政策が後手に回った」と述べている。

　このような状況のもと，1960年代までの環境問題の特徴は，第一に，因果関係が明確であったことがあげられる。例えば，1967年に，厚生省は阿賀野川流域の水銀中毒原因を特定し，1968年には神通川流域のイタイイタイ病原因をカドミウムと発表した[2]。このほか，加害者に関しても，例えば，水俣病の原因

を，チッソがアセトアルデヒドを製造する工程で使用していた水銀としたように，特定の会社を追及することが可能であった。

このように，発生した公害問題に対して，①何が原因で，②被害者と加害者は誰であったか，などを特定できたのである。

また，特徴の第二は，特定地域における産業公害型の問題であったことがあげられる。もちろん，四大公害問題は，全国的に被害をもたらした。しかし，第1章で考察した今日の地球環境問題が抱える特性と比較すると，限定的・局所的といえよう。そのため，公害問題を解決する方法や計画を立案しやすく，被害のさらなる発生・拡散を防止できる。

❷ 資源・エネルギー枯渇，国際化の時代：1970年代〜80年代

時代区分の第二は，資源・エネルギー枯渇，および国際化の時代である[3]。1970年代から80年代を俯瞰すると，東京都で初の光化学スモッグ警報発令(1970年)や，水島コンビナートの重油流出事故(1974年)のほか，バブル期には，さらなる生産規模の拡大によって，大気汚染などの問題が増加している。しかし，なかでも最も大きく注目されたのは，第4次中東戦争やイラン革命に起因する1970年代の2度にわたるオイルショックである。

先に述べたように，これまでは一貫して鉱山などを開発し，経済成長を志向してきた。しかし，この時期は，オイルショックによって，初めて資源の有限性を認識し，省エネルギーや石油代替エネルギーの開発・利用が急がれた時代であったといえよう。したがって，産業公害問題への解決が達成されないながらも，新たな問題として，資源・エネルギー問題が顕在化したのである。

また，1980年代は，環境問題が国際化した時期でもあった。例えば，オゾン層の保護や，絶滅のおそれのある動植物の保護，あるいは有害廃棄物の越境移動などは一国だけでは解決できない問題であり，多国間での取組みが不可欠となる。

このように，環境問題は，局所的な公害問題から資源・エネルギー問題を経て，徐々にグローバルな影響を与える存在となった。

このことから，1970年代〜80年代における環境問題の特徴は，資源・エネル

ギーの枯渇が問題視され，環境問題がグローバルな問題になってきたことがあげられる。

❸ 複雑化の時代（1990年以降）

　時代区分の第三は，複雑化の時代である。1990年代以降は，環境問題のグローバル化が加速し，複雑さが増している。例えば，この時期本格的に論壇にあげられた生物多様性の保護や地球温暖化の防止は，一国では解決できないとともに，因果関係を含めた構造が明確ではない。

　すなわち，従来は汚染源や加害者・被害者関係を特定することが容易であったものが，正確に断定することが困難になっているのである。複雑化は，第1章で明らかにした環境問題の特性のなかでも，特に顕在化しているものといえよう。

　図表2－1は，以上3つの時代区分を踏まえた上で，国内の主な環境問題について示したものである。なお，一部においては環境問題そのものではなく，政策や条約を明記している。なぜなら，政策や条約の制定は，環境問題の深刻さの裏づけであるからである。

　また，時代区分の境界線については斜線にしてある。これは，環境問題は，段階的に移行していることに起因する。本書では，環境問題の進展をわかりやすく考察するために，意図的に特定の年代で区別した。しかし，現実的に社会を取り巻く環境問題に着目すると，必ずしも各フェーズ間の境界が明確に区別できるものではない。

　以上が，国内を中心とした環境問題の系譜である。エコビジネス論は，企業や行政府，あるいは消費者が足並みを揃えて生成したわけではない。したがって，上述した環境問題の歴史を捉えることは，エコビジネス論の生成と発展を理解する際に不可欠となろう。

図表2-1 国内の主な環境年表

年	内容	本書における時代区分
1950年代後半～1960年代	・大気汚染による四日市ぜんそく ・有機水銀の水質汚染による水俣病 ・カドミウム中毒のイタイイタイ病 →のちの新潟水俣病を加えて「四大公害事件」の発生	<フェーズ1> 産業公害問題の時代
1967年	厚生省は，阿賀野川流域の水銀中毒原因を特定	
1968年	厚生省は，神通川流域のイタイイタイ病の原因をカドミウムと発表	
1970年	東京都で初の光化学スモッグ警報発令	
1973年	・第一次オイルショック ・PCB汚染問題の発生　→化学物質審査規制法制定	<フェーズ2> 資源・エネルギー枯渇の時代，国際化の時代
1974年	水島コンビナートの重油流出事故	
1979年	第二次オイルショック	
1980年	・ラムサール条約に日本加盟 ・ワシントン条約に日本加盟	
1987年	モントリオール議定書採択	
1989年	有害廃棄物の越境移動に関するバーゼル条約採択	
1992年	地球サミット開催（リオデジャネイロ）	
1996年	砂漠化防止条約の発効	<フェーズ3> 複雑化の時代
1997年	国連気候変動枠組み条約第3回締約国会議　開催 →京都議定書が採択される	
2008年	京都議定書目標達成計画を閣議決定	

（出所）産業環境管理協会編[2002]，岸川他[2003]，中村[2007]，松下[2007]を参考に筆者作成。

第2節　企業の変化

　エコビジネス論の生成と発展を牽引した1つ目の主体として，企業があげられる。以下では，企業が継続的に事業活動をする上で，環境問題をどのように位置づけ，適応してきたのかを時系列で考察する。端的にいえば，環境問題に

対して後ろ向きであった時代から，次第に事業活動の根幹に結びつけるようになりつつある。

❶ 公害対策・環境対応の時代：1960年代～1980年代

　時代区分の第一は，公害対策・環境対応の時代である。具体的には，法規制や消費者からの圧力により，受動的に環境対策を実施していた時期に相当する。

　岸川他[2003]によれば，1960年代，各社の環境問題に対する考え方は，抵抗・反発の姿勢であった[4]。公害対策に関する法規制が整備されつつある時期において，高橋由明＝鈴木幸毅編[2005]は，企業は公害対策運動を"企業批判"として敵視していたと考察している[5]。この理由としては，高度経済成長期を迎え，経済性や生産性の向上を追求していたため，自然環境への配慮は企業にとってコストのかかることであると認識されていたことがあげられる。例えば，製品を生産する過程において発生する有害物質を取り除く装置を購入すれば，製造コストの増加につながる。

　こうした認識は，1980年代になると一部で変化し，NECやコスモ石油など，環境対策を目的とした専門の委員会などを設置する企業もあらわれるようになった[6]。すなわち，消費者行動の多様化や労働力構造の変化などの流れを受けて，一部の企業は社会性を重視するようになり，労働者や消費者，地域住民への配慮を指向したのである。しかし，依然として各企業は環境問題をリスクとして捉え，環境マネジメント機能をオーバーヘッド機能として設置するなど，企業の環境問題対応は受動的なものであった[7]。この原因は，1960年代に導入された環境政策が，社会経済システム全体の改革によるものではなく，環境保全活動を経済活動に内部化しなかったことにある。しかし，公共の環境政策事業を通じて，自然環境の価値が国民や企業に認識されたことや行政の規制強化などにより，産業公害問題も徐々に解消されていった。

　以下の図表2-2は，企業による環境対応の違いを示したものである。先にあげたNECやコスモ石油のような企業は少なく，多くは法規制対応に類するグループに属していたといえよう。

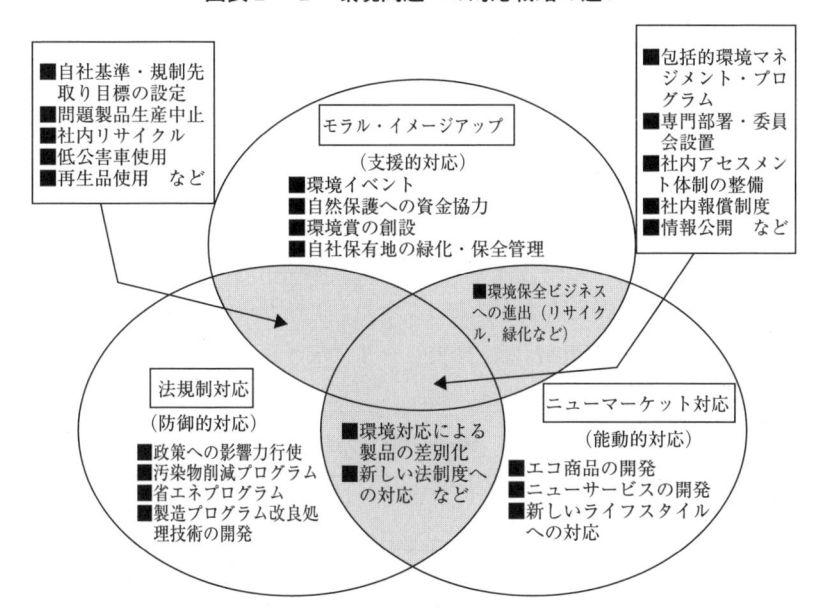

図表 2-2　環境問題への対応戦略の違い

■自社基準・規制先取り目標の設定
■問題製品生産中止
■社内リサイクル
■低公害車使用
■再生品使用　など

モラル・イメージアップ
（支援的対応）
■環境イベント
■自然保護への資金協力
■環境賞の創設
■自社保有地の緑化・保全管理

■包括的環境マネジメント・プログラム
■専門部署・委員会設置
■社内アセスメント体制の整備
■社内報償制度
■情報公開　など

■環境保全ビジネスへの進出（リサイクル，緑化など）

法規制対応
（防御的対応）
■政策への影響力行使
■汚染物削減プログラム
■省エネプログラム
■製造プログラム改良処理技術の開発

■環境対応による製品の差別化
■新しい法制度への対応　など

ニューマーケット対応
（能動的対応）
■エコ商品の開発
■ニューサービスの開発
■新しいライフスタイルへの対応

（出所）　野村総合研究所[1991]62頁に基づいて，筆者作成。

❷　環境保全・CSRの時代：1990年代

　時代区分の第二は，環境保全・CSRの時代である。1990年代，環境問題に対して能動的な対応を取り始める企業が多くなった。この背景には，1992年に開催されたリオ地球サミットによって，地球環境の危機からの脱出が世界の共通認識になり，各国の企業は，消費型経済から循環型経済への移行が急務であることを自覚したことがあげられる。

　国内の動きとしては，1997年に京都議定書が採択されるなどを通して，国民にますます環境問題に対する意識が浸透し，企業に対しても環境保全活動を求め始めた。このような動きに対して多くの企業は，ISO14001への対応や環境会計などを導入するものの，環境保全をメセナやフィランソロピーのような自社のイメージ向上のための手段にすることがほとんどであった。例えば，利益の一部を募金や清掃活動の経費に充当し，地域社会に対してよい印象を与えよ

うと尽力していた。環境保全を企業PRに利用したのは，景気の悪化によって活動数が減少したことをみれば明らかである。

しかし，1990年代末になり，トヨタのように本業として環境保全への取組みを始めた企業が出現するようになった。すなわち，消費者やNPOなどのステークホルダーと良好な関係を保つために，企業理念や企業活動に環境志向を取り込むなど，環境関連事業を自社の事業機会として捉え始めたのである[8]。

以上のように，2000年に近づくにつれて，企業は事業活動をする上で，環境問題を徐々に本業に据えるようになってきた。アーサー・D・リトル社環境ビジネス・プラクティス[1997]は，図表2－3に示されるように，環境問題への

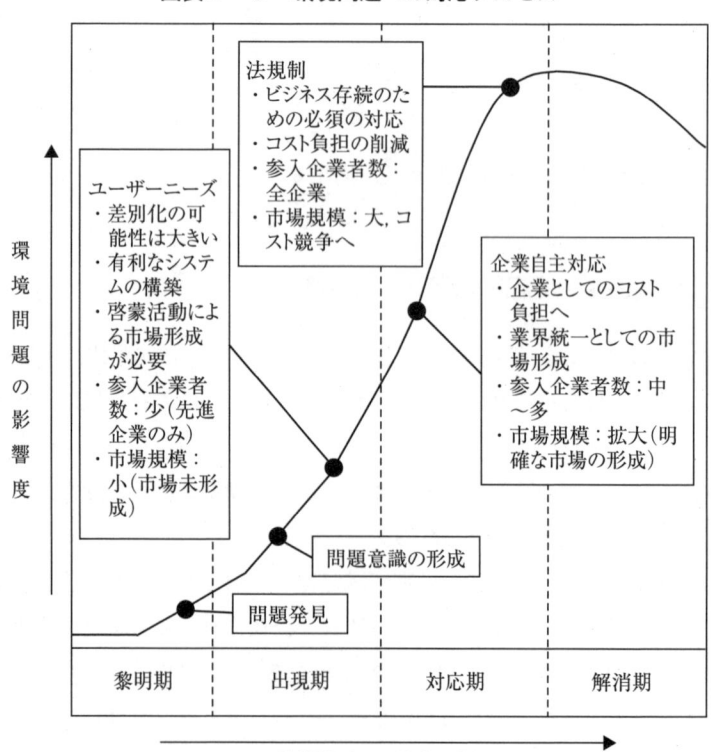

図表2－3　環境問題への対応プロセス

（出所）　アーサー・D・リトル社環境ビジネス・プラクティス[1997]17頁。

対応プロセスを分析している。

❸ 環境戦略・サスティナビリティの時代：2000年以降

　時代区分の第三は，環境戦略・サスティナビリティの時代である。シャープや京セラの太陽光発電事業や，大和ハウスの環境配慮型住宅など，環境問題への対策が事業活動そのものとなり，競争優位を創出する時代である。換言すれば，従来の大量生産，大量消費，大量廃棄の社会経済システムを省みる気運の高まりや，循環型社会形成推進基本法[9]の制定などによって，環境負荷を低減し，持続可能な社会の形成が目標とされた時期といえよう。例えば，環境関連

図表2-4　企業を取り巻く環境の変化

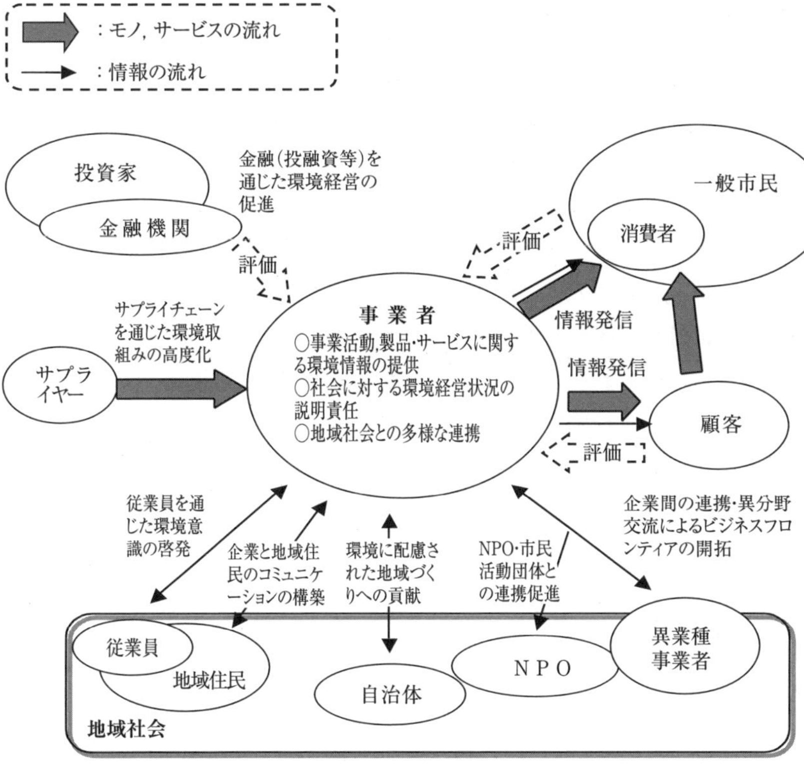

（出所）　経済産業省環境政策課環境調和産業推進室編[2003]66頁を一部修正し，筆者作成。

技術の開発とその国際的移転・協力が，グローバル市場に進出していくための一つの手段とされるようにもなっている。

この時期における企業の基本姿勢は，企業活動を取り巻く環境変化によるところが大きい。図表2－4は，企業を取り巻く環境の変化を示したものである。

① 環境意識の高まりによる消費者行動の変化[10]：地球環境問題の顕在化や，廃棄物問題の深刻化などを通じて，消費者の間で環境保全に対する意識が高まった。したがって，近年，消費者が製品を購入する際に，商品の品質や価格以外に，廃棄物などの発生抑制（Reduce：リデュース），再使用（Reuse：リユース）や再生利用（Recycle：リサイクル）といった購買後の行動を考えながら，その製品が十分に環境に配慮されたものであるかを考慮にいれ，購買行動をおこす「グリーンコンシューマリズム」の考え方が普及している[11]。この消費者行動の変化に応じて，企業は環境問題に配慮した経営戦略が，サスティナブルな経営に繋がると確信し，環境保全活動に対し積極的に取組むようになったのである。

② 投資家や金融機関による社会的責任投資や優遇制度の広まり[12]：企業へ融資や投資をする際に，企業の実績や財務面のみで判断するのではなく，環境保全への取組みも判断の要素に入れる投資家や金融機関が相次いでいる。具体的には，エコ・ファンドが発売されるなど，金融機関や投資家の間でも環境問題に対する意識が高まっている[13]。

③ 政府や自治体による法整備：人々の環境問題に対する意識の向上は，政府や自治体にも影響を及ぼしている。結果として，環境保全のための様々な法律や条例が制定されていた[14]。例えば，有害物質の排出基準の強化や，環境汚染行為に対する環境税の導入である。近年では，大気汚染防止法や，容器包装リサイクル法が改正されている。このように，企業行動を強制的に規制する環境法に適切に対応して，経営戦略を環境配慮型の戦略に転換していくことが重要である。

今日の企業では，上述したような外部環境の変化に適応するために，ニーズに適った環境情報の開示などの，適切なコミュニケーションによる信頼関係の構築・維持が必要である。すなわち，エコビジネス論の生成と発展は，あくま

で企業が中心であるものの，企業を取り巻くアクターも同等の関与を果たしているといっても過言ではない。

第3節　消費者の変化

　エコビジネス論の生成と発展を牽引した2つ目の主体として，消費者があげられる。消費者は，グリーンコンシューマーとして，あるいは環境団体としての役割も有しながら，エコビジネスに大きな影響を与えてきた。したがって，消費者がどのように環境問題に向き合ってきたのかを考察することは，エコビジネス論の生成と発展を捉える上で，重要な観点である。

❶　被害者の時代：1960年代

　時代区分の第一は，被害者の時代である。今日では，市民講座などの環境教育を主体的に取り入れ，環境問題の解決に向けて大きな役割を果たしている。環境NGOなども，政府や企業だけではサービスの及ばない領域を補足し，その活動範囲を拡大している。しかし，消費者が環境問題に対して取組んできた歴史をひも解いてみると，順調に今日のような姿が形成されたわけではない。

　先述したように，わが国の環境問題は，明治維新後の産業の近代化とともに発生した公害問題に端を発している。この公害問題と消費者の関係は，まさしく加害者と被害者の構図であった。工場から排出される煤煙や，鉱山からの毒性を含んだ排水によって，自然環境が破壊され，多種多様な公害問題が発生した。そして，住民の健康に被害が及ぶようになると，人々は集団を組んで反公害運動を展開するようになった。

　すなわち，反公害運動が高揚した1960年代は，被害者としての意識が強かった時期である。そして，公害の被害をこうむった患者の悲惨な姿や，反公害を声高に叫ぶ市民の活動，あるいは一連の反公害運動を，一方的に追放しようと図る企業の実態が，マス・メディアを通して全国に公開されると，これまで経

済成長は望ましいものと信じていた多くの日本人に，成長の副産物として発生する公害が深刻な問題を引き起こすものとして，少しずつ理解されはじめたのである。

このようにして，四大公害問題を契機としながら，人々は公害問題を含めた環境問題について考えるようになった。しかし，公害問題に対峙した当初は，被害者としての意識が強く，反公害運動に従事した時期といえる。

❷ 傍観者の時代：1970年代～1990年代前半

時代区分の第二は，傍観者の時代である。

1970年代のオイルショックや1980年代の地球環境問題の顕在化によって，消費者の環境問題への関心はさらに高まってきた。1970年末の国会において，14もの公害関係法が整備された背景には，公害問題に対する市民の意識の高まりがある[15]。また，1972年の国連人間環境会議では200程度のNGOが出席[16]したこともあり，一部の市民では積極的に活動するものもいた。しかし，当時は市民の活動を後押しするような法律（例えば，NPO法）があったわけではなく，あくまで個人の意志に依存する側面が大きかったといえよう。すなわち，消費者の活動を促進するインフラが，今日ほどには存在しなかった時期にあたる。

環境問題への関心の高まりが一部であったことを裏づけるデータとして，例えば，電通が1991年に実施した調査では，「環境保全のためなら商品の価格が多少高くなっても仕方がない」という問いに対して，「そう思う」「ややそう思う」と答えた人が59.5％であった[17]。以下の図表2－5は，同内容の質問に対して，時系列で示したものである。

環境問題への関心の高さが限定的である背景には，消費者だけの責任ではなく，今日においてもその問題に対しては，未解決なままである。例えば，中央青山監査法人＝中央青山PwCサステナビリティ研究所編[2003]は，内閣府が2002年に実施した世論調査の結果を受けて，環境情報を消費者にわかりやすく伝えることの必要性を指摘している[18]。

一方，1992年には，地球サミットにおいて2,000以上のNGOが参加した。したがって，国際的に地球環境問題が注目を集めながらも，消費者の関心の高

図表2－5　環境問題への意識
【問い：「環境保全のためなら商品の価格が多少高くなっても仕方がない」と思うか。】
そう思う　ややそう思う　あまりそう思わない　全くそう思わない

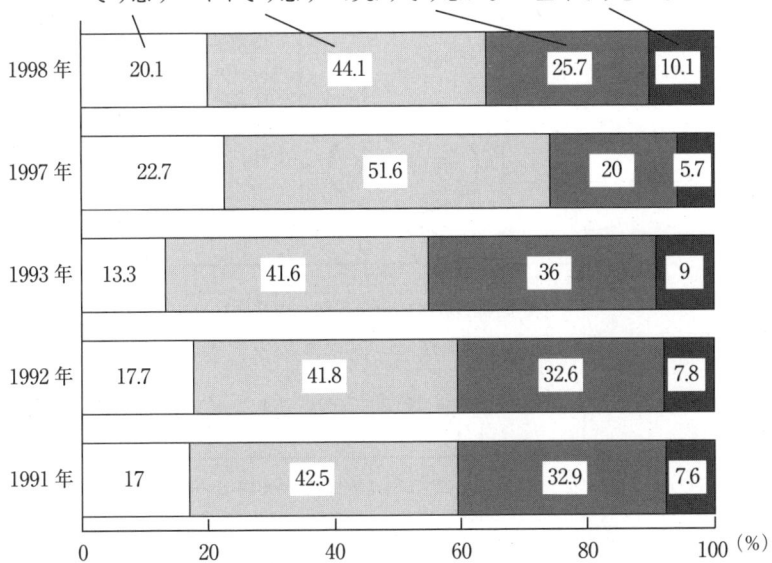

年	そう思う	ややそう思う	あまりそう思わない	全くそう思わない
1998年	20.1	44.1	25.7	10.1
1997年	22.7	51.6	20	5.7
1993年	13.3	41.6	36	9
1992年	17.7	41.8	32.6	7.8
1991年	17	42.5	32.9	7.6

（出所）電通リサーチ・グリーンコンシューマー環境意識調査1998（日本消費経済年報〈http://www.zeikei.co.jp/syouhi_g/PDF/s22-7.pdf〉）に基づいて筆者作成。

さが限定的な理由の1つは，情報の入手可能性にあったともいえよう。

❸　参画・協働の時代：1990年代後半以降

時代区分の第三は，参画・協働の時代である。

環境への関心が飛躍的に高まりながらも，行動に移しきれなかった時期を経て，ようやく消費者や市民団体がエコビジネスに参画するツールが整備された。以下の図表2－6は，消費者が環境問題への対策に参画する代表的な契機を示したものである。

① 環境教育・環境学習の普及：市民主導の環境教育が全国各地で展開されるなど，環境問題と向き合う「場」が整備された。環境教育・環境学習を通じて，自動車の排気ガスによる大気汚染や，生活排水による水質汚染など，日常生活と環境問題の因果関係を学び，環境保全行動につなげることができる

図表2-6　消費者が環境問題対策に参画する昨今の契機

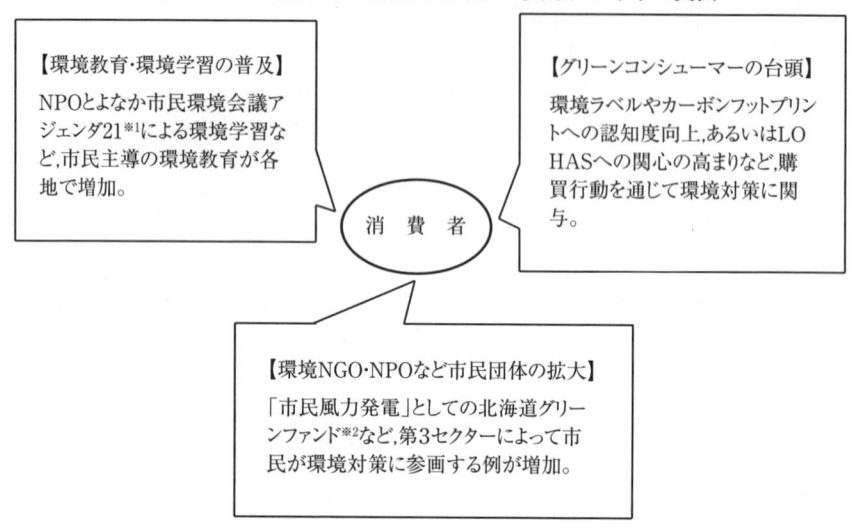

【環境教育・環境学習の普及】
NPOとよなか市民環境会議アジェンダ21※1による環境学習など,市民主導の環境教育が各地で増加。

【グリーンコンシューマーの台頭】
環境ラベルやカーボンフットプリントへの認知度向上,あるいはLOHASへの関心の高まりなど,購買行動を通じて環境対策に関与。

消費者

【環境NGO・NPOなど市民団体の拡大】
「市民風力発電」としての北海道グリーンファンド※2など,第3セクターによって市民が環境対策に参画する例が増加。

※1．（NPO法人）とよなか市民環境会議アジェンダ21は,2004年度の地球環境大賞において環境市民グループ賞を受賞。
※2．（NPO法人）北海道グリーンファンドについては,谷本寛治[2006a]69-72頁。
（出所）筆者作成。

のである。

② グリーンコンシューマーの台頭：環境ラベルやカーボンフットプリントへの認知度が高まり,購買行動を通じて環境対策に関与するようになった。この背景には,食の安全など,ライフスタイルの見直しも関係している。

③ 環境NGO・NPOなど市民団体の拡大：1998年の特定非営利法人促進法の成立によって,NPOの社会的位置づけが明確に示され,認証数は2009年現在38,000程度[19]にまで増加している。また,NGOについても,今日では4,500程度[20]の団体が活動している。もちろん,全てが環境問題について取組んでいるわけではない。なかには,福祉や教育,あるいは貧困問題などの分野で活動する団体もある。しかし,法的に認可され,社会的な信用がつくことによって,エコビジネスに参画する土台が築かれていることは確かであろう。

今後は,消費者と企業,行政がよりよいパートナーシップを築けるように組

織づくりをすることが重要となる[21]。このことは，今日の環境問題が複合的に多角化しており，特定の一分野では解決できない現状を考えても明らかである。組織間同士で密に情報を交換し合うことなどが，ますます求められるであろう。

第4節　政府・自治体の変化

　エコビジネス論の生成と発展を牽引した3つ目の主体として，政府・自治体があげられる。政府や地方自治体は，法規制や補助金，あるいは民間企業への委託事業によって，エコビジネスの発展を支援してきた歴史をもつ。今日の太陽光発電事業やエコポイント制度などをみれば，このことは明らかである。したがって，以下では，政府・自治体の取組みを時系列で考察する。

❶　国内法整備の時代：1960年代～1970年代

　時代区分の第一は，法整備の時代である。今日では，環境問題に関する法整備が，国内外問わず形成されている。わが国では，1949年に制定された臨時鉄くず資源回収法[22]などを除けば，四大公害問題の時期から法整備が着実に進められたといえよう。

　1950年代半ばに，政府は国レベルでの公害防止対策に尽力し始めた。例えば，1958年には，わが国最初の公害関係法である「水質保全法」と「工場排水規制法」が制定され，1962年には「ばい煙排出規制法」が成立している。

　さらに，1960年代半ばから四大公害問題が発生し，社会問題にまでなったことを受けて，政府は臨時国会[23]を召集した。図表2-7に示されるように，議決された法案は，人々の生活環境を優先させたものであり，1950年代に制定された法とは一線を引くものとなっている。1971年には，環境庁設置法の成立によって環境庁が発足した。公害対策の推進のため，これまで分散していた公害防止の法律の施行権限を一元化したのである。

また，自動車の排出ガス対策や，総量規制制度の導入などの分野では法整備が進展し，1970年代の二度のオイルショックにもかかわらず，新しい環境政策も萌芽したのであった[24]。また，オイルショックの影響により，資源に対する意識が喚起され，省エネルギー・省資源政策も開始されている。

図表2－7　「公害国会」での成立法案

	新　規
公害犯罪処罰法	事業活動の際に人の健康に係る公害を生じさせる行為等について特別の処罰規定を設ける。
公害防止事業費事業者負担法	公害防止事業について，その事業に要する費用の全部または一部を事業者の負担に求める。
海洋汚染防止法	船舶または海洋施設から，海洋に油や廃棄物を排出することを禁止。
水質汚濁防止法	①排水規制について，指定水域制を廃止し，公共用水域すべてを対象とする。②水質汚濁の解決にあたり，地方への権限委譲。③公共用水域の監視測定体制の整備，など。
農用地土壌汚染防止法	土壌汚染の原因となる物質（重金属類など）を特定有害物質として，規制措置をとる。②カドミウムの検定方法，など。
廃棄物処理法	廃棄物を，一般廃棄物と産業廃棄物に区別し，それぞれの処理体系を整備する。
	改　正
下水道法	水質環境基準を達成させるため，流域別に下水道整備総合計画などを定める。
公害対策基本法	①公害の定義に土壌汚染を追加。②水質汚濁の範囲を拡大。③事業者の責務の明確化，など。
自然公園法	自然公園における国等の責務の明確化。②湖沼または湿原並びに海中公園地区への汚染の排出規制，など。
騒音規制法	①工場騒音および建設作業騒音を規制する地域の拡大，②自動車においても許容限度を定める，など。
大気汚染防止法	①指定地域制度を廃止し，全ての地域に規制を適用すること。②粉じんに関する規制，③燃料の使用に冠する措置，など。
道路交通法	道路の交通に起因する公害の防止を図るために，交通の規制をすることができる，など。
毒物及び劇物取締法	家庭用に供されるものについて，成分の含量や容器に基準を定める，など。
農薬取締法	①登録検査の強化，②作物残留性農薬等の使用規制など。

（出所）　帝国地方行政学会[1971] 7－192頁，総理府編[1971]を参考に，筆者作成。

第 2 章　エコビジネス論の生成と発展

❷　国際的な法整備の時代：1980年代～1990年代

　時代区分の第二は，国際的な法整備の時代である。
　従来は，日本国内で法規制が完結していた。しかし，第 1 節で考察したように，1980年代以降は，地球規模の環境問題が顕在化し，各国が協調して解決を図る必要がでてきたのである。例えば，ワシントン条約国内法やオゾン層保護法などの国際環境法が成立している。
　1988年には，環境白書で初めて地球環境問題についての記述がなされ，環境庁には地球環境部が設置された。また，マスコミが環境問題に対して関心を高めたこともあり，1993年に，新たに「環境基本法」が制定された。
　これまで，公害対策基本法と自然環境保全法という 2 つの環境法体系のもとで，わが国の環境行政は行われてきた。地球サミットの開催の流れを受けて制定された環境基本法[25]は，この 2 つの基本法を統合して，一元的な環境法の体系を構築したのである。その背景には，① 環境問題が複雑化し，従来の公害規制と自然環境保全とに分かれた二元的体系では問題に対処しきれなくなったことや，② 環境問題のグローバル化により，国内の公害・環境施策にのみ対応するのではなく，国際的な取組みへの対応が必要とされたことがあげられる[26]。
　国際的な法整備が進められたこの時期において，地方自治体も大きな役割を果たしている。例えば，エコタウン事業があげられる。エコタウン事業とは，地域の産業集積等を活かした環境産業の振興を通じた地域振興，及び地域の独自性を踏まえた廃棄物の発生抑制・リサイクルの推進を通じた資源循環型経済社会の構築を目的とした事業である[27]。地方公共団体が主体となり，地域住民，地域産業と連携して取組むため，雇用の観点からみても貢献しているといえよう[28]。しかし，このような動きは，現在と比較すると，1990年代は依然として過渡期にあったため，エコビジネスを生成する 1 つの時代を形成するまでには至っていない。

❸ 提携・支援強化の時代：2000年以降

　時代区分の第三は，提携・支援強化の時代である。これまでは，図表2－8に示されるように，法整備を中心として，政府はエコビジネスの発展に寄与し，循環型社会形成を模索してきた。

　提携・支援強化の時代になると，政府は単なる法案の策定者ではなく，エコビジネスの発展を担う企業や市民団体との連携を本格的に強めるようになっている。上で述べたエコタウン事業や補助金制度による斡旋策は，今日では大きな役割を果たしている。このほか，環境ODA[29]や，第10章で詳述するPFI事業[30] (Private Finance Initiative：民間主導の公共事業) もあげられる。環境省総合環境政策局環境計画課編[2009]によれば，環境分野のODA実績は，2003年

図表2－8　循環型社会形成のための法体系

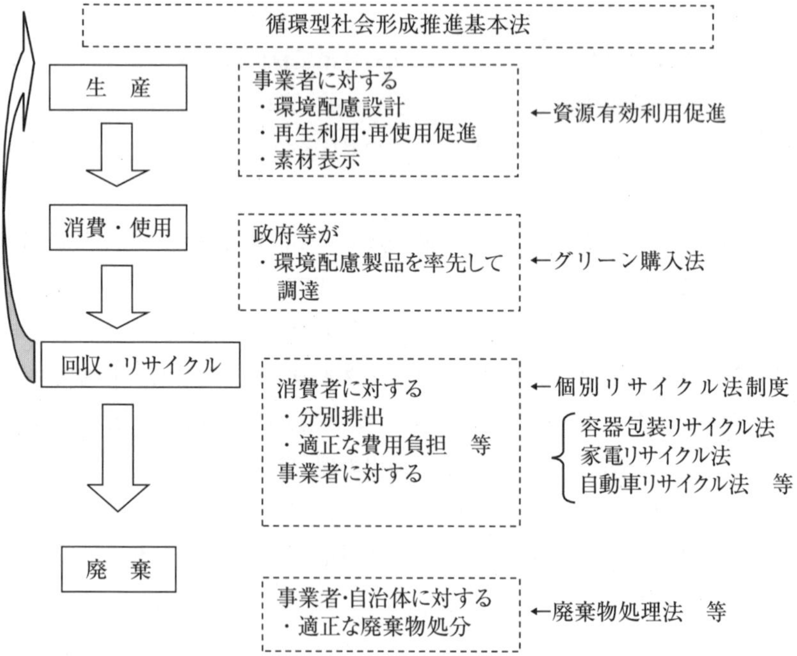

```
        ┌─────循環型社会形成推進基本法─────┐
        │                                    │
   ┌─生 産─┐   事業者に対する
   │       │   ・環境配慮設計         ←資源有効利用促進
   │   ↓   │   ・再生利用・再使用促進
   │       │   ・素材表示
   ┌消費・使用┐  政府等が
   │       │   ・環境配慮製品を率先して  ←グリーン購入法
   │   ↓   │    調達
   │       │
   ┌回収・リサイクル┐ 消費者に対する   ←個別リサイクル法制度
   │       │   ・分別排出         ┌容器包装リサイクル法
   │   ↓   │   ・適正な費用負担 等  ┤家電リサイクル法
   │       │   事業者に対する      └自動車リサイクル法 等
   │       │
   └─廃 棄─┘   事業者・自治体に対する ←廃棄物処理法 等
              ・適正な廃棄物処分
```

(出所)　中村吉明[2007]30頁。

度以降横ばいが続いている[31]ものの,今後の提携・支援を図る重要なツールである。一方,PFI事業については,例えば埼玉県では,持続可能な循環型社会を目指し,産業廃棄物焼却施設にPFI方式を導入している。PFI事業を導入することで,良質な公共サービスの提供や,民間の事業機会の創出による経済の活性化が期待される[32]。

政府や自治体が以上のような提携・支援に取組む目的は,サスティナビリティ社会の構築にある。そのためにも,規格化や技術開発,あるいはライフサイクル・アセスメントなど,循環型経済を円滑に進めるための整備を促進させる必要がある。また,計画に基づく規制や施策の効果を高めるために,行動基準を守っているかどうか精査し,規制が守られていない場合は罰則を与え,守っている企業には経済的インセンティブを与えたりするなど,循環型社会がスムーズに流れるように監視することが求められている[33]。

第5節　国際社会の変化

エコビジネスの生成と発展を考察する最後の観点として,国際社会の動向があげられる。今日の環境問題はグローバル化・複雑化しているため,国際社会が共通の認識を持ち,歩調を合わせながら対策を講じることが必要不可欠となっている。したがって,環境問題の進展を基礎として企業・消費者・行政の変化を辿ることに加え,国際社会の動向を把握することによって,マクロな視点から環境問題を俯瞰することができ,自国内の企業や行政府,あるいは消費者の活動は,より有意義なものとなろう。

❶　先進国による認識の時代：1970年代まで

時代区分の第一は,先進国にのみ環境問題への認識が広まった時代である。1960年代後半以降,環境汚染対策関連法や制度が各国で制定されるようになっている。例えば,米国では1969年に環境政策法が成立し,連邦政府に環境

保護局と環境評議会がおかれた。また，1970年には英国で，その翌年にはオランダで環境省が設立されている[34]。しかし，このような環境問題に対する取組みは，先進工業国でのみ行われ，開発途上国では貧困や低開発が最優先課題と考えられていた[35]。

例えば，鈴木幸毅他[2001b]は，① 中国において環境政策が立案され始めたのは1973年であり，この時期には「環境問題がもつ複雑さと解決の難しさについて認識の程度が極めて低かった」と考察し，② フィリピンでは，人口集中や都市部への移動によって貧困が生じ，都市部と農村部において大気汚染をはじめとした環境破壊をもたらしながらも，法律などが機能していないことを指摘している[36]。

蟹江憲史[2004]が指摘するように，1945年の第二次世界大戦終結後の国際社会の関心事は，再び戦争を起こさないための経済体制づくりであり，「環境問題が国際関係上の課題として最初に注目され始めたのは，冷戦が膠着あるいは緩和し始めた1970年代以降のこと」なのである[37]。

1972年には，スウェーデンにおいて，人類史上初めて人間環境を国連の枠組みの中で取り上げた「国連人間環境会議」が開催された。通称「ストックホルム会議」と呼ばれるこの会議では，人間環境宣言が採択され，これを実行するために，ケニアのナイロビに国連環境計画（UNEP）が設立されるなど，後の地球環境政策につづく形として会合が行われた。また，環境問題が国際的関心事として，初めて公式の場で取り扱われたという意味で，大変意義のある会議である。

1970年代は，経済面では，1971年にドル・ショック，1974年に石油危機が発生するなど，世界的に不安定な時期がつづき，一時的にではあるが環境保全活動よりも経済安定に力が注がれた。したがって，地球環境政治に対する取組みの勢いも停滞したのである。しかし，政策面では，環境と開発の両立を目指したエコ・ディベロップメント[38]という概念が広まった。

このように，国際的な会合が萌芽し始めた時期ではあったものの，依然として先進国が中心となって環境問題と向き合っていた。

❷ 先進国主導の時代：1980年代～1990年代前半

　時代区分の第二は，先進国が中心となり，環境問題対策への提言・認識が浸透した時代である。1980年代に入ると，エコ・ディベロップメントの概念は，持続可能な開発として再認識された。持続可能な開発は，従来，トレードオフと考えられていた環境と開発を共存し得るものとして捉え，環境保全に配慮したなかで，新たな開発の方向性を模索していくというものであった[39]。

　そして，1982年には，国連人間環境会議（ナイロビ会議）が開催された1972年から10周年を記念して，UNEP特別管理理事会特別会合が開かれた。会合では「持続可能な開発」が主題となり，ナイロビ宣言が採択されている。また，日本の提案により，環境と開発に関する世界委員会（ブルントラント委員会）が置かれた。持続可能な開発の概念は，環境保全に対する世界各国の共通理念となり，今日においても，地球環境問題に対する取組みに大きな影響を及ぼしている[40]。

　また，1980年代は，1985年の南極でのオゾンホールの発見や，1986年のチェルノブイリ原子力発電所事故など，各国で産業事故や事件が相次ぎ，地球環境条約が成立する契機となる時代でもあった。また，経済のグローバル化と相まって，環境問題が空間的・時間的広がりをみせ始め，地球規模の問題として国際社会に浮上してきたのである。

　上記のような流れを受けて，1992年にブラジルのリオデジャネイロで国連環境開発会議が開催され，1972年の国連人間環境会議と1982年のナイロビ会議を合わせて，国際連合が主催した環境と開発に関する3度目の国際会議となった。図表2－9に示されるようなリオ宣言やアジェンダ21が採択され，1980年代に提示された持続可能な開発の実現へ向けた，具体的な枠組みが形成された。

　蟹江[2004]によれば，このような動きに伴って，国際制度も環境問題に関するものや，持続可能な開発に関するものへと多様化している。例えば，環境問題に関しては，1992年の地球サミットにおいて「国連気候変動枠組条約」が採択されている。これは，地球温暖化問題に対する国際的な取組みを掲げた条約であり，1997年に開催された第3回締約国会議（京都会議）では，各国の2000

図表2－9　リオ宣言の構成

前文	内　容
第1原則	人間が持続可能な開発の中にあり，自然と調和しつつ，健康で生産的な生活を送る権利を有する
第2原則	主権の尊重と，自国の管轄地域外の環境に損害を与えない責任を有する
第3原則	開発の権利は，世代をこえて公平にある
第4-9原則	持続可能な開発の実現と，持続可能な揮発を可能にする科学的・技術的な知見の交流
第10原則	環境問題に対するすべての主体の参加と，情報の浸透
第11-14原則	各国の国内法整備・政策の実施
第15原則	予防原則
第16原則	汚染者が原則として汚染による費用を負担，環境費用の内部化
第17-19原則	環境影響評価の実施，越境する可能性のある環境問題に対しての事前通告など
第20-23原則	女性や青年，あるいは先住民の参画，占領下にある地域の天然資源の保護
第24-26原則	戦争や平和と環境保全とのかかわり
第27原則	持続可能な開発のための，各国のパートナーシップの必要性

（出所）　環境と開発に関するリオ宣言〈http://www.env.go.jp/council/21kankyo-k/y210-02/ref_05_1.pdf〉に基づいて筆者作成。

年以降の取組みについて，法的拘束力のある数値目標を定めた「京都議定書」が議決された。

　持続可能な開発に関する問題としては，1993年，国連のなかに「持続可能な開発委員会」が設置された。環境保全に取組みながらも，経済面，社会面から持続可能な環境開発を扱う機関が置かれたのである。

　上で考察したように，地球環境問題に対する国際条約は，急速に拡大・多様化している。しかし，持続可能な開発に関する問題は，地球環境に関する問題であると同時に，経済活動の問題にもつながるため，利害関係が生まれ，国家間の合意形成は非常に困難であった時期といえよう。

第2章　エコビジネス論の生成と発展

❸　国際的な合意形成の時代：1990年代後半以降

　時代区分の第三は，世界的な合意形成が徐々に形成され始めた時代である。例えば，政権交代によって京都議定書を批准したオーストラリアや米国の動向などは，地球環境問題が深刻さを増したことを受けて協調姿勢をとった1つの象徴である。

　エコビジネスにおける国際社会の役割として，環境政策の面で強力なリーダーシップを発揮するEUは，今日においても温暖化対策やエネルギー政策に積極的な姿勢をみせている[41]。例えば，温暖化対策に関しては，EUは単独で2020年までに排出量を1990年比で20%削減することを目標に，EU-ETS（欧州排出量取引制度）を設けている。

　このように，環境政策は今後ますます多様化する傾向にあるため，各国のメーカーは敏速に対応し，新たなビジネス展開を模索することが必要条件となるであろう。そして，今や環境問題は地球規模のものとなり，環境主体も複雑性を増している。問題を解決するためには，特定の地域だけで取組むのでは不十分である。第8章で詳述するように，CDMなどを手段として，先進国と後進国が協力し合い，共に環境問題の解決を図っていくことが，国際社会において，今後ますます重要な課題となる。

　しかし，国際的な合意形成が徐々に形成されつつも，一概に全ての国が同意しているわけではない。このことは，2009年12月にコペンハーゲンで開催されたCOP15をみても明らかである。先進国と途上国は，環境問題に対する責任の所在について対立が深まっており，妥協点を見出すことは容易ではない。

　図表2－10は，国際社会の動向を一覧にしたものである。なお，時代区分を斜線にしている根拠は，図表2－1と同様である。このように，環境問題は節目で認識レベルを高次に上げており，環境問題について各国は独自の姿勢を示している。しかし，先に述べたように，合意形成までにはまだ時間を要することが見込まれよう。

　ここまで，エコビジネス論の生成と発展について，国内外の環境問題を俯瞰した上で，各環境主体の変化を丁寧に考察した。さらに，国際社会の動向を概

図表2−10 国外の主な環境年表

年	国際的な動き	本書における時代区分
1962	「沈黙の春」(レイチェル・カーソン著) 出版	<フェーズ1>先進国による認識の時代
1969	米国,環境政策法 制定 ⇒各国で環境保護政策が策定される	
1972	国連人間環境会議(ストックホルム会議) 開催 人間環境宣言 採択 国連環境計画(UNEP) 発足 ⇒環境問題が,初めて国際社会の公式の場に登場する	
1973	第一次オイルショック	
1979	第二次オイルショック ⇒各国で事故が多発。経済活動が優先されたため,地球環境政策に対する取り組みは下火になる。	<フェーズ2>先進国主導の時代
1982	UNEP,ナイロビ宣言 採択 ⇒再び環境保全に対する意識が高まる	
1985	オゾンホールを人口衛星で確認,オゾン層保護条約 採択	
1987	環境と開発に関する世界委員会(ブルムラント委員会),「持続可能な開発」理念 提唱 ⇒環境問題は「持続可能な開発」にかかわるものへと変化する	
1992	国連環境開発会議(地球サミット) 開催 国連気候変動枠組み条約,生物多様性条約 など採択	
1996	国際標準化機構(ISO),環境マネジメントシステムの国際規格「ISO14001」 発行	<フェーズ3>国際的な合意形成の時代
2002	持続可能な開発に関する世界首脳会議 開催 持続可能な開発に関するヨハネスブルグ宣言 採択	
2003	RoHS(有害物質使用制限)指令,WEEE(廃電気電子機器)指令 採択 ⇒環境保全活動において,EUが強力なリーダーシップを発揮する	
2005	京都議定書 発行	
2006	RoHS指令 スタート	
2008	EU,REACH規制,実運用スタート	
2009	COP15(開催はデンマークのコペンハーゲン)	

(出所) 日経BP社[2009]138-141頁に基づいて,筆者作成。

観することによって,体系的な学説史の理解を可能とした。

しかし,エコビジネス論は,他の学問と比較すれば非常に歴史が浅く,隣接する領域も多岐にわたる。したがって,企業を中心として,外部環境の動向と関連させながら発展の軌跡を追うことが,エコビジネス論を深化させるために

は重要となろう。

注）
1）高橋＝鈴木編［2005］3 頁。
2）産業環境管理協会編［2002］50頁。
3）資源・エネルギーを1つの時代区分にする見方は，例えばアーサー・D・リトル社環境ビジネス・プラクティス［1997］15-16頁。
4）岸川他［2003］13頁。
5）高橋＝鈴木［2005］4 頁。
6）エコビジネスネットワーク編［2000］147，202頁。なお，自動車業界はさらに早い時期から取組みを開始している。
7）アーサー・D・リトル社環境ビジネス・プラクティス［1997］29頁。
8）岸川他［2003］11-14頁。
9）循環型社会形成推進基本法は，家電リサイクル法，包装容器リサイクル法，改正廃棄物法，改正リサイクル法，建設資材リサイクル法，食品リサイクル法，グリーン製品利用促進法の7法から構成される。
10）中村［2007］11-12頁。
11）鈴木幸毅他［2001a］29頁。
12）天野一哉［2003］130頁。
13）鈴木他［2001a］44頁。
14）同上書　46頁。
15）飯島伸子［2000］159頁。
16）蟹江［2004］55頁。
17）〈http://www.zeikei.co.jp/syouhi_g/PDF/s22-7.pdf〉　なお，「そう思わない」と答えた人は40.3％である。
18）中央青山監査法人中央青山 PwC サステナビリティ研究所編［2003］16-17頁。
19）内閣府 NPO ホームページ・都道府県別申請数と認証数〈http://www.npo-homepage.go.jp/data/pref.html〉
20）環境省総合環境政策局環境計画課編［2009］319頁。
21）朝倉暁生［2002］266頁。（寄本勝美＝原科幸彦＝寺西俊一［2002］，所収）
22）臨時鉄くず資源回収法の考察については，例えば，倉坂秀史［2004］22-23頁を参照。
23）第64回国会であるこの議会は，14もの環境法が整備され，公害国会とも呼ばれている。
24）松下［2007］47頁。
25）環境基本法第一条によれば，環境基本法は，環境の保全について，基本理念を定め，国，地方公共団体，事業者及び国民の責務を明らかにするとともに，環

境の保全に関する施策の基本となる事項を定めることにより，環境の保全に関する施策を総合的かつ計画的に推進し，これをもって現在および将来の国民の健康で文化的な生活の確保に寄与するとともに人類の福祉に貢献することを目的としている。
26) 倉阪［2004］50頁。
27) 経済産業省環境政策課環境調和産業推進室編［2004］65頁。
28) 中村［2007］30-31頁。
29) ODA (Official Development Assistance：政府開発援助) は，1954年にコロンボ・プランに参加することによって開始されたものである。援助方法は，①二国間政府開発援助と②国際機関への出資・拠出，の2つに大別される。
30) PFIビジネス研究会［2002］14頁によれば，PFI事業とは，民間主導の公共事業で，公共施設の設計から建設，維持管理・運営に民間の資金，経営ノウハウ，技術を活用し，効率的かつ効果的なサービスの提供を図るものである。
31) 環境省総合環境政策局環境計画課編［2009］132頁。
32) PFIビジネス研究会［2002］14，34頁。
33) 長岡正［2002］35-36頁。なお，長岡は，日本エコライフセンター＝電通EYE編［1997］18頁を参考にしているが，本書では参考箇所を勘案して長岡［2002］とする。
34) 蟹江［2004］40頁。
35) 西井正弘［2005］9頁。
36) 鈴木他［2001b］60頁，および15-108頁。
37) 蟹江［2004］38-39頁。
38) 1980年に国連環境計画（UNEP）や国際自然保護連合（IUCN），および世界自然保護基金（WWF）が共同で発表した「世界保全戦略」のなかで提唱された理念である。
39) 蟹江［2004］46-51頁。
40) 松下［2007］54-56頁。
41) 日経BP社［2009］128頁。

第3章
エコビジネスの体系

　本章では，総論のまとめとして，エコビジネスを体系的に理解するために，5つの観点を設定し，それぞれの観点からエコビジネスについて考察する。

　第一に，エコビジネスの位置づけについて考察する。まず，経済社会システムにおいて，トリプルボトムラインのもとに成り立っていることを考察し，企業経営のなかでの位置づけを明らかにする。また，学際的なアプローチによって，他の学問との融合の必要性を理解する。

　第二に，エコビジネスの成立要件について考察する。企業，政府・自治体，消費者・市民それぞれの役割を明らかにした上で，近年では，環境主体の枠をこえて，お互いに提携・連携し，相乗効果を創出することが求められている状況を理解する。

　第三に，エコビジネスの分類について考察する。エコビジネスの分類に関する先行研究のレビューを，政府や企業，あるいは専門家による立場から行い，異同点や特徴について考察する。そして，分野ごとに密接な関連性があることを理解する。

　第四に，エコビジネスと企業について考察する。大企業や中小企業，あるいは環境ベンチャーなど，事業体の規模や設立年数によって，エコビジネスの重要成功要因（KSF）が異なることを理解する。

　第五に，エコビジネスとビジネス・システムについて考察する。供給連鎖・需要連鎖に着目し，エコビジネスは，川上分野から川下分野の全てにおいて付加価値を創出できることを理解する。そして，企業間関係の構築による効果を，先行研究を踏まえて明らかにする。

第1節　エコビジネスの位置づけ

　エコビジネスの体系を考察する第一の観点として,「エコビジネスの位置づけ」があげられる。社会経済システムや企業経営,あるいは学際的な側面から,エコビジネスがどのように位置づけられているのかを考察することによって,多角的な理解が可能となる。

❶　経済社会システムにおける位置づけ

　エコビジネスとは,「環境保全,持続可能性社会を構築するために必要な知識や技術,手段を提供する企業活動であり,産業横断型のビジネス」であると本書において定義づけた。環境への負荷を低減するためのビジネスであるため,エコビジネスの拡大は,環境保全の進展を促すものとなる[1]。

　それでは,社会経済システムにおけるエコビジネスの位置づけとは,どのようなものであろうか。図表3－1に示されるように,エコビジネスは,経済性・社会性・環境性という3つのパラダイムのもとで成り立つ。換言すれば,エコビジネスは,経済性・社会性・環境性をすべて満たすトリプルボトムラインのもとで発展が期待されている。このことについては,第1章で考察したとおりである。新たなパラダイムのもとで,持続可能な社会経済システムが構築され,エコビジネスが一つの手段となりうるのである。

　したがって,エコビジネスを展開するには,企業活動の環境志向化を具体化した「環境経営」が前提となる。環境経営とは,「環境問題を事業機会として生かすとの見地に立ち,環境問題に積極的に取組みつつ利益実現を志向する経営[2]」である。また,足立辰雄[2006]や中央青山監査法人＝中央青山PwCサステナビリティ研究所編[2003]が指摘するように,環境経営は,重要な企業の戦略的要素であり,最高経営責任者が直轄する経営戦略と密接なつながりを有しているため,特定の事業単位ではなく,全社的な取組みが不可欠となる[3]。

　エコビジネスの実施は,企業にとって新たな事業機会であると同時に,競合

第3章　エコビジネスの体系

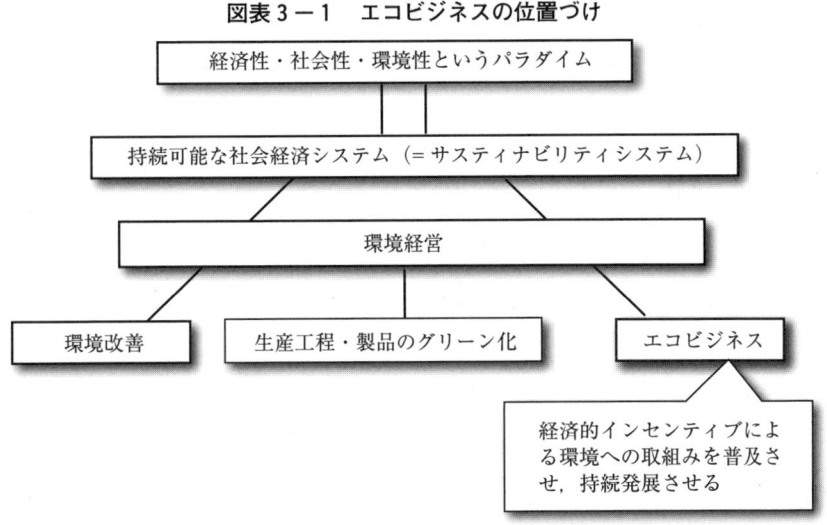

図表3−1　エコビジネスの位置づけ

```
┌──────────────────────────────┐
│  経済性・社会性・環境性というパラダイム  │
└──────────────┬───────────────┘
               │
┌──────────────┴─────────────────────┐
│  持続可能な社会経済システム（＝サスティナビリティシステム）  │
└──────────────┬─────────────────────┘
               │
        ┌──────┴──────┐
        │   環境経営    │
        └──┬────┬────┬─┘
           │    │    │
       ┌───┴─┐ ┌┴──────────┐ ┌┴────────┐
       │環境改善│ │生産工程・製品│ │エコビジネス│
       │      │ │のグリーン化  │ │          │
       └──────┘ └────────────┘ └──────────┘
                                      │
                        ┌─────────────┴──────────────┐
                        │ 経済的インセンティブによ       │
                        │ る環境への取組みを普及さ       │
                        │ せ，持続発展させる             │
                        └────────────────────────────┘
```

（出所）エコビジネスネットワーク編[2007]13頁を一部修正。

他社に対しての競争優位の源泉ともなりうる。経済的インセンティブによる環境への取組みを普及させ，持続発展させることこそが，エコビジネスの使命であろう。

❷ 企業経営における位置づけ

上述したように，環境経営とは「環境問題を事業機会として生かすとの見地に立ち，環境問題に積極的に取組みつつ利益実現を志向する経営」のことを指す。また，図表3−2に示されるように，環境経営とは，EMSを基軸とした経営システムのもとで，企業の外部環境に対する戦略的意思決定や情報公開により，エコビジネスの展開を図る企業経営である[4]。

① 外部環境：消費者・市民団体や政府・自治体，あるいは競合他社や取引先など，が含まれる。なお，メディアも外部環境として企業に影響を及ぼす重要な要素である。本書では，第4章において代表的なエコビジネスの市場動向を考察し，第7章においてステークホルダーの戦略的活用を提示する。なお，外部環境としての法規制については，第8章で考察する。

図表3－2　環境経営の見取り図

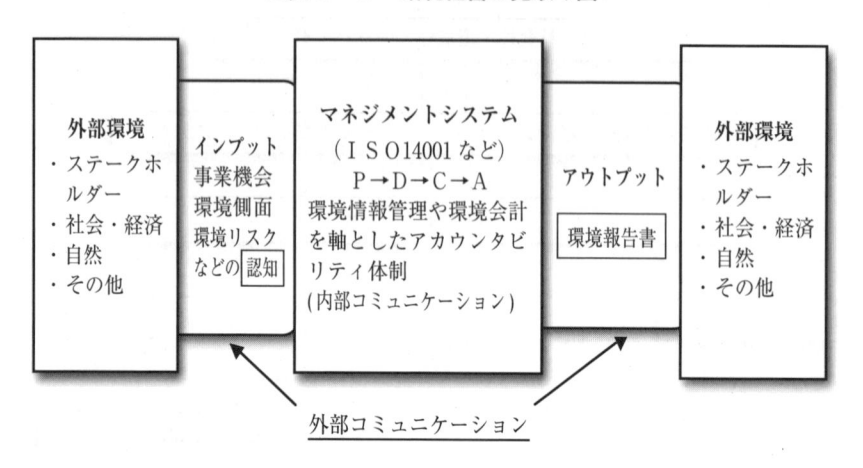

| 外部環境
・ステークホルダー
・社会・経済
・自然
・その他 | インプット
事業機会
環境側面
環境リスク
などの　認知 | マネジメントシステム
（ＩＳＯ14001など）
P→D→C→A
環境情報管理や環境会計
を軸としたアカウンタビ
リティ体制
(内部コミュニケーション) | アウトプット
環境報告書 | 外部環境
・ステークホルダー
・社会・経済
・自然
・その他 |

外部コミュニケーション

（出所）　岸川他[2003]81頁を一部修正し，筆者作成。

② インプット：自社がさらされている機会とリスクを認知し，戦略的意思決定を実行する。本書では，第5章において環境経営戦略の視点から，環境効率や環境マーケティングなどを例に，いかに新たなパラダイムのもとで持続可能な競争優位を確立するかを考察する。

③ マネジメントシステム：ISO14001をはじめとするEMS体制を確立する。環境方針や環境目標を掲げ，その達成に向けてPDCAサイクルによる管理を行う。本書では，第6章においてEMSの活用について考察する。

④ アウトプット：環境先進企業は，例外なく自社の環境問題への取組みを環境報告書や環境会計などを媒体に公開している。積極的なアカウンタビリティは，企業の社会的名声やブランドイメージなどの長期的利益をもたらす可能性があるため，競争優位の確立においては不可欠であろう。本書では，第6章において環境会計や環境報告書について考察する。

❸　学際的な位置づけ

本書の学問的視座は，タイトルのとおり経営学に立脚している。しかし，環境問題を分析する学問は経営学だけではない。経営学の深化に心理学が不可欠

なように，環境問題の解決に学術的な貢献を果たすためには，他の学問との融合が欠かせない。以下では，なかでも環境経済学と環境社会学を取り上げ，学際的に捉える意義について考察する[5]。

① 環境経済学：端的にいえば，環境問題という外部性に対して，どのような方策を打てばよいのかを提示する学問である。従来，環境問題を市場の失敗，政府の失敗として扱い，これに対する政策を提案した経緯をもつ[6]。しかし，地球環境問題が深刻化するにつれて，持続可能な発展という概念を中心に議論が展開されている。植田他[1991]によれば，環境経済学へのアプローチの仕方は，物質代謝論アプローチ，環境資源論アプローチ，外部不経済論アプローチ，社会的費用論アプローチ，経済体制論アプローチの5つに分類される[7]。

上にあげた5つのアプローチの中で，本書と関連が深いのは，外部不経済論アプローチと社会的費用論アプローチである。外部不経済とは，「望ましくない外からの効果を拒否することの不可能な現象[8]」のことを指し，例えば，自動車から排出される排気ガスによって環境汚染が進行し，自動車を利用せず，環境汚染に全く関わりのない人にまで被害が及ぶ状態である。この外部不経済を内部化する政策として，例えば，ピグー税[9]（≒環境税）や拡大生産者責任などが適用される。

一方，社会的費用論アプローチとは，例えば環境問題による経済損失を測定し，その軽減方法を策定するものである。水質汚濁に起因する水質の浄化に要する費用や，健康を害した住民が診療を受ける医療費などがあてはまる[10]。その際，環境保全費用は，誰が・どのように・どの程度負担するのかといったことが焦点となる。

② 環境社会学：「環境社会学とは，社会学的枠組みに基づいて，物理・自然的・化学的環境と人間生活と社会との相互作用，とりわけそうした環境の及ぼす影響やその反作用を研究する学問[11]」である。満田久義[2005]は，環境社会学のなかでも重要な研究領域として，エコロジー的近代進化論，共進化環境社会学，エコフェミニズム論の3つをあげている[12]。なかでも本書と関連が深いのはエコロジー的近代進化論[13]であり，市民の役割の重要性につい

てふれている。

このように，エコビジネスを体系的に捉える際には，上位概念にある環境問題に着目し，関連諸科学を網羅する必要がある。なお，経営学の研究領域としての経営戦略論や人的資源管理論，およびマーケティング論とエコビジネスの関連性については，第5章と第10章において取り上げている。このほか，経営組織論については，本章の第5節において簡潔にふれている。

第2節　エコビジネスの成立要件

エコビジネスの体系を考察する第二の観点として，「エコビジネスの成立要件」があげられる。エコビジネス論の生成と発展は，国際社会の協調のもとに，①企業，②政府・自治体，③消費者・市民団体が環境問題への認識を深化させることによってなされた。したがって以下では，それぞれの立場を明確にした上で，エコビジネスの成立要件について考察する[14]。

❶　企業の役割

企業は営利原則のもとに活動している。しかし，先述したように，今日では経済的機能だけでなく企業市民としての観点から，環境問題への対応も求められている。

従来，企業の社会的責任の範囲については，あくまで行政機関が定めた法規制に基づくコンプライアンス（法令遵守）に限られていた[15]。その範囲は，①環境問題は事業機会である，②環境問題は長期的な利益に貢献する，③環境問題が企業を圧迫している，という3つの視点を背景として，図表3－3に示されるように，企業の役割は拡大したのである。

また，グローバル化の進展にともない，自国の環境規制のみを遵守していればよい時代ではなくなった。例えば，EUにおける化学物質使用規制に従わなければ，企業はEU市場での利益を失うことになる。さらに，規制の導入は強

第3章　エコビジネスの体系

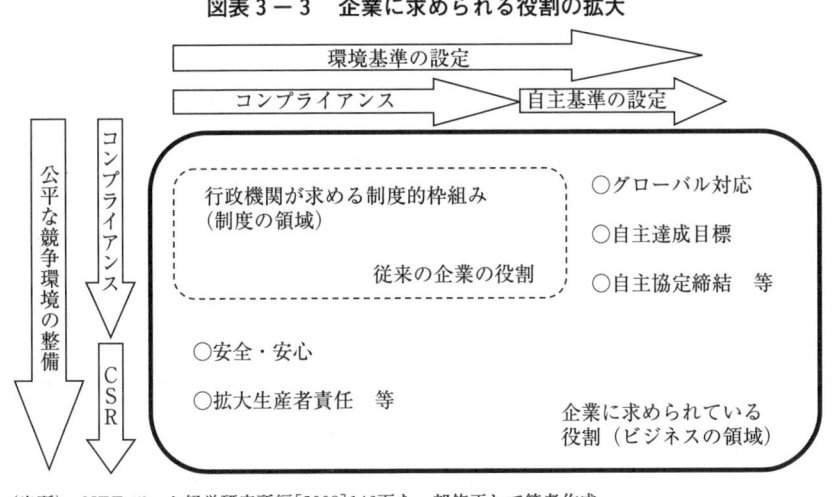

図表3－3　企業に求められる役割の拡大

（出所）　NTTデータ経営研究所編[2008]146頁を一部修正して筆者作成。

化傾向にあり，受動的な対応は，競合他社と比較して不利になりかねない。したがって，環境規制にいかに迅速な対応をするかが競争優位の源泉になりつつあり，エコビジネスのさらなる進展につながっている。

このほか，エコビジネスの成立には，環境問題への取組みをしている企業を評価する投資家や金融機関の役割が欠かせない。例えば，第7章で詳述するように，環境に配慮した企業に対して，金利を優遇するエコファンド[16]などがあげられる。特に中小企業においては，エコビジネスを展開する際の資金調達は容易ではないため，金融機関などによる優遇政策は多大な支援となる。

資金面以外にも，エコビジネスのノウハウをサポートするシンクタンクやコンサルティング会社は，看過できない重要な存在である。ISO14001の取得支援や販売戦略の支援など，活動可能な分野は多い。

❷　政府・自治体の役割

先述したように，エコビジネスの持続的発展のためには，環境性というパラダイムに従った社会経済システムが前提となる。しかし，このようなシステムを構築するには長い時間を必要とし，かつ市場原理に委ねるだけでは不十分で

ある。したがって，サスティナビリティ社会の実現を後押しする役割を果たすのが政府・自治体となろう。

例えば，環境省総合環境政策局環境計画課編[2004]は，環境と経済の好循環ビジョン（HERB構想）において，環境と経済の統合に向けた国家総合戦略の必要性を強く主張している。そのなかで，図表3－4に示されるように，地域経済の活性化を図ろうと，財政的支援を行っている[17]。

また，適正な環境規制を実施することにより，国際競争力を強化することが可能となる[18]。1970年に米国で導入されたマスキー法は，自動車の排気ガス規制であり，基準に満たない自動車は販売停止などの厳しい処置を受けること

図表3－4　環境と経済の好循環のまちモデル事業

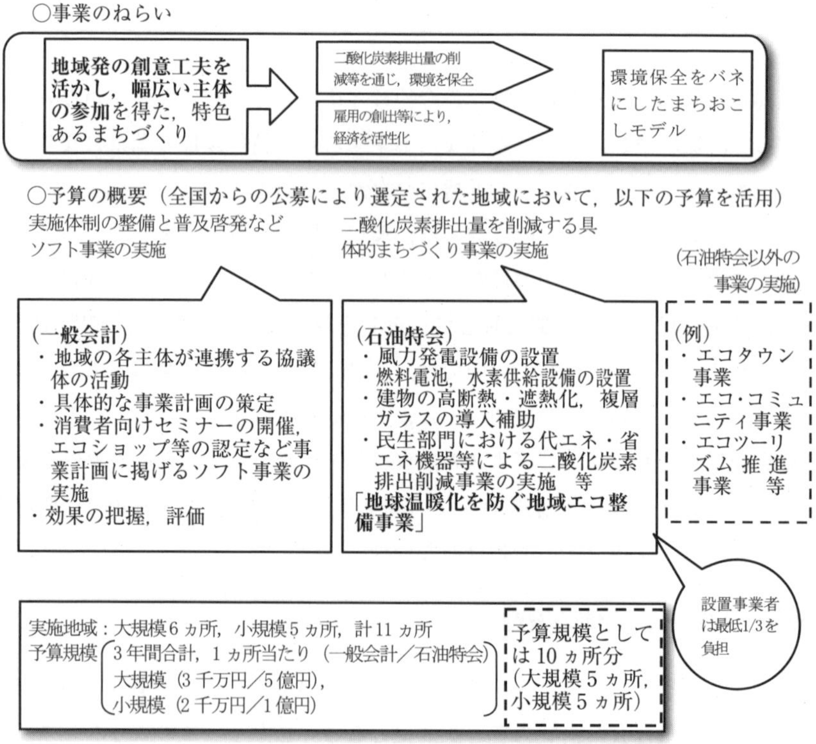

○事業のねらい

地域発の創意工夫を活かし，幅広い主体の参加を得た，特色あるまちづくり → 二酸化炭素排出量の削減等を通じ，環境を保全／雇用の創出等により，経済を活性化 → 環境保全をバネにしたまちおこしモデル

○予算の概要（全国からの公募により選定された地域において，以下の予算を活用）

実施体制の整備と普及啓発などソフト事業の実施

二酸化炭素排出量を削減する具体的まちづくり事業の実施

（石油特会以外の事業の実施）

（一般会計）
・地域の各主体が連携する協議体の活動
・具体的な事業計画の策定
・消費者向けセミナーの開催，エコショップ等の認定など事業計画に掲げるソフト事業の実施
・効果の把握，評価

（石油特会）
・風力発電設備の設置
・燃料電池，水素供給設備の設置
・建物の高断熱・遮熱化，複層ガラスの導入補助
・民生部門における代エネ・省エネ機器等による二酸化炭素排出削減事業の実施　等
「地球温暖化を防ぐ地域エコ整備事業」

（例）
・エコタウン事業
・エコ・コミュニティ事業
・エコツーリズム推進事業　等

実施地域：大規模6ヵ所，小規模5ヵ所，計11ヵ所
予算規模　3年間合計，1ヵ所当たり（一般会計／石油特会）
　　　　　大規模（3千万円／5億円），
　　　　　小規模（2千万円／1億円）

予算規模としては10ヵ所分
（大規模5ヵ所，小規模5ヵ所）

設置事業者は最低1/3を負担

（出所）　環境省総合環境政策局環境計画課編[2004]158頁。

になっていた。しかし，日本のメーカーは，この法規制に対応することによって最終的に基準を満たしている。このように，政府は法規制の整備によってエコビジネスを進展させる役割を担うのである。

　法規制以外には，例えば第2章で考察した環境ODAも，政府の大きな役割を果たしている。しかし，森晶寿[2006]は，タイのサムトプラカーンで実施された汚水処理事業を例にとり，環境ODAは効果的に運用されない場合があることを指摘した上で，以下のような教訓を提示した[19]。すなわち，①受取国政府のコミットと調整能力，②事業の環境社会配慮の確保，③経済発展戦略の転換と国際支援，の3点である。環境ODAにおいて成果をおさめるには，政府間だけでなく，住民に対して事業プランを公開し，参画できるような体制を整備することが不可欠である。

　以上のように，政府・自治体の役割は，補助金制度などの法整備や他の環境主体と連携した取組みなどさまざまである。

❸　消費者・市民の役割

　消費者の購買動機は多岐にわたる。なかでも，環境に配慮した製品・サービスに対する優先順位が低ければ，エコビジネスの持続的な発展は期待できない。したがって，エコビジネスの成立には，市場の環境志向化が必要不可欠である。

　第2章において，グリーンコンシューマーの台頭について簡潔にふれた。グリーンコンシューマーは，市場の環境志向化を代表する消費者群であり，複数の特徴を具備している。例えば，杉本育生[2006]は，グリーンコンシューマーの行動原則として，①必要なものだけを必要な量だけ買う，②使い捨て商品ではなく，長く使えるものを選ぶ，③容器や包装はないものを最優先し，次に最小限のもの，容器は再使用できるものを選ぶ，④作るとき，使うとき，捨てるときに資源とエネルギー消費の少ないものを選ぶ，⑤化学物質による環境汚染と健康への影響の少ないものを選ぶ，⑥自然と生物多様性をそこなわないものを選ぶ，⑦近くで生産・製造されたものを選ぶ，⑧作る人に公正な分配が保証されるものを選ぶ，⑨リサイクルされたもの，リサイクルシステムのあるものを選ぶ，⑩環境問題に熱心に取組み，環境情報を公開してい

るメーカーや店を選ぶ，の10点を指摘している[20]。全消費者に占める割合は少ないものの，エコビジネスの拡大には不可欠な存在であろう。

　また，NPOやNGOなどの任意団体による活動は，阪神・淡路大震災後のNPO法制定によって急速に普及している。環境文明21編[2001]は，日本の環境NGOが抱える課題として，①団体それ自体の専門性や資質を高める，②市民の意識を高める努力を続ける，③制度をつくるための活動をする，④企業との連携を図る，といった4点をあげている[21]。これら4点については，緩やかではありながらも，今日では，順調に克服されているといって過言ではないであろう。例えば，企業との連携について，日本経済団体連合会自然保護協議会15周年記念号編集委員会編[2008]は，大成建設やニホンヤマネ保護研究グループなどが協働で実施したプロジェクトを紹介し，協働の重要性を考察している[22]。なお，企業とNPOとのパートナーシップについては，第7章で詳述する。

　このほか，市場が環境志向になり，消費者の環境への意識を高めるには，環境教育も大きな役割を担っている。NPOやNGOは，それ自体で事業を実施しているものもあるが，なかには市民講座を開き，市民の環境問題への啓蒙を行っている団体もある。NPO法人メダカの学校は，積水化学と協働で放置田の再生事業に取組んでおり，自然環境や生態系，あるいは生物多様性の大切さを参加者に伝えている[23]。

　このように，エコビジネスを拡大する上で，消費者・市民の果たす役割は大きく，かつその活動範囲も広がりをみせている。

第3節　エコビジネスの分類

　エコビジネスの体系を考察する第三の観点として，エコビジネスの「分類」に着目し，どのような分類基準があるのかを考察する。なぜなら，エコビジネスの定義と同様，分類に関しても，確立されたものが存在しないためである。

第3章　エコビジネスの体系

そこで，先行研究をレビューし，異同点を明らかにした上で，一定の方向性を提示したい。

１　先行研究のレビュー

　エコビジネスに関する分類基準は，非常に多くの見解がある。大きな違いはないものの，細部においては研究者ごとに見方が異なるといっても過言ではない。それほど，今日のエコビジネスは市場創造が進み，領域間の境界があいまいになっている。そこで，以下では，①政府，②民間企業・専門機関，③専門家，の３つの立場から分類基準のレビューを行い，異同点を明らかにする。

① 政府による分類基準：環境省は，OECD [1999]の分類基準（環境汚染防止分野，環境負荷低減技術及び製品分野，資源有効利用分野）が公表されるまで，独自の分類基準を示していた。しかし，今日では，環境ビジネスの市場・雇用規模の統計などを収集する際にOECDの分類基準を採用しているため，本書ではこちらを環境省の見解とみなす[24]。

② 民間企業・専門機関による分類基準：エコビジネスネットワーク編[2007]は，「技術系環境ビジネス」と「ソフト・サービス系環境ビジネス」の２つに大別し，前者を６項目（エンド・オブ・パイプ，廃棄物の適正処理および5RE，エコマテリアル，環境調和型施設，新エネルギー・省エネルギー，自然修復・復元ビジネス），後者を６項目（環境コンサルティング，環境影響評価，情報・教育関連，金融，流通，物流）に分類している[25]。このほか，大阪中小企業診断士会環境経営研究会編[2006]は，事業の目的別に５つの類型（地球温暖化の防止，有限資源の枯渇対策，自然環境の修復，有害物質の除去，その他）を示している[26]。

　野村総合研究所[1991]は，７項目（環境計測など，原料・素材転換など，製造・加工プロセスなどの改良・転換，廃棄物の除去・回収など，リサイクル関連装置など，環境適合商品，社会システム・インフラ整備）に分類した上で，それぞれが特定の環境問題を解決するのではなく，複数の環境問題対策になることをマトリクスに基づいて指摘している[27]。

③ 専門家による分類基準：環境省や環境分野専門の民間企業の分類基準を採

用している専門家と，独自の見解を示している専門家の2つがある。前者については，例えば鈴木他[2001a]は，エコビジネスネットワーク編[1999]や通商産業省環境立地局編[1994]の分類基準を採用し[28]，仲上＝小幡[1995]は，環境庁エコビジネス研究会[1990]を参考にしている[29]。

　一方，後者については，例えば豊澄[2007]は「技術系環境ビジネス」と「ソフト・サービス系環境ビジネス」の2つに大別し，前者を3項目（公害防止型ビジネス，資源節約型ビジネス，新環境技術ビジネス），後者を4項目（環境コンサルティング，環境アセスメント，環境情報型ビジネス，環境系金融ビジネス）に分類している[30]。また，勝田悟[2007]は，4分類（問題解決型ビジネス，資源生産性向上型ビジネス，啓発・教育型ビジネス，生活安全型ビジネス）をあげている[31]。

　上述した①〜③の分類基準を丁寧に考察してみると，エコビジネスネットワーク編[2007]や豊澄[2007]のように，2分類にする立場と，環境省や野村総合研究所[1991]，および勝田[2007]のように，3分類以上にする立場がある。もちろん，両者の違いは分類する際の切り口に起因するため，相互に優劣関係はない。本節の目的は，一定の方向性を示し，エコビジネスの体系を形成する確固とした構成要素を提示することにある。したがって，以下では，それぞれの立場を踏まえつつ，個々の分野の特徴を概観する。

❷ エコビジネスの分類と特徴

　エコビジネスを構成する事業分野の特徴をとらえるために，以下では，エコビジネスネットワーク編[2007]が定めた分類基準を，本書における分類とした上で[32]，①事業分野ごとの成熟度，②市場規模について確認する。なお，図表3－3は，エコビジネスの分類について示したものである。

① 事業分野ごとの成熟度：船井総合研究所環境ビジネスコンサルティンググループ編[2008]は，エコビジネスの分野によって市場の成熟度が異なることを指摘している。例えば，廃棄物処理やリサイクル関連は相対的に成熟度が高い。一方で，排出権取引や環境コンサルティングの成熟度は低い。

② 市場規模：経済産業省環境政策課環境調和産業推進室編[2003]によれば，

市場規模が最も大きいのは廃棄物関連（約40兆円）で，次に，環境修復関連（約1兆7,000億円）となっている。ソフト・サービス系ビジネスは，すべて合わせても2兆円程度である。このように，事業分野ごとに市場規模の違いはあるものの，時系列でみると成長性はどの分野も高い[33]。

ひとくちにエコビジネスといっても，その事業分野はさまざまで，かつ市場規模や成熟度においても大きな違いがある。このほかにも，エコビジネスを理解する上での重要な論点として，事業分野ごとのかかわりがあげられる。したがって，これまでは個別に取上げてきたものを，以下では相互の関係性という観点から特徴を捉えなおす。

図表3－5　エコビジネスの分類

技術系エコビジネス	
中分類	小分類
エンド・オブ・パイプ（公害対策）	大気汚染測定・防止，水質汚濁測定・防止，汚染土壌計測装置・汚染土壌浄化など
廃棄物の適正処理および5RE	＜適正処理＞廃棄物焼却場，中間処理施設および最終処分場など ＜5RE＞Refine, Reduce, Reuse, Recycle, Reconvert to energy
エコマテリアル	生分解性樹脂，生分解性潤滑油，酸化チタン（光触媒），脱VOCインキなど
環境調和型施設	外断熱・高気密・高断熱の省エネ住宅，シックハウス対策，屋上・壁面緑化など
新エネルギー・省エネルギー	＜新エネルギー＞自然エネルギー，廃棄物エネルギー ＜省エネルギー＞コージェネレーションシステム，ヒートポンプ，節電機器など
自然修復・復元ビジネス	緑化・植林事業，ビオトープ，人口渚，農地改善，土壌改良など
ソフト・サービス系エコビジネス	
中分類	小分類
環境コンサルティング	環境マネジメントシステム導入支援，ESCO事業，エコホテル推進，不動産評価など
環境影響評価	環境調査・分析・評価
情報・教育関連	環境情報開示，環境教育および人材派遣，エコツアー，環境広告など
金融	エコファンド，排出権取引
流通	環境商品開発，通信販売，
物流	廃棄物運搬（静脈物流）

（出所）　エコビジネスネットワーク編［2007］19頁を一部抜粋。

❸ 事業分野ごとのかかわり

例えば、環境コンサルタント会社が廃棄物処理業者にISO14001の取得支援を行ったとする。もし、廃棄物処理業者がISO14001を取得したことによって他社への信用が上がり、受注件数が増え、売上げが伸びたとすれば、1つの案件で2つの事業分野が関わったことになる。さらに、あるエコファンドが廃棄物処理業者に新規で投資をし、さらなる利益を創出したとなれば、1つの案件で3つの事業分野が関与したことになる。

このように、エコビジネスの各事業分野は個々に独立しているのではなく、密接なつながりをもっている場合が多い。環境省編[2008]は、エコファンドや省エネ家電を環境誘発型ビジネスとして、環境ビジネスを支援するものと明確に位置づけている[34]。

また、大阪中小企業診断士会環境経営研究会編[2006]は、上述した独自の環

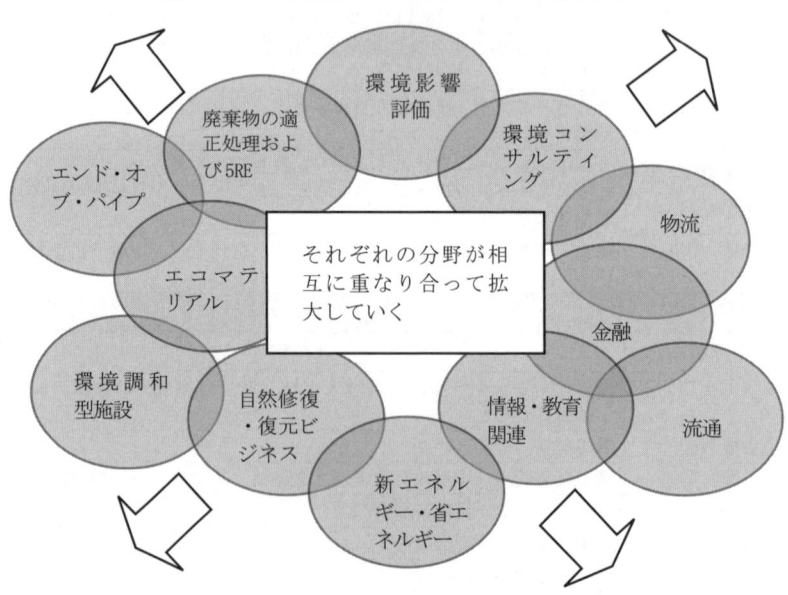

図表3－6　事業分野ごとのかかわりによる拡大

（出所）　大阪中小企業診断士会環境経営研究会編[2006]12頁の枠組みに基づいて筆者作成。

境ビジネス分類に基づき，それぞれの分野が関わりあいながら拡大していくことを指摘している。図表3－4は，本書で採用した分類基準に則り，そのイメージを示している。環境問題は，ある特定のエコビジネス事業分野のみが活性化すれば，全て解決できるわけではない。市場の成熟度の違いなどの特徴に差はあるものの，バランスよく発展していくことが大切である。

エコビジネスの事業分野は，おそらく新たなものが今後も創出されていくこととなろう。その際に重要なのは，どの分野と共通するかを特定することではなく，他の分野との関連性をつきとめ，どのような相乗効果が期待され，結果としての波及効果に直結されるのかを特定することにある。

第4節　エコビジネスと企業

エコビジネスの体系を考察する第四の観点として，「企業規模からみたエコビジネス」があげられる。事業体の規模別にエコビジネスのポイントを整理しながら，その違いを明らかにする[35]。以下では，特に大企業と中小企業を取上げ，ベンチャー企業については論点が広いため，第10章で詳述する。

❶　大企業とエコビジネス

大企業とは，中小企業基本法第2条で定められる「中小事業者の範囲」を超えるものをさす[36]。日本で活動している事業体のうち，大企業の占める構成比は1％以下と非常に少ない。しかし，社会に対する影響力は強く，われわれの日常生活と広範囲に関わっている。これまでに，様々な技術を開発しながら生活水準の向上に寄与してきた。

一方，荏原製作所藤沢工場のダイオキシン流出事故（2000年）やJFEスチール東日本製鉄所千葉工場の排水問題（2004年），あるいは出光興産愛知製油所のばい煙測定値改ざん問題（2006年）など，深刻な環境問題をもたらした一面もある[37]。大企業による環境被害は，国内に限ったことではない。第1章で

ふれたバルディーズ号事件は，海外で発生した被害の代表例である。このほか，有害化学廃棄物の漏出によるラブ・キャナル事件[38]や，ユニオン・カーバイド社ボパール工場の有毒ガスの拡散[39]など，各地での被害・不祥事は枚挙にいとまがない。環境への配慮を怠ると，企業の社会的信用を失う以上に，地域住民の生命にまで支障をきたすのである。

以上のような事態がありながらも，今日では大企業のほとんどが環境報告書などの情報を開示しており，環境への配慮に尽力している。このことは，例えば，上場企業のホームページをみても明らかであり，取組み方は一様ではないものの，独自の方法で環境対策を実施している。もちろん，単なるPR活動の一環として余剰利益を予算に充当する企業が散見される。この場合，環境問題対策はコストセンターとなり，景気の変動によって起伏が生じる。

一方，第2章で考察したように，環境問題への取組みは収益と対立した構図ではなく，両立できるとの認識から，取組みを通じて競争優位の源泉に据えている企業が多くなっている。シャープの太陽光発電事業や自動車業界のエコカー販売などは好例といえよう。

大企業は，全事業体の構成比からすれば少ないが，社会への影響が大きいことは先に述べた。その意味では，ステークホルダーとの関わり方が，エコビジネスを有意義に展開する上で一つの重要な論点となる。例えば，リコーや第7章で取り上げる損保ジャパンは，外部のリソースを効果的に活用している。このように，異なる組織体がお互いの強みを活かし，相乗効果を創出することによって，競争優位の下地が形成されるのである。なかでも，企業間連携の重要性については，エコビジネスネットワーク編[2007]も，日本車両製造を取上げながら指摘している[40]。

❷ 中小企業と認証取得の重要性

次に，今日の中小企業は，エコビジネスに対してどのように向き合っているのかを考察する。

大企業と比較すると，中小企業は経営資源が不足している。中小企業研究センター編[2002]によれば，中小企業を対象としたISO14001におけるアンケー

トで，未取得理由の上位に「認証取得のための人材不足」や「審査登録料が高すぎる」があげられている[41]。もちろん，中小企業のなかには，メイシンや池内タオルなど，ISO14001を効果的に運用している企業もある。環境経営がビジネスライセンスとなっている現代では，中小企業にとっても認証取得は重要なツールの一つである。しかし，先に述べたように，その負担の重さから，実態としては大企業に取得数が片寄っている。そこで，ISO14001については，第6章で詳述することにし，以下では，最近注目されている簡易版EMSとしてのエコアクション21，エコステージ，KESを取り上げ，ISO14001と比較する。図表3－5は，上述した内容を図示したものである。

① エコアクション21：2004年に開始された認証・登録制度である。『資源環境対策』[2006/9]によれば，3つの特徴（シンプルな環境マネジメントシステム，二酸化炭素・廃棄物・水使用量の削減のための取組みが必須，「環境活動レポート」の作成・公表が必須）を備えている。認証取得費用は20～50万円程度であり，他の認証と比較して安い。長野県や滋賀県など，エコアクション21を取得した企業を対象に優遇措置を設けている自治体もある。

② エコステージ：2000年に開始された認証・登録制度である。ステージが1～5の5段階に分かれており，ステージ5が最高評価となっている。評価の際には，①システム評価と②パフォーマンス評価が適用される[42]。現在は，90％以上がエコステージ1に属している。ISO14001との大きな違いは，取得費用の安さにある。PDCAサイクルを回しながら環境経営の実現を目指す点においての違いはない。

③ KES (Kyoto Environmental Management System Standard)：2001年に開始された認証・登録制度である。2008年度の登録件数（他地域登録含む）は2,500件を超えており，順調に件数を増やしている[43]。エコアクション21やエコステージと共通しているのは，取得費用の安さと，まだ国際的に普及しない認証制度，という点である。

図表3－7　ISO14001と簡易版EMSの比較

比較基準＼認証項目	ISO14001	エコアクション21	エコステージ	KES
認証機関	JAB審査登録機関	エコアクション事務局	エコステージ研究会「第三者評価委員会」	KES認証事業部
認証取得事業所数	21,450件（2006年6月末現在）	815件（2006年6月末現在）	249件（ステージ1～5）（2006年6月末現在）	1,082件（ステップ1，2）（2006年6月末現在）
審査認証開始	1996年10月	2004年10月	2000年11月	2001年5月
登録更新期間	3年	2年	3年	1年
要求事項	ISO14001	ガイドライン要求事項	ステージ1，2はISO14001	ステップ1はISOの1/3程度。ステップ2はISO14001と同様。
規格の長所	国際的に通用	システムの構築・運用が簡便化	ISOとの整合性がある。ステージ1の導入段階からステージ5の上級レベルがある。	ISOの簡易版。ISO認証取得へステップアップが可能である。
規格の短所	システム構築・運用が複雑で，管理労力を要す	国際通用力がないKES等と相互認証	国際通用力がない相互認証システムがない	国際通用力がない相互認証システムがない
取得費用	審査登録料金150万円	審査費用・登録料20～50万円	評価料金（ステージ1～2）40～100万円	審査登録料金（ステップ1～2）20～50万円
主な対象	あらゆる事業者	中小事業者等	事故宣言をする事業者を支援 中小企業に限定せず	京都の中小企業及び各地方自治体等と連携
活動評価	ISO14001環境報告書の公表は任意	環境活動レポートの作成・公表の義務	エコステージ評価表	KES基準
公表方法	認証登録	認証登録	認証登録	認証登録

（出所）『企業診断』［2006/9］25頁。

　経営資源に限りがある中小企業は，上記のような簡易版EMSがエコビジネスをする上で重要なツールとなっている。しかし，中小企業が重視すべきポイントは認証取得だけではない。以下では，この点を取り上げる。

第3章　エコビジネスの体系

❸　中小企業の戦略的エコビジネス

　中小企業がエコビジネスを展開する上での重要成功要因（KSF）は，多くの視点がある。例えば，五十嵐修［2000］は，中小企業の成功要件として，①ニッチ市場に特化，②独自性ある商品・サービスの開発，の2つを指摘している。さらに，事業化段階のポイントにおいては，①成長期をとらえた市場参入，②販路開拓は専門業者と提携，③低価格で優位性発揮，の3つをあげている。

　また，安藤眞［2000］は，中小企業の参入の成功の鍵として，①地域に根ざした事業，②技術的な特性，③経営トップの環境への強いこだわり，④現業の業態の延長線上に環境ビジネスを発想，⑤従来のモノづくりからソフト的な対応へ，⑥マーケティングリサーチをきちんとやる，⑦提案型の営業であること，の7つを指摘している。地域密着の重要性については，船井総合研究所環境ビジネスコンサルティンググループ編［2008］やエコビジネスネットワーク編［2007］も同様の立場である[44]。大阪中小企業診断士会環境経営研究会編［2006］は，成功の要件として，①ミッション，②マーケティング，③バリュー，④コラボレーション，⑤バランス，⑥マネジメント，⑦キャッシュ

図表3－8　中小企業におけるエコビジネスの重要成功要因

重要成功要因（KSF）	企業例
①経営トップの理念	コトーなど
②地域密着	加藤鉄工，黒田工業など
③独自性のある製品・サービスおよびブランド	池内タオル，繊維リサイクルセンターなど
④外部リソースの活用	プラスト，エンバイオテック・ラボラトリーズ，エコネコルなど
⑤マーケティング	グリーンスターなど

（出所）『あさひ銀総研レポート』［2000/9］6－7頁，12-13頁，エコビジネスネットワーク編［2007］，大阪中小企業診断士会環境経営研究会編［2006］，経済産業省環境政策課環境調和産業推進室編［2004］，日本コンサルタントグループ［2008］に基づいて筆者作成。

フロー，の7つをあげている。

以上の視点を考慮しつつ，本書における重要成功要因（KSF）を図表3－6に提示する。ここで留意したいのは，重要成功要因は，複数で運用されることが多い点である。

第5節　エコビジネスとビジネス・システム

エコビジネスの体系を考察する第五の観点として，「エコビジネスとビジネス・システム」があげられる。なかでも，ビジネス・システムの典型例である供給連鎖（サプライチェーン）と需要連鎖（ディマンド・チェーン）に着目した上で，企業間関係とエコビジネスとの関係性を考察する。「エコビジネスとビジネス・システム」は，エコビジネスの体系の中で，その特性上，最も実務面に近い観点である。

❶　サプライチェーン・マネジメントとエコビジネス

ビジネス・システム（business system）の概念は確立されておらず，今日においても多くの類似概念が存在する。岸川善光[2006]は，加護野忠男[1999]や伊丹敬之[2003]を参考に，「ビジネス・システムとは，顧客に価値を届けるための機能・経営資源を組織化し，それを調整・制御するためのシステムのこと」と定義している[45]。

ビジネス・システムのなかでも特に典型的なのが，供給連鎖（supply chain）である。供給連鎖とは，「生産者起点による製品の流れ，機能連鎖，情報連鎖のこと」であり，その構成要素は，①研究開発，②調達，③製造，④マーケティング，⑤物流，⑥顧客サービスとなっている。エコビジネスは，第1章で考察したように，トリプルボトムラインの追求が不可欠なため，供給連鎖の管理は，経済価値を創出する上で，非常に重要な位置を占める。

例えば，研究開発において，宇部興産があげられる。同社の光触媒による水

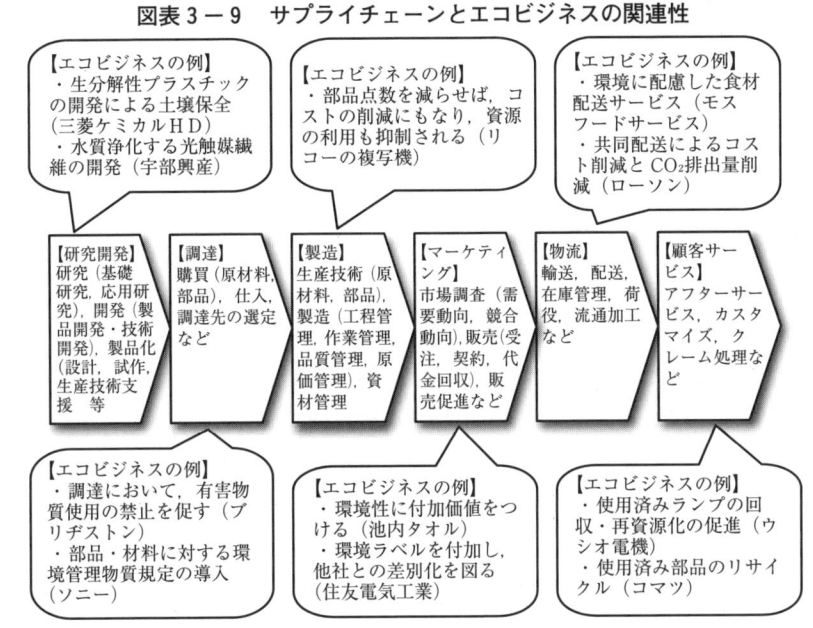

図表3-9 サプライチェーンとエコビジネスの関連性

【エコビジネスの例】
・生分解性プラスチックの開発による土壌保全（三菱ケミカルHD）
・水質浄化する光触媒繊維の開発（宇部興産）

【エコビジネスの例】
・部品点数を減らせば、コストの削減にもなり、資源の利用も抑制される（リコーの複写機）

【エコビジネスの例】
・環境に配慮した食材配送サービス（モスフードサービス）
・共同配送によるコスト削減とCO_2排出量削減（ローソン）

【研究開発】
研究（基礎研究、応用研究）、開発（製品開発・技術開発）、製品化（設計、試作、生産技術支援 等）

【調達】
購買（原材料、部品）、仕入、調達先の選定など

【製造】
生産技術（原材料、部品）、製造（工程管理、作業管理、品質管理、原価管理）、資材管理

【マーケティング】
市場調査（需要動向、競合動向）、販売（受注、契約、代金回収）、販売促進など

【物流】
輸送、配送、在庫管理、荷役、流通加工など

【顧客サービス】
アフターサービス、カスタマイズ、クレーム処理など

【エコビジネスの例】
・調達において、有害物質使用の禁止を促す（ブリヂストン）
・部品・材料に対する環境管理物質規定の導入（ソニー）

【エコビジネスの例】
・環境性に付加価値をつける（池内タオル）
・環境ラベルを付加し、他社との差別化を図る（住友電気工業）

【エコビジネスの例】
・使用済みランプの回収・再資源化の促進（ウシオ電機）
・使用済み部品のリサイクル（コマツ）

（出所）岸川[2006]203頁に基づいて、筆者作成。

浄化システムは、温浴施設の殺菌や水洗工程の除菌・除藻などで販売を伸ばしている[46]。また、物流システムにおいて、ローソンが推進する共同配送は、車両の維持コストの削減やCO_2排出量の削減に繋がっている[47]。図表3-9は、サプライチェーンとエコビジネスの関連性を示したものである。

図表3-9に示した例は、あくまで一部であり、近年の環境意識の高まりに伴って、導入例は研究開発から顧客サービスまで広範囲で加速している。重要なのは、環境への取組みが経済価値に直結していることである。例えば、リコーは、複写機の部品点数を減らすことによってコストの削減を図っている。部品点数の削減は生産工程の短縮になると共に、使用済み製品を回収した際にも解体する時間も短縮される。環境への取組みと経済価値の関係性を管理することは、継続性の面からも不可欠となる。

以上でみてきたように、エコビジネスは、特定の供給連鎖の構成要素のみに片寄っているわけではなく、全ての段階に対して適用可能である。また、実態

は各構成要素間に明確な線引きをして事業展開をすることはほとんどない。便宜上分けて考察したに過ぎず，通常は，コマツやソニーのように，各構成要素の枠を越えて運用・管理される。これがいわゆるサプライチェーン・マネジメント（SCM）である。

❷ ディマンドチェーン・マネジメントとエコビジネス

需要連鎖（demand chain）とは，岸川［2006］によれば「顧客起点による製品の流れ，機能連鎖，情報連鎖のこと」である[48]。供給連鎖との違いは，発想の原点が生産側ではなく顧客にあることにある。すなわち，生産側の業務効率化を最優先にする考え方を見直し，顧客の購買情報（購買行動）を基点にすることによって，顧客ニーズを把握・充足するよう努め，在庫などの管理体制も最適化を図ることをさす。今日では特に注目を集めているものの，いまだに発展段階にあるといえよう。

エコビジネスの分野においても，ディマンドチェーン・マネジメントの導入が期待されている。例えば，文房具・事務用品などの通信販売業者であるアスクルは，季節・週ごとに変動する需要を管理するために，「2001年から，需要予測システムと自動発注システムを開発・導入し，アイテム別，エリア別の需要予測を週次で算出すると共に，これらの情報をサプライヤーと共有することで，取扱商品点数の増加に対して，在庫を過剰に増やすことなく，また欠品して顧客の満足度を下げることのない仕入・調達」を実施している[49]。ディマンドチェーン・マネジメントの考え方を中心として供給体制を確立し，CO_2排出量を管理している。

このほかにも，ファミリーマートは，物流面において2005年から，「主力お取引先に対して，需要情報や在庫情報の提供を行い，取引先との協働体制の強化」を図っている[50]。そして，配送車両にハイブリッドカーを導入するなど，環境保全と両立させた経営を行っている。

❸ 企業間関係とエコビジネス

上で，供給連鎖間における明確な線引きはほとんどなく，通常は複数の要素

にまたがって管理すると述べた。複数の要素を管理対象にする場合，もちろん自社だけで完結させるのではなく，外部リソースを活用することがある。活用の仕方は，長期契約など様々であるが，このような，企業・組織間のつながりを扱ったものに，組織間関係論がある。

組織間関係論は，ディル（Dill, W.）[1958]やトンプソン＝マックイーヴン（Thompson, J. D = McEvan, W. J.）[1958]などの研究によって1950年代終わりから1960年代初頭に成立し，1970年代後半にフェファー＝サランシック（Pfeffer, J. = Salancik, G. R.）[1978]やオルドリッチ（Aldrich, H. E.）[1979]らによって本格的に展開された理論である[51]。組織と組織の関係に焦点をおき，相互の関係がどのようなかたちで形成・維持し，発展するのかを分析する。

山倉健嗣[1993]は，組織間関係を分析する枠組みとして，①資源依存パースペクティブ，②組織セットパースペクティブ，③協同組織パースペクティブ，④制度化パースペクティブ，⑤取引コストパースペクティブ，の5つをあげている[52]。なかでも，フェファー＝サランシック[1978]が集大成した資源依存パースペクティブを支配的な分析単位として，組織間のパワー関係の構築について述べている。

エコビジネスにおいても，組織間関係論の考え方は適用可能であり，重要である。その際，企業間のみならず，NGO・NPOや政府との関係をうまく構築することが不可欠である。

例えば，調達工程と製造工程において2つの企業が提携を結ぶ場合，共同調達による調達コストの削減や，取引先に対してグリーン調達を斡旋することにより，他社との差別化を期待できる。しかし，競合の数に差があれば，パワーバランスが一方に傾く可能性があるため，極端な依存を回避する方法を考えねばならなくなる。また，企業とNPOが提携する場合，企業は地元のニーズを効果的に把握できるものの，海外で活動する場合には，相手への依存度が高ければ，現地の商慣習や政治体制に従わざるを得なくなる。

図表3－10は，組織間関係を構築することによる効果と課題を示したものである。なお，ステークホルダーの戦略的活用については，第7章で詳述する。

figure 図表3－10 組織間関係を構築することによる効果と課題

組織間関係構築例		構築の際の視座 提携する分野の例	提携によって期待される効果例		資源依存パースペクティブからみた課題
			経済性	環境性	
企業間	企業と投資機関	非常に多数のケースが該当するので割愛	資金調達が可能となり，事業活動の促進に繋がる。	エコファンドの台頭により，環境保全等へのインセンティブが高まる。	特に中小企業の場合は，投資機関への依存度が高くなりやすい。
	企業と企業	調達と製造	共同調達による調達コストの削減や，取引先へのグリーン調達斡旋による差別化。	グリーン調達が促進することにより，環境負荷が低減する。	供給過多・需要過多の場合は，相手先にパワー関係が傾く可能性が高い。
企業とNPO・NGO		マーケティングと物流	現地ニーズを効率的に把握することができ，マーケティング効果を発揮しやすい。	例えば，多く保有している環境配慮に関するノウハウの効果的な活用。	海外のNGOなどと提携する場合には，現地の商慣習・政治体制に影響を受けやすい。
企業と政府		製造から物流	PFI事業による公共事業コストの削減と運営の効率化	CSRに繋がることもあり，環境配慮性を期待できる。	政府と企業の双方から人材を派遣して経営陣を構成し，依存回避を試みる場合，事業方針に摩擦が生じることがある。
企業と研究機関		研究開発から製造	共同研究による研究コストの削減。ナレッジの移転。	環境負荷を抑える科学技術の促進。	技術提携は特に機会主義が働きやすいため，過度の依存は自社の強みを奪われかない。

（出所）　山倉[1995]56-68頁（横浜経営学会[1995]，所収）に基づいて，筆者作成。

注）
1）エコビジネスネットワーク編[2007]14頁。
2）岸川善光他[2003]226頁。
3）足立[2006]2頁，中央青山監査法人＝中央青山PwCサステナビリティ研究所編[2003]20頁。
4）岸川他[2003]81頁。
5）環境問題に関する学術的な分析は，環境社会学や環境経済学のほかにも，多数存在する。例えば，環境工学，環境哲学，環境生物工学，環境倫理学，環境平和学，環境物理学などがあげられる。本書では，政府の環境政策や消費者・市民団体の動向を注視しているため，環境経済学と環境社会学を例としてあげている。

6）諸富徹［2008］3頁。
7）植田他［1991］20頁。
8）柴田弘文［2002］30頁。
9）同上書 153頁によれば，「外部不経済の受け手の被る限界費用と同額の税を外部不経済の発生要因に課す」税のことである。
10）このほか，地盤沈下による経済損失や自動車による経済損失については植田他［1991］91-97頁。
11）飯島伸子［1993］215頁。
12）満田［2005］36-37頁。
13）同上書 37頁によれば，エコロジー的近代進化論は，モル（Mol, A. P. J.）［1995］，スパーガレン＝モル（Spaargaren, G. = Mol, A. P. J.）［1992］によって提唱された枠組みであり，エコロジー的変革を実践するために，科学技術，市場メカニズム，イノベーター，市民参加を前提とした国家役割の重要性を強調している。
14）エコビジネスの成立要件に消費者や政府の意識変化などが影響するという考え方は，例えば鈴木他［2001a］42-47頁。
15）NTTデータ経営研究所編［2008］145頁を一部修正。
16）エコファンドについては，本書91頁，165頁を参照。
17）環境省総合環境政策局環境計画課編［2004］158頁。
18）ポーター＝リンド（Porter, M. E. = Linde, C. V.）［1995］。
19）森［2006］287-302頁（寺西＝大島＝井上［2006］，所収）
20）杉本［2006］85-87頁。
21）環境文明21編［2001］34-41頁。
22）端的にいえば，国の天然記念物に指定されているヤマネなどの樹上動物を保護する目的で，道路に歩道橋のような橋を建築したプロジェクトである。
23）日本経済団体連合会自然保護協議会15周年記念号編集委員会編［2008］146-156頁。
24）詳しくは，環境省ホームページ，および環境省編［2008］306頁を参照。
25）エコビジネスネットワーク編［2007］19頁。
26）大阪中小企業診断士会環境経営研究会編［2006］9頁。
27）野村総合研究所［1991］76-83頁。
28）鈴木他［2001a］5‐9頁。
29）仲上＝小幡［1995］33頁。
30）豊澄［2007］76-79頁。
31）勝田［2007］66-68頁。
32）エコビジネスネットワークは，①エコビジネスに特化した唯一のシンクタンクであり，②分類基準が比較的新しい，という点を考慮した。繰り返すが，分類基準に優劣はない。
33）時系列での推移については，経済産業省環境政策課環境調和推進室編［2003］10

頁を参照。
34) 環境省[2008]306頁。
35) 企業規模により環境問題への重点課題は異なるという立場は，例えば西川唯一[2002]142頁を参照。
36) 中小企業者の範囲については，詳しくは中小企業基本法2条を参照。
37) 三橋規宏編[2001]242-251頁，および『資源環境対策』[2006/9]67－74頁。
38) ラブ・キャナル事件（Love Canal Incident）：1950年頃に，フッカー化学会社が合法的に廃棄した有害化学物質が，埋め立てられた後の1978年頃に化学物質の漏出で土壌汚染や住民への健康被害が顕在化した事件。これを契機として，1980年に「包括的環境対処補償責任法（スーパーファンド法）」が制定された。詳しくは，EICネットホームページを参照。
39) エスティ＝ウィンストン（Esty, D. C. = Winston, A. S.）[2006]によれば，「1984年，インドのボパールにある工場から有毒ガスが拡散し，3,000人以上が死亡するという産業史上最悪の事故」としている。
40) エコビジネスネットワーク編[2007]63頁。
41) 中小企業研究センター編[2002]29頁。この他にも，「コンサルタント費用が高い」や「文書量・種類が多すぎる」などが主要な理由となっている。
42) 具体的には，エコステージ4未満に属している企業は，システム評価のみが適用される。エコステージ4以上に属している企業は，システム評価とパフォーマンス評価の両方が適用される。詳しくは，エコステージホームページ，および矢野昌彦他[2004]145-146頁を参照。
43) 登録件数の推移については，KESホームページを参照。
44) 船井総合研究所環境ビジネスコンサルティンググループ編[2008]137-138頁，エコビジネスネットワーク編[2007]75-77頁。
45) 岸川[2006]193頁。
46) 宇部興産　商品カタログ。
47) ローソン　2006年度環境保全・社会貢献活動への取組報告〈http://www.lawson.co.jp/company/activity/program/pdf/2006/houkoku2006 _all.pdf〉
48) 岸川[2006]207頁。
49) アスクル・環境への取組み紹介ページ〈http://www.askul.co.jp/kankyo/promise/promise1.html〉
50) ファミリーマート　第24期中間事業報告書〈http://www.family.co.jp/company/investor _relations/library/operating _reports/pdf/24 _op.pdf〉
51) 山倉健嗣[1981]24-26頁。（組織学会編[1981]，所収）
52) 山倉[1993]34頁。

第4章
エコビジネスの市場動向

　本章では，エコビジネスの市場動向について考察する。下記に示す4つの市場は，エコビジネスのなかでも，規模や成長性などの観点から見て，代表的な分野である。

　第一に，エネルギー関連分野について考察する。化石燃料からの脱却を背景として，太陽光発電など新エネルギーへの期待が高まっていることを理解する。そして，新エネルギーの導入には企業だけでなく，政府の取組みが不可欠であることを明らかにする。

　第二に，エコプロダクツ・エコマテリアル関連分野について考察する。エコプロダクツ・エコマテリアルを普及させるためには，消費者との接点を構築し，「場」をつくることが極めて重要であることを理解する。

　第三に，ソフトサービス系環境ビジネス関連分野について考察する。市場規模は小さいものの，高い成長性や事業機会が拡大していることなどについて，エコツーリズムや環境広告といった具体例に基づいて理解を深める。

　第四に，廃棄物・リサイクル関連分野について考察する。廃棄物・リサイクル関連分野は，エコビジネスのなかで最も市場規模・労働人口が大きいことを踏まえた上で，エンド・オブ・パイプや3Rなど重要なコンセプトについて理解を深める。

　最後に，エコプロダクツのケーススタディとして，池内タオルについて考察する。成熟産業の理論をレビューした上で，池内タオルがエコビジネスによって，どのようにタオル業界を復活させたのかを理解する。池内タオルの事業展開に成熟産業の理論を適用することによって，理論と実践の融合が可能となろう。

第1節　エネルギー関連分野

❶　概　要

　第1章で考察したとおり，人類が抱える大きな課題として，地球環境問題の解決があげられる。なかでも，エネルギー問題は，地球環境問題と密接な分野であり，経済活動や国民の生活に大きな影響を与えるため，国家の安全保障上，極めて重大な問題である。

　エネルギー市場は，石炭・石油・天然ガスなどの化石燃料と，それ以外の原子力や新エネルギーなどといった非化石燃料に大別される。前者は，地球環境問題や資源の枯渇性の観点から問題視されている。現在，全世界のエネルギーの約85％が化石燃料で賄われており，二酸化炭素の排出量は，2000年には約230億トンに達し，低炭素社会の実現が求められている。

　また，わが国はエネルギーの8割を海外からの輸入に依存しており，1970年代の石油ショック以降，原子力・省エネルギー・新エネルギー等を中心とした石油代替エネルギーの導入政策を推進してきた。このような状況のもと，特に新エネルギーが注目を集めている。したがって，本節では，環境配慮性と市場規模の成長性を勘案し，新エネルギーの市場動向について考察する。

　新エネルギーとは，「太陽光，風力，バイオマスなど，再生可能エネルギーのうち，経済性などの面での制約から普及が進展しておらず，普及のために支援を必要とするもの[1]」で，以下のような特性を有している。
① エネルギーの安定供給の確保：エネルギーの大部分を海外に依存しているわが国において，石油依存度を低減し，エネルギー自給率向上を促す，資源制約が少ないエネルギー。
② 環境負荷の少ないクリーンなエネルギー：エネルギー発生の過程において，地球温暖化を引き起こす二酸化炭素，酸性雨の原因となる硫黄酸化物や窒素酸化物の排出を抑えたクリーンなエネルギー。

第4章　エコビジネスの市場動向

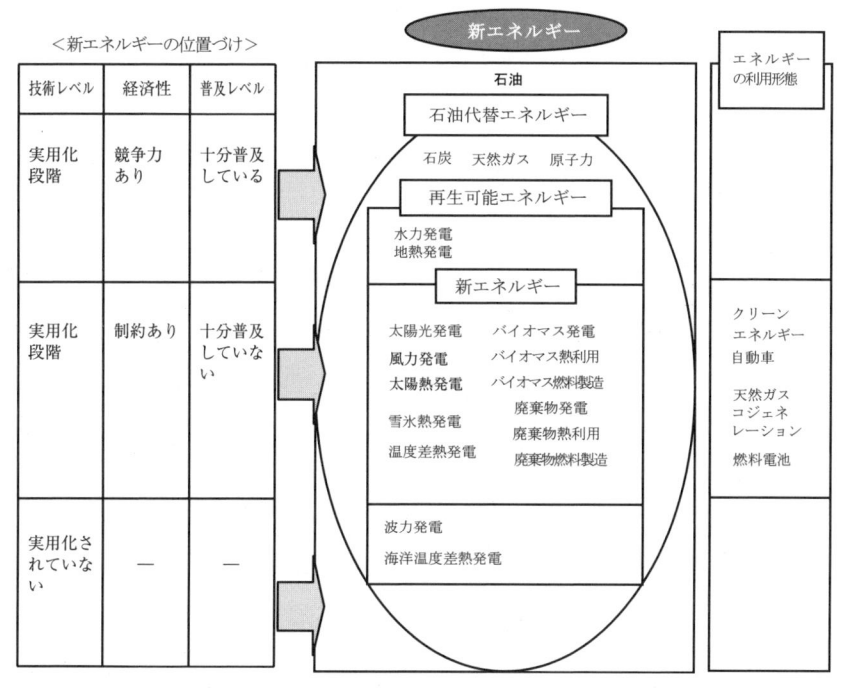

図表4－1　新エネルギーの分類

＜新エネルギーの位置づけ＞		
技術レベル	経済性	普及レベル
実用化段階	競争力あり	十分普及している
実用化段階	制約あり	十分普及していない
実用化されていない	－	－

新エネルギー

石油

石油代替エネルギー

石炭　天然ガス　原子力

再生可能エネルギー

水力発電
地熱発電

新エネルギー

太陽光発電　バイオマス発電
風力発電　バイオマス熱利用
太陽熱発電　バイオマス燃料製造
　　　　　　廃棄物発電
雪氷熱発電　廃棄物熱利用
温度差熱発電　廃棄物燃料製造

波力発電
海洋温度差熱発電

エネルギーの利用形態

クリーンエネルギー自動車

天然ガスコジェネレーション

燃料電池

（出所）　経済産業省編[2004]70頁。

　図表4－1は，新エネルギーの分類を中心として，社会における位置づけや利用形態について示したものである。

　また，新エネルギーは，幅広い産業と関係があり，新技術の開発が促進されているため，企業の競争力向上や雇用創出の観点からも注目されている。

❷ 現　状

　図表4－1に示されるように，新エネルギーの種類は多い。以下では，①太陽光発電，②風力発電，③バイオマス，④水素・燃料電池，の現状を取り上げる[2]。なぜなら，上記以外の新エネルギーは，考察対象としては時期尚早なためである。

①　太陽光発電：和田木和哉[2008]によれば，2006年現在，市場規模は1兆

81

900億円であり，2015年には9兆2,000億円，2030年には25兆4,000億円になると指摘している[3]。特に，市場規模成長の誘因の一つに，政府の補助金制度があげられる。このことは，ドイツのFIT制度導入後の伸びや，日本の補助金制度の動向をみても明らかである。2005年から2008年までは，補助金制度の打ち切りがなされたものの，2009年1月に再開されて以来，着実に伸びている[4]。

　もちろん，事業の成長を決定する要因は補助金だけではない。近年では，環境ベンチャーキャピタルの積極的な投資や太陽電池製造装置の進歩なども，成長を加速させる牽引役となっている。しかし，発電コストの高さなどの懸念材料は多く，さらなる普及には課題が山積している。

② 風力発電：世界風力エネルギー協会によれば，世界の風力発電設備導入実績は，2000年の約18,000MWから，2008年には7倍近い約121,000MWに推移している[5]。エコビジネスネットワーク編[2009]は，米国や中国のように，CDM事業や政府の政策によって市場の拡大が進んでいる国もあれば，ドイツのように成長が鈍化した国もあると指摘している[6]。わが国においては，世界に占めるシェアは1％程度となっているものの，2000年から2008年までに，導入量（単年度）で10倍程度の伸びを示している[7]。このように，風力発電市場は世界的に拡大基調ではあるものの，各国による差は顕在化しつつある。

③ バイオマス：農林水産省によれば，「家畜排せつ物や生ゴミ，木くずなどの動植物から生まれた再生可能な有機性資源のことをバイオマス[8]」と称している。矢島洋一＝磯辺志津子[2002]は，神戸製鋼所やタクマなどの取組みを考察しながらも，ブラジルなどの諸外国と比較して，わが国におけるバイオマスの導入は進んでいないことを指摘している[9]。しかし，2002年に閣議決定されたバイオマス・ニッポン[10]総合戦略以来，市場は急速に拡大している。

④ 水素・燃料電池：水素エネルギーのなかで，特に注目されているのが燃料電池である。燃料電池は，ガソリンの代替エネルギーとしても有用で，国内市場規模は，2010年に1兆円，2020年に8兆円と予想され，国際市場規模は

図表 4 − 2　新エネルギーの導入実績と導入目標

	2005年度実績	2010年度目標
太陽光発電	35万 kl (142万 kW)	118万 kl (482万 kW)
風力発電	44万 kl (108万 kW)	134万 kl (300万 kW)
廃棄物発電＋バイオマス発電	252万 kl (201万 kW)	586万 kl (450万 kW)
バイオマス熱利用	142万 kl	308万 kl [※1]
その他[※2]	687万 kl	764万 kl
総合計（第1次エネルギー総供給比）	1,160万 kl [2.0%]	1,910万 kl [3.0%]

※上記発電分野及び熱分野の各内訳は，目標達成にあたっての目安である。
※1　輸送用燃料におけるバイオマス由来燃料（50万 kl）を含む。
※2　「その他」には，「太陽熱利用」，「廃棄物熱利用」，「未利用エネルギー」，「黒液・廃材等」が含まれる。
　　「黒液・廃材等」はバイオマスの1つであり，発電として利用される分を一部含む。
　　「黒液・廃材等」の導入量は，エネルギーモデルにおける紙パの生産水準に依存するため，モデルで内生的に試算する。
（出所）　経済産業省資源エネルギー庁 [2008]〈http://www.meti.go.jp/committee/materials/downloadfiles/g80201b02j.pdf〉。

500兆円にもなるといわれている。しかし，製造コストの高さやインフラの整備など，多くの課題を抱えている。例えば，トヨタの燃料電池ハイブリッド車FCHVは，一般的な燃費のガソリン車と比較して燃料代が約30％高い。エコカー減税等の優遇措置はあるものの，今後の市場動向については，慎重に判断する必要がある[11]。

図表4 − 2は，新エネルギーの導入実績と導入目標について示したものであり，一見すると，飛躍的に成長している。しかし，いまだに多くの課題を抱えているのも事実であるため，今後も入念な事業計画が必要となろう。

❸　今後の課題

新エネルギーの成長を左右する大きな要因は2つある。第一に，政府の補助金政策があげられる。例えば，上述したように，わが国の太陽光発電事業は，補助金制度の有無によって非常に大きな影響を受けた。具体的には，1994年の

住宅用太陽光発電システムの設置に対する補助金制度の導入以来，市場は順調に拡大したものの，2005年度に補助支援を終了した結果，国内の太陽光発電の導入量は減少し，太陽光発電の累積導入量において，補助金制度を強化しているドイツに抜かれている[12]。

　このような状況を受け，昨今では，外部環境に左右されないための企業戦略として，外部リソースの積極的な活用が推進されている。例えば，①Qセルズ（独）がREC社（ノルウェー）と結んだシリコンの長期契約や，②サンテック（中）のMSK買収などがあげられる。

　新エネルギーの成長を左右する大きな要因の第二は，インフラの整備である。例えば，グリーン電力証書は，クリーンな電力を直接連結していることを意味しないものの，新エネルギーについて知識をもたない企業が容易に参加できる一つのツールである。

　また，スマートグリッドについても，インフラ整備には不可欠である。特に，自然条件によって出力が左右されやすい太陽光発電や風力発電などについては，喫緊の課題であろう。このことについて，フレイヴィン（Flavin, C.）[2007]は，「再生可能エネルギーのグリッドへの送電量増加に伴い，この問題に対応するには十分にシミュレーションを進め，グリッド・オペレーションの調整を図る必要がある」とスマートグリッドの必要性について述べている[13]。わが国では安定した送配電線網があり，スマートグリッドは必要ではないとの見解もあるものの，将来的に有望なシステムとして考慮しておく必要性があると思われる。

　上記にあげた2つの課題は，バイオマスや燃料電池にもあてはまる。新エネルギー分野は新興産業であるからこそ，企業単独の戦略を支援するための仕組みづくりが不可欠となる。

第2節　エコプロダクツ・エコマテリアル関連分野

❶　エコプロダクツの概要と現状

　エコプロダクツと経営戦略研究会[2005]によれば,「環境負荷の低減そのものを直接的な目的とした製品・サービスを除き,製品・サービスの差別化要因としての環境配慮に着目し,環境配慮型製品およびサービスを「エコプロダクツ」と定義した[14)]」。すなわち,日本環境認証機構が総括したように,エコプロダクツは,公害防止製造装置などではなく,差別化要因としての環境配慮型製品・サービスをさす[15)]。

　エコプロダクツの分野は,工業製品から農業や観光,金融分野など広がりをみせており,市場規模においても,グリーン購入法やグリーンコンシューマーの台頭を背景として着実に拡大しつつある。経済産業省によれば,エコプロダクツの市場規模は,「OECD分類に沿った環境省推計の「環境負荷低減技術及び製品」分野及環境誘発型ビジネスのうちの「省エネ型家電製品」,「低排出・低燃費型自動車」,「エコマーク付き文具」をカウントすると,その市場規模は2000年で1.7兆円,2025年で14.7兆円となる[16)]」。

　そのような状況のもと,エコプロダクツの開発・提供に取組むことによって,先にあげたような差別化を推進している企業が増えている。例えば,ザ・ボディショップでは,天然素材を原料とした製品づくり,再生プラスチックを原料にした容器の使用など,エコプロダクツを軸とした商品展開により発展してきた。またイオンや西友などの環境配慮型PB(プライベート・ブランド)[17)]商品も,差別化を図る方法としての成果をあげている[18)]。

　エコプロダクツは,川上分野から川下分野に至る,製品のライフサイクルすべてにおける環境配慮性が求められている。エコプロダクツ2009は,サプライチェーン全体への配慮を勘案した上での環境改善のポイントとして,①作るとき,②使うとき,③使い終わったときに焦点をあて,11点を指摘している。

図表4-3　環境改善11のポイント

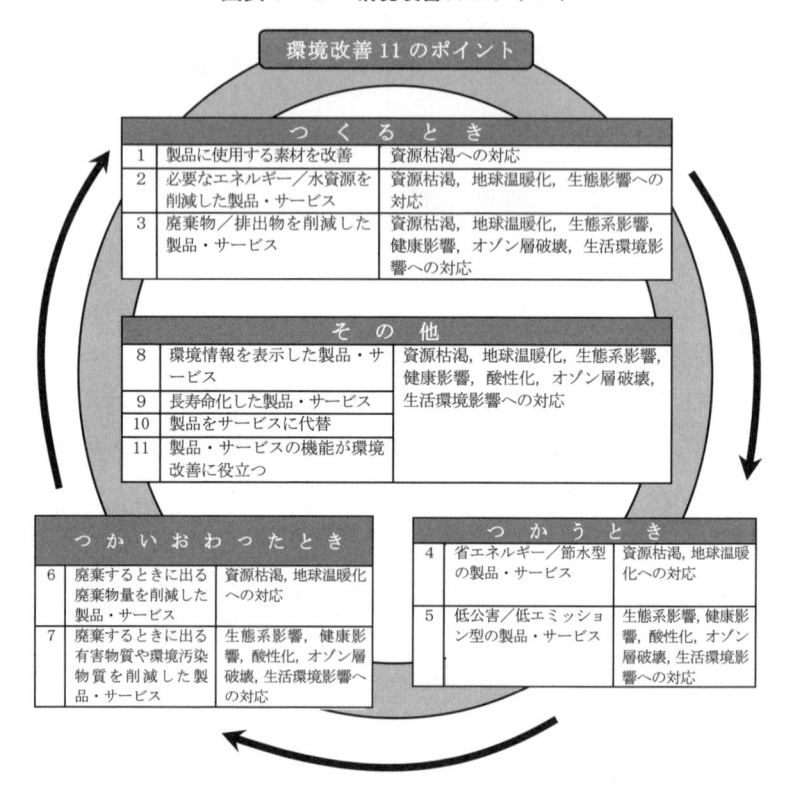

環境改善11のポイント

つくるとき
1	製品に使用する素材を改善	資源枯渇への対応
2	必要なエネルギー／水資源を削減した製品・サービス	資源枯渇，地球温暖化，生態影響への対応
3	廃棄物／排出物を削減した製品・サービス	資源枯渇，地球温暖化，生態系影響，健康影響，オゾン層破壊，生活環境影響への対応

その他
8	環境情報を表示した製品・サービス	資源枯渇，地球温暖化，生態系影響，健康影響，酸性化，オゾン層破壊，生活環境影響への対応
9	長寿命化した製品・サービス	
10	製品をサービスに代替	
11	製品・サービスの機能が環境改善に役立つ	

つかいおわったとき
6	廃棄するときに出る廃棄物量を削減した製品・サービス	資源枯渇，地球温暖化への対応
7	廃棄するときに出る有害物質や環境汚染物質を削減した製品・サービス	生態系影響，健康影響，酸性化，オゾン層破壊，生活環境影響への対応

つかうとき
4	省エネルギー／節水型の製品・サービス	資源枯渇，地球温暖化への対応
5	低公害／低エミッション型の製品・サービス	生態系影響，健康影響，酸性化，オゾン層破壊，生活環境影響への対応

（出所）　エコプロダクツ2009〈http://www.eco-pro.info/eco2009/index.html〉。

図表4-3は，環境改善のポイントと具体的な環境問題解決の貢献点を示したものである。

❷　エコマテリアルの概要と現状

　エコマテリアルとは，山本良一[1995]による造語であり，「環境負荷は最小・リサイクル率は最大」の素材をさす[19]。山本良一編[1994]は，エコマテリアルに求められる要件として，①フロンティア性，②環境調和性，③アメニティ性，の3つをあげている[20]。
①　フロンティア性：素材の使用時の性能。

第4章　エコビジネスの市場動向

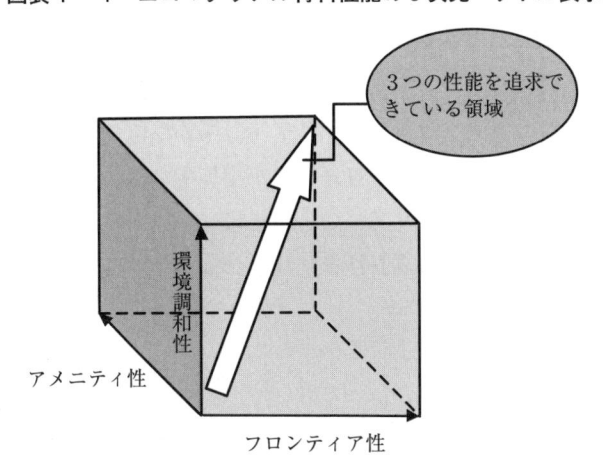

図表4－4　エコマテリアル材料性能の3次元ベクトル表示

（3つの性能を追求できている領域）

環境調和性

アメニティ性

フロンティア性

（出所）　山本編[1994]23頁を一部加筆。

② 環境調和性：環境面からみた製造や廃棄の性能。
③ アメニティ性：その土地の自然や文化への配慮。上の①と②を補完する要件として位置づけられる。

すなわち，図表4－4に示されるように，それまでの素材開発が使用中の性能ばかり重視していたのに対して，エコマテリアルでは，さらなる軸として，素材の製造，流通，使用，廃棄のライフサイクルにおける環境との調和性を配慮し，人間にも優しい素材となるように総合的な発展の方向を目指そうというものである。

原田幸明[2007]は，先にあげたライフサイクル全体に結びつける重要性を指摘した上で，エコマテリアルを6つに分類している[21]。すなわち，①廃棄物利用素材などの資源枯渇回避型，②工程改善素材などのエコ製造プロセス型，③低損失材料などの高性能・高機能型，④光触媒などの環境改善型，⑤鉛フリーはんだなどの有害物フリー型，⑥解体指向素材などのリサイクル考慮型である。

なお，エコマテリアルは，競争優位を獲得する上でも有効な手段である。例えば，大建工業は，再生資源や未利用資源を主原料としたエコ素材を多数開発

し，これらのエコ素材を建築用資材や住機製品など広く活用している。断熱・吸音・調湿・耐震性など基本性能に優れた商品を産出することによって，エコ素材事業という新たなテーマを築き，競争優位を獲得している[22]。

最後に，エコプロダクツとエコマテリアルの関係性について考察する。両者は，相互補完関係にあり，エコプロダクツが増加すれば，エコマテリアルも増加する傾向にある。エコマテリアルの市場規模についての具体的なデータはないが，エコプロダクツ市場の成長性を加味すれば，今後のエコマテリアル市場の成長も期待できる。

❸ 今後の課題

わが国では，環境に対する意識は高いにも関わらず，環境行動，つまりエコプロダクツの購入に結び付いていない消費者が多い。このことについては，第2章で考察したとおりである。エコプロダクツとエコマテリアルが抱える課題も同様で，原因としては，B to B（企業対企業）に比べて，B to C（企業対消費者）では情報格差があることが指摘されてきた。この結果，「本当に環境に配慮した製品であるか」という情報の信頼性の低さが顕在化している。

先述したように，エコマテリアルは，環境調和性やアメニティ性を重視するため，可視化に不利な分野である。したがって，トレーサビリティ（Traceability）[23]やイベントへの参加など，情報開示や「場」づくりを促進し，環境コミュニケーションを図ることが不可欠となる。環境コミュニケーションをさまざまな分野に取り入れて拡大することで，エコマテリアルの訴求点が伝わり，エコプロダクツの信頼性が保証されることとなろう。

また，企業にとっても，自社のエコプロダクツを証明することは，ステークホルダーとの信頼関係を構築する上で重要であり，積極的に情報公開をすることが求められる。

このほか，エコプロダクツが普及しない原因として，「環境に優しい製品であれば消費者は買ってくれるはず」という企業側の偏見があげられる。今日では，企業のイメージアップが目的だけの，環境に優しい高価格な商品では普及しない。販売戦略として重要なことは，環境に優しいことだけをプロモーショ

ンするのではなく，製品・サービスの品質・機能面にもこだわり，消費者にとって納得のいく付加価値を提供する必要がある。

第3節　ソフトサービス系環境ビジネス関連分野

❶　概　　要

　ソフトサービス系環境ビジネスの市場規模は，技術系環境ビジネスと比べると小さく，約2兆円である[24]。しかし，エコファンドを代表とした環境関連の優遇制度や，環境を配慮した企業の製品の比較選別をしやすくするといった，ステークホルダーからの要請により，拡大基調にある市場として認識されている[25]。また，三菱総合研究所などのシンクタンクにおいても，専門部署が設

図表4－5　ソフトサービス系の主な分野と関連業界

大分類	中分類	関連業界
環境コンサルティング	EMS導入支援，ESCO事業，エコホテル推進，汚染土壌（工場），不動産評価，環境装置リース	シンクタンク，コンサルティング会社，環境エンジニアリング会社など
環境影響評価	環境調査・分析・評価	測定・分析専門企業
情報・教育関連	環境情報開示（環境報告書，環境会計），環境教育および人材派遣，環境関連情報メディア，エコツアー，環境広告	シンクタンク，環境NPO，業界団体，旅行会社など
金　融	エコファンド（投資信託），環境賠償責任保険，排出権取引	シンクタンク，損害保険会社など
流　通	環境商品開発，エコショップ，通信販売，中古市場，リサイクル資源売買	フェアトレード団体，小売業など
物　流	廃棄物運搬（静脈物流）	ソフトウェア関連会社など

（出所）　エコビジネスネットワーク編［2009］19頁，安藤＝鵜沼［2004］56頁に基づいて筆者作成。

置されているなど，組織体制が整備されつつある。

ソフトサービス系環境ビジネスは，第3章で考察したように，①グリーンコンサルティング，②環境影響評価，③情報・教育関連，④金融，⑤流通，⑥静脈物流の6つに分類される。図表4-5は，6つの分野に関連のある業界について示したものである。一般的には，企業が単独で実施する例は少なく，政府などと連携しながら事業展開をしている。例えば，排出権取引においてクレジットの作成・申請のノウハウがない海外の企業に対して，現地の政府を介しながら手続きを進める場合である。

❷ 現　状

主なソフトサービス系環境ビジネスの市場として，以下では，①ESCO事業，②エコツーリズム，③環境広告，④エコファンド，の4分野について考察する。

① ESCO事業：ESCO (Energy Service COmpany) 事業とは，「工場やビルの省エネルギーに関する包括的なサービスを提供し，それまでの環境を損なうことなく省エネルギーを実現し，さらには，その結果得られる省エネルギー効果を保証する事業のこと」である[26]。

現在，米国では1,000億円規模の市場となっているものの，日本においては事業としての歴史が浅いこともあり，いまだ普及段階である。ESCO推進協議会が実施した市場調査によれば，2007年のESCO事業の市場規模は407億円で，2006年の278億円から大幅に増加しており，省エネルギー改修工事全体の半数以上を占めている。しかし，実施件数においては伸び悩んでいる。この理由の1つとして，エコビジネスネットワーク編[2009]は，商業ビルを例にとり，「入居するテナント，ビルオーナー，ビルの設備管理業者と利害関係者との連携が重要」であると指摘している。

② エコツーリズム：エコツーリズムとは，「観光旅行者が，自然観光資源について知識を有する者から案内又は助言を受け，当該自然観光資源の保護に配慮しつつ当該自然観光資源と触れ合い，これに関する知識及び理解を深めるための活動[27]」である。すなわち，ツアー先の環境保全に配慮しながら，

環境問題についての知見を深化させることが期待されている。今日では，地方自治体がPRとして企画を促進する場面や，環境団体が環境教育の一環で実施する取組みが増えている。JTBなどの旅行会社においても，屋久島やコスタリカへのエコツーリズムを積極的に展開している。なお，小方昌勝[2000]は，1990年代半ば頃から，地方の中小規模の旅行会社を中心に環境対策の必要性を認識し始め，「環境への対応が企業の利益や商品の質のコントロールばかりか，事業の拡大にも直接つながる」と述べている[28]。

③ 環境広告：環境広告とは「人々の環境問題への関心，環境意識の高まりという社会心理を意識した広告」である[29]。エコビジネスネットワーク編[2009]は，近年では，日本経済新聞と読売新聞，および朝日新聞の3紙に掲載された環境広告の出稿本数は，2007年には500本以上，2008年には600本を超え，毎年100本以上のペースで増えていることを指摘している[30]。

関谷[2009]は，環境広告の経営面のメリットとして，ブランド形成やコミュニケーションチャネルの増加，および人材募集においても効果をあげている。また，環境面のメリットとしては，環境負荷の低い商品の市場づくりなどをあげている[31]。広告内容を表彰する制度も整備され，例えば，パナソニックは，第58回日経広告賞の環境広告賞を受賞した。

④ エコファンド：エコファンドとは，「環境保全に積極的に取り組む企業の株式を取り込んだ投資信託のこと」である[32]。

近年，エコファンドは，金利の優遇などにより，企業に直接的な影響を与えていることから大きな注目を集めている。1999年に日興アセット・マネジメントが「日興エコファンド」を販売して以来，安田火災海上保険（現損保ジャパン），UBSグローバル・アセット・マネジメントなど，参入企業数は増加している。わが国において，エコファンドの市場規模は小さいものの，今後インフラが整備され，環境志向の投資家が増加すれば，エコファンドの市場は広がっていくことになろう。

❸ 今後の課題

ソフトサービス系環境ビジネスは，ISO取得支援やエコファンドを除けば

導入期にある産業が多い。したがって，今後の課題となるのは，一過性の事業に終らせることなく，持続的な収益を生み出す方法を考案することにある。例えば，先述した環境広告やエコファンドのほかに，明確な作成基準がない環境報告書支援事業においても，持続的な収益を創出する機会はある。なお，環境報告書の目的や活用については，第6章において詳述するため，以下では事業展開の際の要点にのみ特化する。

　図表4－6に示されるように，ステークホルダーが企業に対して要求する環境報告は多岐にわたる。富士総合研究所編[2000]は，①関心が異なる関係者すべてに対して分かりやすく開示しなければならないこと，②業種や企業によって重視すべき事項が異なることなどを背景として，実際の作成における困

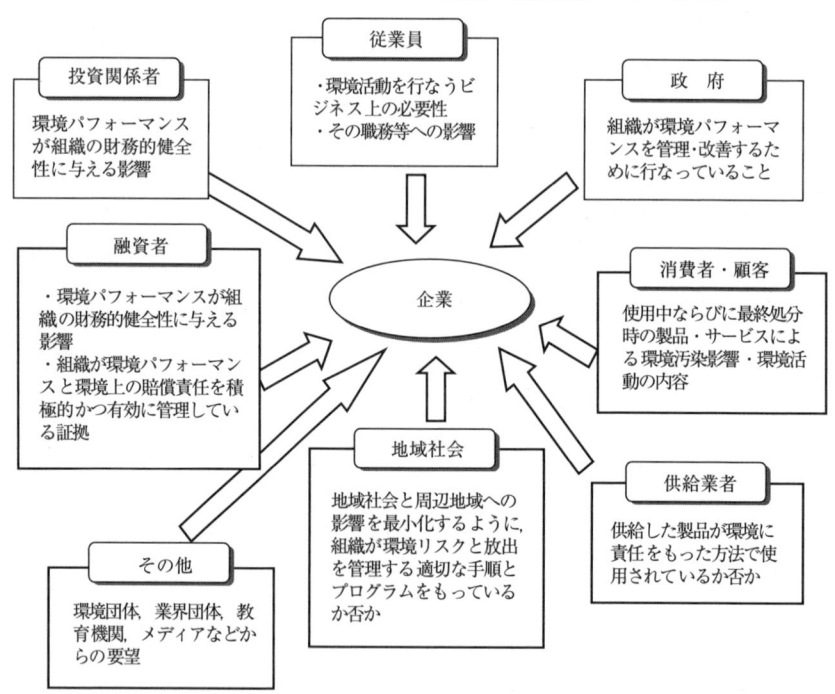

図表4－6　ステークホルダーが企業の環境報告に求める内容

- 投資関係者：環境パフォーマンスが組織の財務的健全性に与える影響
- 従業員：・環境活動を行なうビジネス上の必要性　・その職務等への影響
- 政府：組織が環境パフォーマンスを管理・改善するために行なっていること
- 融資者：・環境パフォーマンスが組織の財務的健全性に与える影響　・組織が環境パフォーマンスと環境上の賠償責任を積極的かつ有効に管理している証拠
- 消費者・顧客：使用中ならびに最終処分時の製品・サービスによる環境汚染影響・環境活動の内容
- 地域社会：地域社会と周辺地域への影響を最小化するように，組織が環境リスクと放出を管理する適切な手順とプログラムをもっているか否か
- 供給業者：供給した製品が環境に責任をもった方法で使用されているか否か
- その他：環境団体，業界団体，教育機関，メディアなどからの要望

（出所）The Canadian Institute of Chartered Accountants（カナダ勅許会計士協会）[1994]訳書38-45頁，富士総合研究所編[2000]63頁に基づいて，筆者作成。

難性を指摘している[33]。

 ソフトサービス系環境ビジネスのほとんどが導入期にあることは，事業機会が多いことも意味している。したがって，適切なアプローチを試み，自社の競争優位を構築する可能性はあるといえよう。

第4節　廃棄物・リサイクル関連分野

❶　概　　要

 廃棄物・リサイクル関連ビジネスは，エコビジネスの中で最大の市場規模をもち，サスティナビリティ社会の実現に不可欠なビジネスである。また，廃棄物・リサイクル関連ビジネスは，最終処分場問題，各種リサイクル法の整備などの影響も受け，市場は急速に拡大している。産業構造審議会ワーキンググループの調査[34]によれば，2010年には53兆円市場規模になり，雇用規模は約133万人になると分析している。

 これまでの各種リサイクル法は，最終処分量の削減が目的であった。しかし，地球温暖化や資源生産性向上などの問題から，現在では，より高度な資源循環システムの構築を目的としている。このような背景を受け，矢島＝磯辺［2002］は廃棄物・リサイクル関連ビジネスを「これまで焼却・埋立て処理されていた廃棄物を資源として回収し，再生品として再び市場に流通させる一連の流れを担うもの」と定義している[35]。

 廃棄物・リサイクルビジネスが目指すサスティナビリティ社会を考察する際に欠かせないコンセプトとして，エンド・オブ・パイプ（End of Pipe）とゼロエミッション（Zero-Emission）があげられる。

① エンド・オブ・パイプ：工場内または事業場内で発生した有害物質を最終的に外部に排出しない方法で，主に，大気汚染防止，ダイオキシン対策，水質汚染防止，オゾン層破壊防止，廃棄物処理などを目的に事業展開されてい

る。1990年代前半，エネルギー消費量で5%にも満たないわが国で，全世界の約8割の脱硫プラント装置が国内で稼動していたほど，国内ではエンド・オブ・パイプ・ビジネスが盛んであった。また，火力発電所から排出されるSO_Xの国際比較では，2005年時点で，米国は3.3g/kWh，ドイツは0.7g/kWh，日本は0.2g/kWhであった[36)]。このように，わが国のエンド・オブ・パイプに関する技術は世界的にもトップクラスであり，海外への技術移転が期待されている。なお，秋山義継他[2008]によれば，脱硫装置や脱硝装置などの汚染防止装置の市場規模は，2000年段階で約9兆円，2020年には2倍以上と考察している[37)]。

② ゼロエミッション：ゼロエミッションとは，「廃棄物ゼロ」を意味し，1994年に国連大学が提唱した概念である。しかし今日では，廃棄物を出さない経済社会，地域社会，企業活動などと幅広い意味で使用されている。したがって，ゼロエミッションについての明確な定義はなく，各分野で多様に解釈され，様々な取組みが行われている。例えば，ゼロエミッション構想を中心に据えた，先進的な環境調和まちづくりを推進する事業として，経済産業省が先導するエコタウン事業がある。北九州エコタウンにおける約1,200人の雇用創出や，青森県で行われている廃棄物ゼロモデルなど，多くの地域で独自の取組みがなされており，ビジネス上のメリットにもなっている[38)]。

ところで，ゼロエミッションを推進する上で重要な指標として，3Rがあげられる。「循環型社会基本法」では，資源を循環させる方法について，優先順位を定めている。すなわち，第一に廃棄物の発生抑制（Reduce），第二に再利用（Reuse），第三にリサイクル（Recycle）である。この3Rの考え方は，資源やエネルギーの循環だけでなく，ゼロエミッションを推進する上でも重要な指標であり，企業によって「リフューズ（Refuse）」などの指標を追加し，4Rや5Rとすることもある。

例えば，図表4－7に示されるように，リコーは，早い時期から従来の3Rに「生産事業所にゴミを持ち込まない」などのリフューズ，「仕入先に戻せるものは戻す」といったリファインを加えた5Rを実施している[39)]。また，トヨタは，1990年から5R活動を始め，廃棄物発生量を1990年の160,000t/

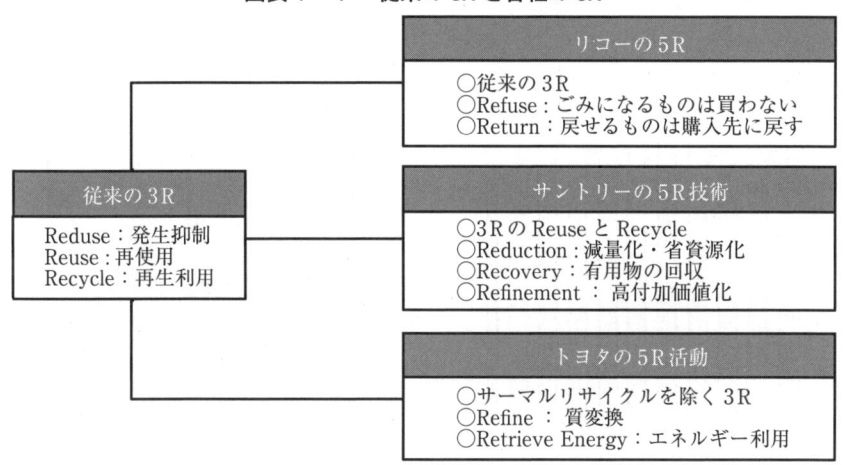

図表 4 − 7　従来の 3R と各社の 5R

従来の 3R
Reduse：発生抑制
Reuse：再使用
Recycle：再生利用

リコーの 5R
○従来の 3R
○Refuse：ごみになるものは買わない
○Return：戻せるものは購入先に戻す

サントリーの 5R 技術
○3R の Reuse と Recycle
○Reduction：減量化・省資源化
○Recovery：有用物の回収
○Refinement：高付加価値化

トヨタの 5R 活動
○サーマルリサイクルを除く 3R
○Refine：質変換
○Retrieve Energy：エネルギー利用

（出所）木全晃［2004］85頁。

年から，2002年には80,000t/年にまで削減させている[40]。

　図表にあげた企業以外にも，例えば，キリンビールでは，1994年に横浜工場において埋め立て処分ゼロを達成し，少なくとも10年間はこの活動を維持している。このように，廃棄物・リサイクル事業も，他のエコビジネス同様，継続性が不可欠である。

❷　現　状

　高達秋良他［2003］によれば，廃棄物・リサイクル関連分野の成長は，廃棄物処分場の限界，廃棄物あるいはその焼却によって発生する有害物質による環境汚染，廃棄物処理費用の高騰を嫌った不法投棄の3つの課題を背景としている[41]。なお，不法投棄の多発や監視については，中村［2007］も指摘している[42]。これらの課題を解決するために，製品リユース，製品の解体リサイクル，廃棄物埋め立て処分，廃棄物の適正管理・監視ビジネス，静脈物流ビジネスへの需要が高まるのである[43]。

　以下の図表4−8は，最終処分場の残余容量と残余年数，および最終処分場数について時系列で示したものである。最終処分場の残余容量の減少によって，

図表4－8　最終処分場の残余容量と残余年数および最終処分場数

(1) 最終処分場の残余容量と残余年数

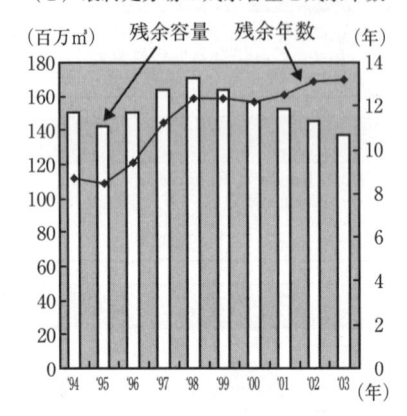

(2) 最終処分場数

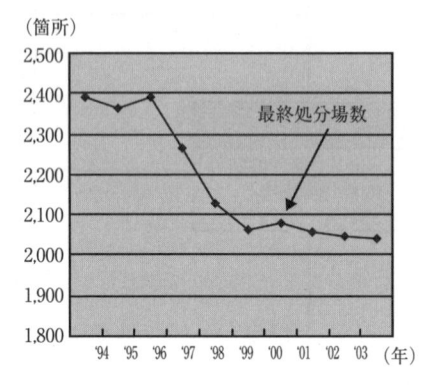

（出所）(1)(2)ともに，日本能率協会総合研究所編[2006]151頁に基づいて筆者作成。

廃棄物処理コストが増加している。

最終処分場の減少に対して，例えば，エンヴァイロテックでは，廃棄物処理を効率的に行うのに欠かせない廃棄物の圧縮減量技術を各種分野へ提供することで，最終処分場の延命に貢献している[44]。

廃棄物・リサイクル分野が成長し，新規参入などの事業化も相次いでいるものの，全ての企業が順調なわけではない。エコビジネスネットワーク編[2005]が指摘するように，収集コストの管理やマーケティングを含めた市場確保の能力の有無によって，実態としては，事業を軌道に乗せられずに撤退してしまう失敗組と，好業績を持続する成功組とに分かれている。

❸ 今後の課題

廃棄物・リサイクル関連ビジネスが普及するためのポイントとして，第一に，業界の健全性確保のための法整備があげられる。適切に設計された法規制は多くのメリットを有しており，企業がその規制に対して積極的に関わっていくことによって差別化が促進され，競争優位の源泉となるのである。

第二に，拡大生産者責任（Extended Producer Responsibility : EPR）があげら

れる。現在，わが国の法律においても，拡大生産者責任の考え方が導入され，企業は自社製品の消費後の廃棄・リサイクル段階まで責任を求められている。拡大生産者責任には，①物理的・財政的な責任を，地方自治体から生産者へと移すこと，②環境配慮型の製品設計を行なうよう生産者に動機づけすること，の2つの意義がある。また，拡大生産者責任の考え方が導入されることは，処理にかかる社会的費用の低減や，環境負荷の低い製品の設計・開発が推進されるなどのメリットがある。しかし，わが国の拡大生産者責任に関する政策は遅れているのが現状であり，さらなるリサイクルの推進において，拡大生産者責任を徹底することが求められている。

　また，廃棄物・リサイクル関連ビジネスは，事業を展開する上でマーケティング力が不可欠である。先にあげたエンヴァイロテックは，営業での徹底的なマーケティングと，そこで築いた地域企業とのネットワークを活用して情報を引き出し，発生するニーズに対し迅速に対応することで成功を収めている。

　一方，中村[2007]は，経済産業省が実施したエコタウン事業向けのアンケートをもとに，廃棄物・リサイクル関連ビジネスの課題について以下の3つを指摘している[45]。

① 事業コストの削減：メンテナンス費用や残渣処理費用，人件費などの削減が大きな課題となっている。
② 原材料の安定的確保：事業開始前に想定した原料を収集できず，施設の稼働率が低下し，結果として収益を圧迫していることが明らかになっている。特に，原料の質と量両面に対して課題となっている。
③ 再生品の需要：販売面において，必要な販路を確保できていないことがあげられる。品質や価格競争力への課題もあげられているが，これらは相互に関係している。

　以上，廃棄物・リサイクルビジネス分野について考察した。周知のとおり，この分野の発展には，企業の取組みや政府の法整備などのほかに，消費者も関わっている。一人ひとりがライフサイクルを見直し，環境を守るために着実に行動することが不可欠となろう。

第5節　池内タオルのケーススタディ

❶　ケース

　これまで，エコビジネス市場の動向について，代表的な分野を中心に考察した。以下では，エコプロダクツのケースとして，池内タオル株式会社[46]（以下，池内タオル）を取り上げる。池内タオルは，2003年に民事再生法を申請しながらも，"環境"を軸として成熟産業であったタオル業界を復活させた経緯をもつ。したがって，学術的な視点に基づいてエコビジネスを分析する際に，極めて有効である。

　分析の手順は，①池内タオルの事業展開を概観し，②成熟産業の理論を整理した後に，③問題点と課題を抽出し，④解決策を提示する。

　愛媛県今治市にある池内タオルは，創業当初，ジャカード織りとCAD技術を得意とする企業であり，主にOEM供給によるヨーロッパ向けの輸出によって，売上高を安定的に確保していた。しかし，1990年代から中国やベトナムを中心とした低価格製品が浸透し，国内生産量はいまだに打撃を受けている。明治以降の近代化により「今治タオル」のブランドを確立したこの地区においても，企業数・従業員数を時系列で観察してみると，過去30年間に渡り，減少の一途を辿っている。

　そのような状況のもと，池内タオルは，品質で勝負できる米国に軸足を置いた。また，地域特有の環境規制に対応する形で，ノボテックス社のサポートを受けながら自社の環境対策を促進させてきた。業界初のISO14001取得や100%風力発電の利用[47]，あるいはオーガニック・コットンの導入など，その評価は各種の賞を受賞することによって示されている。図表4－9は，池内タオルを取り巻く外部環境変化と，その変化に伴なう内部環境の転換を，連関図法を用いて示したものである[48]。

　図表4－9に示されるように，IKTブランドを確立するまで，池内タオル

第4章　エコビジネスの市場動向

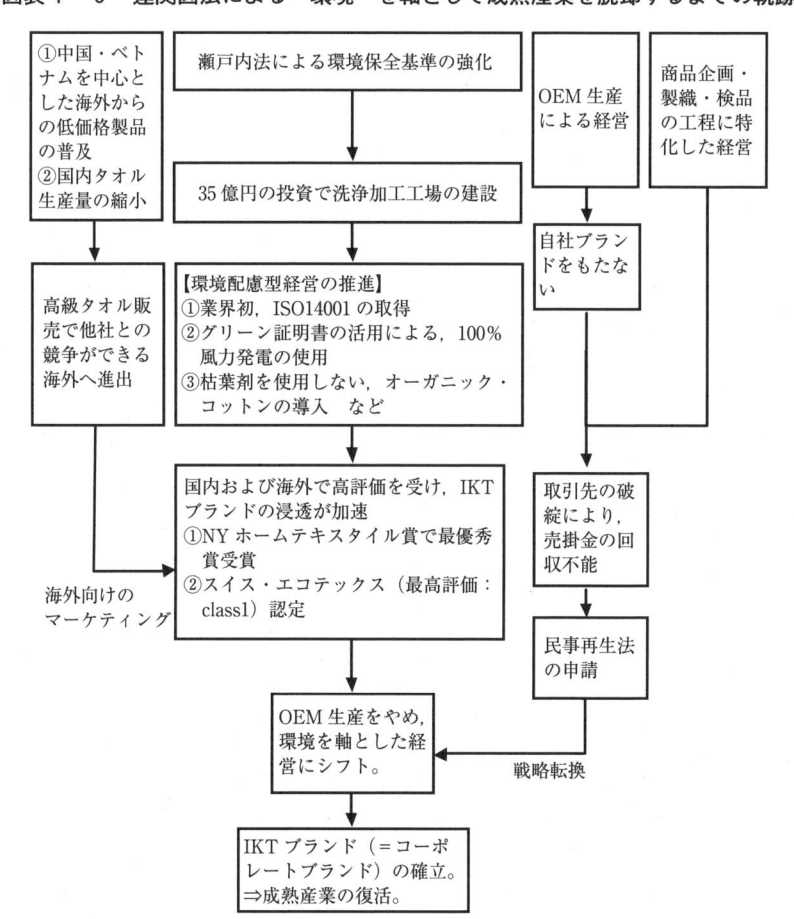

図表4－9　連関図法による"環境"を軸として成熟産業を脱却するまでの軌跡

```
①中国・ベト          瀬戸内法による環境保全基準の強化        OEM生産        商品企画・
ナムを中心と                                                    による経営      製織・検品
した海外から                    ↓                                              の工程に特
の低価格製品          35億円の投資で洗浄加工工場の建設           ↓           化した経営
の普及                                                         自社ブラン
②国内タオル                    ↓                              ドをもたな
生産量の縮小          【環境配慮型経営の推進】                   い
                     ①業界初，ISO14001の取得
     ↓               ②グリーン証明書の活用による，100%          ↓
高級タオル販           風力発電の使用                           取引先の破
売で他社との          ③枯葉剤を使用しない，オーガニック・        綻により，
競争ができる           コットンの導入　など                      売掛金の回
海外へ進出                                                     収不能
                               ↓
                     国内および海外で高評価を受け，IKT            ↓
                     ブランドの浸透が加速                      民事再生法
     ↓               ①NYホームテキスタイル賞で最優秀            の申請
海外向けの             賞受賞
マーケティング         ②スイス・エコテックス（最高評価：
                       class1）認定
                               ↓
                     OEM生産をやめ，
                     環境を軸とした経       ← 戦略転換
                     営にシフト。
                               ↓
                     IKTブランド（=コーポ
                     レートブランド）の確立。
                     ⇒成熟産業の復活。
```

（出所）　足立＝所編［2009］89-103頁，池内計司［2008］，豊澄［2007］197-220頁に基づいて筆者作成。

の経営は必ずしも順調ではなかった。2003年には負債総額約10億円を抱え，民事再生法を申請している[49]。

❷　問 題 点

　池内タオルは，IKTブランドが浸透していたにもかかわらず，売上高の7割を占める取引先の自己破産の影響を受けて経営の危機に瀕した。この最たる

問題点は，OEM 生産に頼っていたことである。すなわち，ブランドが浸透しつつも OEM 生産の売上高が全体の大半を占めている状況下では，下請け会社に過ぎない。今後も激変する外部環境の影響を最小限に抑えるために，他社との差別化が不可欠となる。

そこで，池内タオルがどのように経営の危機から復活し，IKT ブランドの浸透から確立へと変貌を遂げたのか，ベイドンフラー＝ストップフォード (Baden-Fuller, C. = Stopford, M. J.) [1992] やグラント (Grant, R. M.) [2008] の成熟産業における理論に適用しながら考察し，本ケースにおける課題を明らかにする。なお，池内計司 [2008] はタオル業界を「衰退産業」としているものの[50]，丁寧に分析してみると，タオル業界は衰退産業よりも成熟産業の特徴を有していることがわかる。

ベイドンフラー＝ストップフォード [1992] は，ナイフメーカーのリチャードソン社や家電メーカーのホットポイント社を例に，産業の低迷や衰退の原因は，産業それ自体ではなく，企業の戦略にあるとした[51]。政府の規制，海外からの競争者の参入，あるいは取引業者からの圧力は現象であって，業界の選択以上に，どのような戦略をとるかが重要なのである。ルメルト (Rumelt, R. P.) [1991] も，各事業における収益性の要因において，戦略の選択が約46.4％であるのに対し，産業の選択は約8.3％と分析している[52]。

グラント [2008] は，① 規模の経済性，② 低い一般経費での事業運営が可能となる点などを理由に，成熟産業の特徴の1つとして，競争優位性がコスト要因に移転することをあげている[53]。

また，成熟産業での戦略として，① 隙間産業の開拓と，② ターゲット顧客が限定されることに起因する CRM を指摘している。

これらの理論をタオル業界および池内タオルの戦略へ適用すると，① 国内生産量の減少および海外の低価格製品の輸入量増加，② 高級タオル市場へ特化したグローバル展開と，毎日送られてくるメールへの地道な対応となる。また，図表4－10は，成熟産業における争点と，タオル業界および池内タオルへの適用可能性を示したものである。

図表4-10　成熟産業における理論の適用

(1) 成熟産業の理論への適用

	グラント，ストップフォードらの主張	タオル業界および池内タオルへの適用
成熟産業の特徴	①規模の経済性や，②低い一般経費での事業運営が可能となるなどの点を理由に，競争優位性がコスト要因に移転 (例)小売業，家電業界	国内生産量は，1999年から2008年の10年間で，約4分の1に減少。逆に，輸入量は1999年から2008年の10年間で約2倍に増加
成熟産業における戦略	①隙間産業の開拓 (例)いすず自動車，スバル ②コスト優位性と差別化の両立	・米国を中心として，高級タオル販売に特化し，マーケティングを重視 ・タオル業界では主流であったOEM供給から脱却し，環境を軸として自社ブランドの確立を目指す
	②CRMの強化 (例)アマゾン	毎朝，顧客からくる200通のメールに社長が直接返信

(2) 国内生産量と輸入量比較，および今治地区の企業数と従業員数の推移

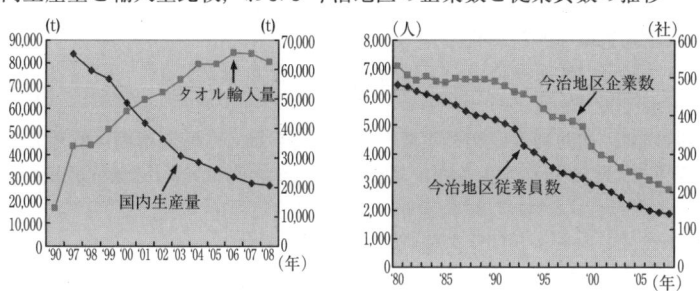

(出所) (1)は，Baden-Fuller, C. = Stopford, M. J. [1992]訳書54-55頁，およびGrant, R. M. [2008]訳書449-451頁に基づいて筆者作成。(2)は，四国タオル工業組合の統計データに基づいて筆者作成。

3　課題

　池内タオルの課題は，いかに付加価値の高いタオルを生産するかであった。一見すると，環境を軸にグローバル展開をして成功しているとも考えられる。それでは，他のタオル販売会社も環境という付加価値を追及して海外進出をす

れば，同様に成功するのであろうか。ゲマワット（Ghemawat, P.）[2007]は，グローバル展開の難しさを指摘している[54]。例えば，池内タオルは，環境配慮性と品質の高さを前面に押し出すと共に，マーケティングにも尽力していた。具体的には，日本の購買者は，タオルを贈答用に購入するのに対し，米国は購買者自身が使用する。そのため，異なるデザインの嗜好に合わせた販売方法が必要になる。このような現地適用を忠実に実行していたからこそ，IKTブランドというコーポレートブランドを確立したのである。

池内タオルは2007年に法的清算を終了し，今日ではさらなる成長を期待されている。しかし，①後継者育成，②営業が社長一人しかいないと言っても過言ではない状況は，打破する必要がある。なぜなら，社員27名の会社といえど，ナレッジが特定の人に集中する状況はリスクが高いためである。今後は，環境保全という理念の浸透だけではなく，マネジメント面においても責任の持てる人材育成が不可欠となろう。

注）
1）経済産業省編[2007]254頁。
2）なお，発電の仕組みについては自明であるため割愛する。
3）和田木[2008]30頁。
4）再開以前，補助制度は2005年度から打ち切られ，一時期市場は低迷していた。
5）WWEA（世界風力エネルギー協会）〈http://www.wwindea.org/home/index.php〉
6）エコビジネスネットワーク編[2009]140-141頁。
7）詳しくは，NEDOの統計データを参照。
8）農林水産省ホームページ〈http://www.maff.go.jp/〉
9）矢島＝磯辺[2002]179-185頁。
10）農林水産省によれば，バイオマス・ニッポン総合戦略とは，地球温暖化防止，循環型社会形成，戦略的産業育成，農山漁村活性化等の観点から，農林水産省をはじめとした関係府省が協力して，バイオマスの利活用推進に関する具体的取組みや行動計画のことをさす。
11）『日本経済新聞』[2009/5/26朝刊]によれば，荏原製作所は，景気悪化の影響を受け，燃料電池事業から撤退している。
12）補助金制度の影響については，例えば井熊＝足達[2008]93頁を参照。
13）Flavin, C.[2007]訳書145頁。

14) 〈http://www.meti.go.jp/press/20050815001/2-ecopro-set.pdf〉
15) 日本環境認証機構［2005/11/1］〈https://www.jaco.co.jp/jaconet_info/img/1105.pdf〉
16) 〈http://www.meti.go.jp/press/20050815001/2-ecopro-set.pdf〉
17) PB商品とは，企業などが独自，あるいはメーカーと共同で商品を開発し，独自の商標をつけ販売する商品やサービスのことをさす。例えばイオングループでは，独自の企業ブランドを，「トップバリュー」として食品だけでなく，衣料品，家庭用品など約2,000品目の商品を販売している。
18) ザ・ボディショップ，イオン，西友に関しては各ホームページを参照。
19) 山本［1995］129頁。
20) 山本編［1994］23頁。
21) 原田［2007］（『応用物理』［2007/9］，所収）
22) 大建工業ホームページ参照。
23) トレーサビリティとは，原産地や原材料，流通経路，販売など各段階の記録をとり，その情報を追跡し，遡ることができることを指す。最近では，BSE（牛海綿状脳症）や原産地の不正表示などの影響を受け食品業界で特に注目を浴びている。
24) エコビジネスネットワーク編［2009］17頁。
25) 高達秋良他［2003］312頁を一部修正。なお，富士総合研究所編［2000］は，「近年では，対応すべき環境問題やとるべき環境対策の多様化・複雑化とともに，業種や規模にかかわらず参入する企業が増えている」と考察している。
26) EICネット〈http://www.eic.or.jp〉
27) エコツーリズム推進法第2条〈http://www.env.go.jp/nature/ecotourism/law/law.pdf〉
28) 小方［2000］103頁。
29) 関谷直也［2009］18頁。
30) エコビジネスネットワーク編［2009］54頁。
31) 関谷［2009］81-85頁。
32) 勝田［2003］60頁を一部修正。
33) 富士総合研究所編［2000］63-64頁。
34) 本データは，経済産業省環境政策課環境調和産業推進室編［2003］259頁に所収。なお，この分析結果は，アーサー・D・リトル社環境ビジネス・プラクティス［1997］の予想を大幅に上回った。
35) 矢島＝磯辺［2002］18頁。
36) 東京電力環境行動レポート〈http://www.tepco.co.jp/eco/report/lcl/01-2-j.html〉
37) 秋山他［2008］18頁の内容を一部修正。
38) 中村［2007］34頁。および，経済産業省環境政策課環境調和産業推進室編［2004］

206頁。
39) 木全晃［2004］85頁。
40) トヨタ Environmental & Social Report 2003 9 頁。〈http://www.toyota.co.jp/jp/environmental _rep/03/pdf/kankyouohoukoku2003.pdf〉
41) 高達他［2003］292頁。
42) 中村［2007］27頁。
43) 高達他［2003］294-298頁。
44) エコビジネスネットワーク編［2004］68-71頁の内容を一部修正。
45) 中村［2007］43-46頁。
46) 本社：愛媛県今治市，創業：1953年，資本金：8.7百万円，売上高：350百万円（2007年2月期），従業員27名。
47) 池内タオルは，直接風力発電所から電力の供給を受けているわけではなく，いわゆる"グリーン電力証書"を活用している。
48) 連関図法とは，新QC七つ道具編［1984］16頁によれば，「原因―結果，目的―手段などが絡み合った問題について，その関係を論理的につないでいくことによって問題を解決する手法」である。
49) 池内［2008］42頁。
50) 同上書　6頁。
51) Baden-Fuller, C. = Stopford, M. J.［1992］訳書31-36頁。
52) Rumelt, R. P.［1991］p.179．
53) Grant, R. M.［2008］訳書449-451頁。
54) Ghemawat, P.［2007］は，洗濯機やマクドナルドのハンバーガーなどを例に，地域ごとの嗜好の差異性を考察している。

第5章
環境経営戦略

　本章では，環境経営戦略について考察する。環境問題という視点から経営戦略を策定し，持続的な競争優位を構築するための手段やプロセスを，体系的に理解することは不可欠である。なぜなら，環境経営戦略の具体化プロセスについて理解を深めることによって，効果的な事業展開が可能となるからである。

　第一に，環境経営戦略とエコビジネスについて考察する。まず，環境経営戦略に関する先行研究のレビューを行い，その特徴や異同点について考察し，本書における環境経営戦略の定義を導出する。次いで，環境先進企業が保有する特徴について理解を深める。

　第二に，競争優位の確立について考察する。まず，環境経営戦略における競争優位の確立パターンについて考察する。次いで，確立パターンを実行するにはどういったことが必要かを理解する。

　第三に，守りの環境経営戦略について考察する。まず，環境効率を向上させ，環境コストを低下させる手段を理解する。次いで，環境リスクを効果的に管理する方法について考察する。

　第四に，攻めの環境経営戦略について考察する。まず，環境マーケティング戦略と環境適合設計のポイントを正しく理解する。次いで，環境経営戦略におけるイノベーションの重要性を理解する。

　最後に，環境経営戦略のケーススタディとして，パナソニックについて考察する。ドメインに関する理論をレビューした上で，パナソニックがどのように競争優位を構築したのかを理解する。ドメインの理論を適用することによって，理論と実践の融合が可能となろう。

第1節　環境経営戦略とエコビジネス

❶　先行研究のレビュー

　エコビジネスは，経済性・環境性・社会性のトリプルボトムラインの追求によって進展することは，これまでに述べたとおりである。なかでも，経済性を創出するためには，激変する外部環境に適応し，綿密な事業計画に基づいて他社との競争に勝たなければならない。したがって，環境との関わり方を決定する経営戦略が重要となる。

　岸川[2006]によれば，経営戦略とは，「企業と環境とのかかわり方を将来志向的に示す構想であり，組織構成員の意志決定の指針となるもの」である[1]。従来は，「企業⇒社会」という観点で経営戦略を策定してきたが，近年においては「マクロとミクロのジレンマ」により「社会⇒企業」という観点が求められている[2]。以下，企業の環境への関わり方に関する先行研究の中から，いくつかを選択し，その簡潔なレビューを行うこととする。

　従来，経営学において環境問題が取扱われたのは，第1章で考察したように，CSRの枠組みにおいてであった。企業の経済的機能に加え，社会性などの多面的機能を重視する議論がなされた。しかし，経営戦略とは異なるものとして扱われ，経済性と社会性はトレードオフの関係にあるとされてきた。

　森本[1994]は，伝統的な経営戦略の体系である，①企業戦略，②事業戦略，③機能別戦略，に加えて，④社会戦略を組み込んでいる[3]。社会戦略は，経済性に過度に傾斜することなく，社会をより良くしていくという「社会満足」によって，企業の社会貢献を果たすものである。企業は，企業活動の軸足を「顧客満足」から「社会満足」へ変化させることにより，社会性と市場性の両立を図ることになる。

　1990年後半になると，環境問題への取組みは，必ずしも経済性と相反せず，新たな事業機会となり競争優位の源泉であるとする議論が盛んになった。

例えば，ポーター＝リンド（Porter, M. E. = Linde, C. V.）[1995]は，経済性と環境性は必ずしもトレードオフの関係ではなく，イノベーションにより両立が可能であり，長期的には企業競争力を強化すると主張した[4]。

その後，鈴木幸毅[1999]，寺本義也＝原田保[2000]，片山又一郎[2000]らの研究を受け，岸川他[2003]は，企業の環境問題への取組みは，「地球的規模の環境負荷に配慮する共生的思想（価値観）をベースとした独自性をもった戦略概念」が必要であり，これを「環境経営戦略」としている[5]。そして，企業の持続的成長や競争優位獲得のみを目的とした企業活動を否定した。

この立場については，エスティ＝ウィンストン[2006]も支持しており，「環境問題という視点から経営戦略を考える企業は，市場で優位に立つことができる」とし，環境問題をビジネスの視点で捉えることによって，企業は将来的な損失を回避し，多大な価値を生み出すことができると述べている[6]。

本章では，以上のような「環境問題を事業活動に取り込み，優位性を志向する」戦略概念に立脚し，環境経営戦略の定義を明確にした上で，その具体的な取組みについて考察する。

❷ 本書における環境経営戦略の定義

企業の環境問題に対する姿勢は，時代とともに大きく変化している。この動きに伴って，環境経営戦略の捉え方も，図表5－1に示されるように変化している。

経済的機能を担うサブシステムである企業は，営利原則のもとに活動している。したがって，環境コスト負担による収益低下を避けるため，環境問題には消極的な対応をしてきた。しかし，「環境の目[7]」から生産工程を見直すことによるコスト削減や，顧客の環境問題を解決する事業展開などにより，必ずしも環境性と経済性はトレードオフの関係ではなくなった。

また，近年では，環境性そのものが企業目標となりつつある。このことは，自動車業界をみれば一目瞭然である。顧客ニーズが，ハイブリット車や電気自動車などの燃費性能を重視するようになったこと[8]や，環境規制による燃費制限の実施[10]など，環境問題への取組みが企業の存続条件となっている。した

図表5－1　環境経営戦略の系譜

戦略の特徴	基本戦略				
	抵抗戦略	受身の戦略	撤退戦略	適応戦略	革新戦略
関わりのレベル	市場／社会（外部）	－	企業(市場)	企業(市場)	企業／市場／社会
エコロジーにしようとする強度	受動的	受動的	順応的	順応的	革新的
戦略展開の時点／手段実現	原則として協力的	－	原則として反作用的	反作用的	事前対応的
戦略展開の方法	孤立的	－	孤立的	孤立的	統合的
戦略の実施	原則として協力的	－	個別的	個別的／協力的	個別的
エコロジー的目的	－ －	－ －	（＋）	＋	＋ ＋
社会的正統性	－ －	－	＋／－	＋	＋ ＋
競争戦略的目的	－（＋）	－（＋）	＋（－）	－（＋）	＋ ＋（－）

（出所）　真船洋之助他編［2005］24頁を一部抜粋し，筆者作成[9]。

がって，環境経営戦略は，経営戦略の上位概念といえよう。

　さらに，環境問題を重視するステークホルダーの増加により，企業は環境問題に取組むことによって，イメージダウンや長期的な損失を回避するようになっている。また，環境経営戦略の導入により，ヒト，モノ，カネ，情報といった経営資源においても優位性の確保が可能となる。

　以上を踏まえ，①環境性・社会性は経済性と両立可能である，②地球的規模の環境に配慮する共生的思想によるものである，③環境問題への取組みは企業に競争力を創出する，の3点をベースとし，本書では環境経営戦略を，「地球的規模の環境に配慮する共生思想をベースとし，サスティナビリティ社会において持続可能な競争優位をもたらす戦略概念」と定義する。事業機会や環境リスクを認知する上での戦略的意思決定の指針である。

　なお，「環境経営戦略」の類似概念として「環境戦略」や「競争的環境経

営」といった概念がある。しかし，いずれも，企業の環境問題への姿勢を中心に述べているものであり，本章ではこれらを包括する概念として「環境経営戦略」を用いる。

❸ 環境先進企業の特徴

上述したように，環境経営戦略とは，「地球的規模の環境に配慮する共生思想をベースとし，サスティナビリティ社会において持続可能な競争優位をもたらす戦略概念」である。では，実際に，環境経営戦略を実行し利益をあげている企業は，どのような特徴を有しているのであろうか。

井熊均編[2003]は，環境先進企業にみられる優れた特徴について，以下の5点をあげている[11]。

① 厳密なマネジメント体制：EMSは，環境経営戦略を実施する土台となる。ISO14001をはじめとした認証取得を，「手段」として活用することが求められる。

② 環境配慮型の製品・サービスの積極的な展開：エコビジネスの展開による社会問題の解決を目指す。環境技術をコア・コンピタンス化[12]することが重要である。トヨタは「ハイブリッド技術」をコア・コンピタンスにし，プリウスをはじめとしたハイブリッド車の展開により，多くの利益を創出している。

また，拡大生産者責任に則り，原材料の調達から廃棄までの一連の流れにおいて環境配慮も必須となる。

③ ステークホルダーとのコミュニケーション：環境報告書による環境保全の取り組みを公表し，各ステークホルダーからの信頼を得る。円滑なコミュニケーションをとるためには，的確な情報を伝達することのできる人材が必要なため，組織構成員のモラル改善へも寄与することになる。

④ 事業活動における環境負荷低減：企業活動における廃棄物を限りなくゼロにするような，ゼロエミッションがあげられる。例えば，ホンダは，自社の廃棄物の再利用や生産工程の見直しなどによりゼロエミッション経営を2000年7月に達成している[13]。

⑤ 他の社会的責任項目への配慮：企業が果たすべき社会的責任は，環境問題だけではない。環境経営戦略を実施したとしても，労務管理や企業会計において不祥事が発覚すれば，社会から存在を許されなくなってしまう。

これらの5項目は，環境経営戦略における基軸とも合致している。自社にとって新たな利益を生み出すだけでなく，潜在的なリスクへの対応も重要である。したがって，自社の企業経営を見直し，自社の強みと弱みを正確に把握し，他社と比較分析することで差別化を図らなければならない。

このほか，岸川他[2003]は，環境経営戦略の特性として，① オープンシステムとしての企業，② ミッションと環境理念との整合性，③ 環境技術のコア・コンピタンス化，④ 情報的資源の蓄積の4つをあげている。特に，①，③および④は井熊編[2003]のフレームワークと密接に結びついている[14]。また，環境理念と企業経営におけるミッションが矛盾なく一貫性をもつことは，他の要素を実行する上での土台であるため，上位概念としても位置づけられる。以下の図表5－2は，環境先進企業の特徴を示したものである。

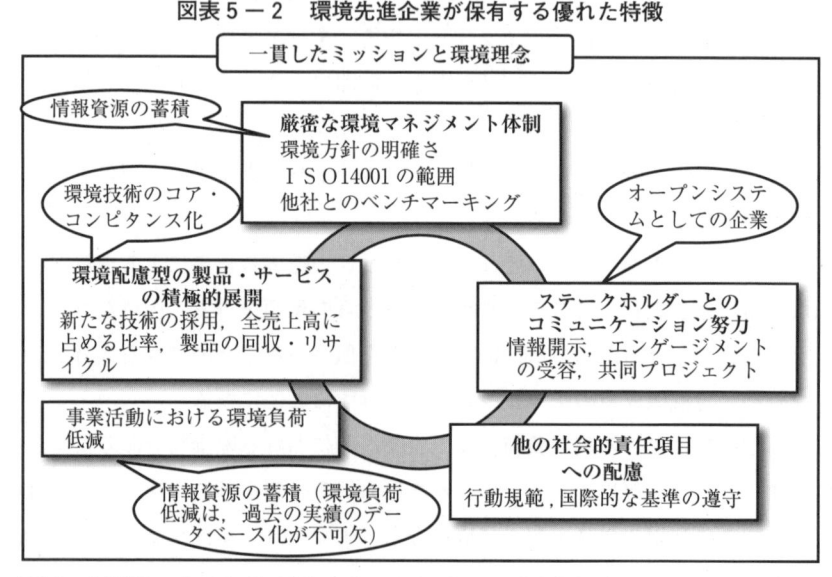

図表5－2　環境先進企業が保有する優れた特徴

一貫したミッションと環境理念

情報資源の蓄積

厳密な環境マネジメント体制
環境方針の明確さ
ＩＳＯ14001の範囲
他社とのベンチマーキング

環境技術のコア・コンピタンス化

オープンシステムとしての企業

環境配慮型の製品・サービスの積極的展開
新たな技術の採用，全売上高に占める比率，製品の回収・リサイクル

ステークホルダーとのコミュニケーション努力
情報開示，エンゲージメントの受容，共同プロジェクト

事業活動における環境負荷低減

他の社会的責任項目への配慮
行動規範，国際的な基準の遵守

情報資源の蓄積（環境負荷低減は，過去の実績のデータベース化が不可欠）

（出所）　井熊編[2003]30頁，岸川他[2003]25-33頁に基づいて筆者作成。

各社の環境理念の取込みは，CSRの浸透とともに増大した。このことからも，豊澄[2007]が指摘するように，「社会的責任に組み入れられて発展を遂げた環境経営は，いまや企業の存続発展に重大な影響を及ぼす重要な競争優位戦略のひとつである[15]」。

第2節　競争優位の確立

❶　環境経営戦略の優位性

先述したように，企業は環境経営戦略の実行により，多くの事業機会を得ることが可能となる。また，競争優位を創出した環境先進企業には，いくつかの共通項があることも考察した。しかし，実行の段階にけるプロセスを明らかにしない限り，環境経営戦略の全体像を一般化することはできない。したがって，まず，競争優位について確認した上で，どのようなパターンで競争優位が確立されているのかを概観する。

競争優位とは，競争戦略（competitive strategy）における重要な概念である。競争戦略とは，「会社が自社の市場地位を強化できるよう，うまく競争する仕方の探求[16]」であり，「特定の事業分野，製品・市場分野において，競合企業に対して持続可能な競争優位（sustainable competitive advantage）を獲得するために，環境対応のパターンを将来志向的に示す構想であり，組織構成員の意思決定の指針となるもの[17]」である。

ポーター（Porter, M. E.）[1980]によれば，競争優位を確立するには3つの基本戦略（コストリーダーシップ戦略・差別化戦略・集中戦略）がある。しかし，従来のコスト削減は規模の経済に基づくものであり，顧客ニーズの多様化や経済のサービス化が加速する今日では，特に環境経営戦略に適用すれば，差別化と「環境の目」からのコスト削減が必要となろう。

堀内行蔵＝向井常雄[2006]は，環境経営戦略における競争優位の確立パター

ンを,フリーマン=ピース=ドッド (Freeman, R. = Pierce, J. = Dodd, R.) [2000]が提唱した4つのパターンに基づき,以下のように考察している[18]。
① 技術重視:規制を積極的に捉え,適応するプロセスにおいて,イノベーションを起こすことによって競争優位を確立する。例えば,マスキー法に遵守し,その後の自動車販売において大きな利益をあげたホンダなどがあげられる。
② 顧客重視:顧客の環境志向を重視し,環境配慮設計や環境マーケティングなどを基軸とし,イノベーションを推進する。消費者の中で最も環境志向が強い,ロハス(LOHAS)市場は年々拡大傾向にある。
③ ステークホルダー重視:多様化するステークホルダーの立場を重視し,上記の2つのパターンを包括する戦略である。企業経営の一環として,協働・協力・交渉・助言などにより利害を調整する。このタイプの企業は,アカウンタビリティを重視し,情報公開を進めており,ジョンソン・アンド・ジョンソンやGEなどが該当する。
④ 環境中心主義:環境倫理を競争優位とし,人間中心主義ではなく生き物中心の平等主義を重視する。独創的な経営で有名なパタゴニアはこれにあたる。

それぞれのパターンは,従来の競争優位の確立要件に加え,環境視点からのイノベーションの推進を重視している。今後は,ステークホルダー重視型が主流になると考えられるため,ステークホルダーとの環境コミュニケーションを重視し,環境配慮型製品・サービスの売上高比率を高めていくことになろう。したがって,今後も環境報告書は有力なコミュニケーション手段となる。

❷ 競争優位の確立要件

エスティ=ウィンストン[2006]は,環境経営戦略における競争優位を確立するための手段として,以下の4つの取組みを指摘している[19]。
① コストの削減:バリューチェーン全体において環境関連支出を削減する。具体的には,環境効率の向上・環境コストの削減・バリューチェーン全体の環境効率向上を図ることを指す。

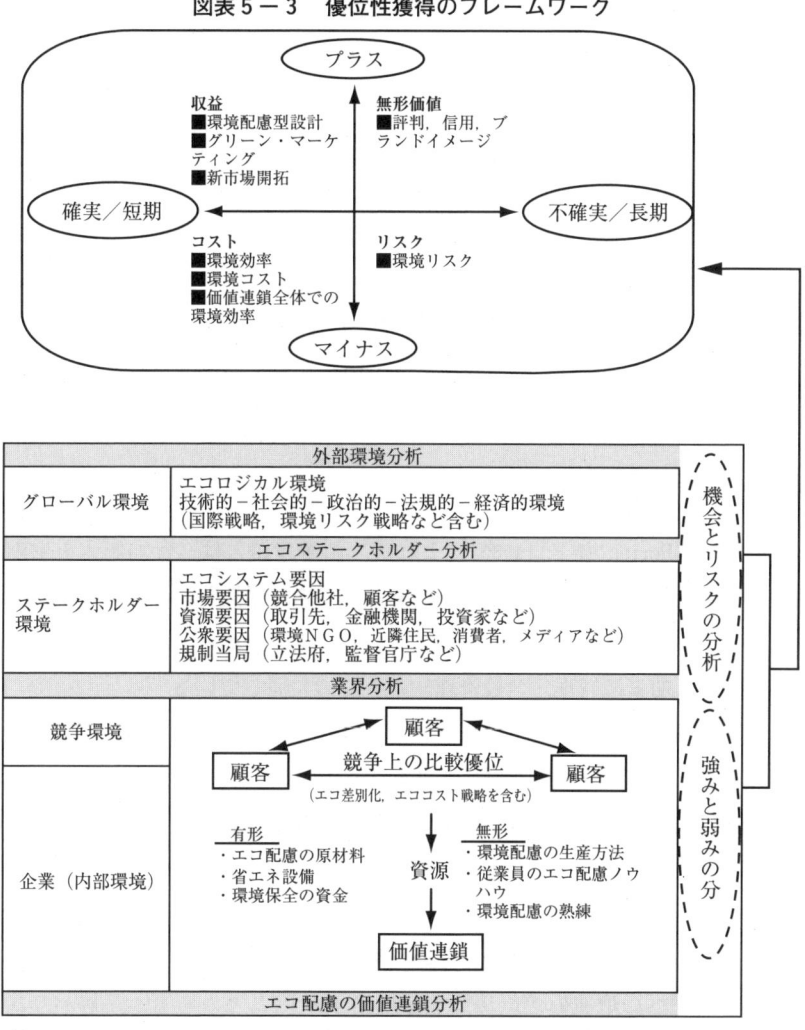

図表5-3　優位性獲得のフレームワーク

```
                            プラス
                    収益              無形価値
                ■環境配慮型設計      ■評判,信用,ブ
                □グリーン・マーケ      ランドイメージ
                  ティング
                ■新市場開拓
    確実/短期  ─────────────────────────  不確実/長期
                コスト              リスク
                ■環境効率          ■環境リスク
                ■環境コスト
                ■価値連鎖全体での
                  環境効率
                            マイナス
```

外部環境分析	
グローバル環境	エコロジカル環境 技術的−社会的−政治的−法規的−経済的環境 (国際戦略,環境リスク戦略など含む)
エコステークホルダー分析	
ステークホルダー環境	エコシステム要因 市場要因(競合他社,顧客など) 資源要因(取引先,金融機関,投資家など) 公衆要因(環境NGO,近隣住民,消費者,メディアなど) 規制当局(立法府,監督官庁など)
業界分析	
競争環境	顧客 ← 競争上の比較優位 → 顧客 顧客　(エコ差別化,エココスト戦略を含む)
企業(内部環境)	有形　　　　　　　　　無形 ・エコ配慮の原材料　　・環境配慮の生産方法 ・省エネ設備　　資源　・従業員のエコ配慮ノウ ・環境保全の資金　　　　ハウ 　　　　　　　　　　　・環境配慮の熟練 　　　　　価値連鎖
エコ配慮の価値連鎖分析	

（右側：機会とリスクの分析／強みと弱みの分析）

（出所）　真船他編[2005]14頁，Esty, D. C. = Winston, A. S. [2006]訳書427頁に基づいて筆者作成。

② リスクの軽減：環境リスクや規制リスクを見極め抑制する。具体的には，環境リスクをコントロールすることを指す。

③ 収益の創出：環境面で優れた製品，顧客や消費者の環境に対する懸念に応える製品・サービスを提供する。環境配慮型設計の推進・賢いグリーンマー

ケティングの実施・イノベーションの推進によるニーズの創出を指す。
④ 無形価値を高める：環境志向の企業イメージやブランドバリューを打ち出して，評判や信用を高める。

以上にあげた「コスト」，「リスク」，「無形価値」，「収益」，の4つの視点をもち，総合的に戦略を策定することが重要である。また，真船他編[2005]は，環境という視点を取り入れた戦略的経営として，外部環境分析やエコステークホルダー分析，および業界分析を骨格に据えている。この観点を踏まえれば，図表5－4に示されるように，エスティ＝ウィンストン[2006]と真船他編[2005]の枠組みは，共通する部分があるといえよう。競争優位を確立するためには，外部・内部環境の把握が不可欠なのである。

❸ 価値連鎖の拡大

ポーター（Porter, M. E.）[1985]によれば，価値連鎖とは，付加価値を生み出す一連のプロセスのことを指し，主活動としての「購買物流，製造，出荷物流，販売マーケティング，アフターサービス」と，支援活動としての「調達活動，技術開発，人的資源管理，全般管理」の2つに大別している[20]。

第3章において，サプライチェーンとエコビジネスの関連性について考察した。環境意識の高まりとともに，主活動はもちろん，支援活動においても環境経営戦略は広範囲に適用されつつある。従来の環境問題への対応では，生産者は製造，流通を重要な構成要素としていた。しかし今日では，拡大生産者責任の高まりを受け，図表5－4に示されるように，原材料の調達から廃棄，リサイクルまでのライフサイクル全体での環境効率向上が必要不可欠となる。そして，環境問題への取組みが経済価値を創出する[21]ことからも，一層バリューチェーンへの適用が加速され，その範囲は拡大することとなる。

また，スティーガー（Steger, U.）[1993]は，価値連鎖によって包括的に自社の活動を管理することで，環境志向戦略に信頼性と耐久性が保証されると述べている[22]。このことから明らかなように，環境経営戦略は，主活動・支援活動を軸として体系的に実行することが不可欠となる。

第5章 環境経営戦略

図表5－4　価値連鎖の拡大

企業インフラ	・環境に関心のある／積極的な経営陣 ・恒久的な環境スタッフあるいはタスクフォース				マ ー ジ ン
人的資源管理	・環境研修コースや訓練 ・環境情報シートを全社員に配布 ・環境提案システム				
技術研究開発	・大学との協力 ・社内ゴミのリサイクル ・研究部門 ・省エネルギー手段				
購買	・環境に優しい社用車 ・環境に優しい事務用品				
<u>製品の入荷</u>	<u>包装</u>	<u>製品管理</u>	<u>マーケティング</u>	<u>製品の出荷</u>	
環境に優しい車 輸送梱包の削減 サプライヤーとの最大限の協力	資源の節約 リサイクル可能な資材 包装の監視 モジュラー包装システム	品質保証 製品の変換／適応 環境と両立する製品のリスト作成	グリーンマーケティング 環境スポンサーシップ 環境賞 環境ラベル	リサイクルセンター 処理システム	

（出所）　Steger, U. [1993] 訳書126頁を一部修正加筆し，筆者作成[23]。

第3節　守りの環境経営戦略

　以下では，競争優位獲得の手段を具体的に考察するために，守りの環境経営戦略に着目し，特に「環境効率」，「環境コスト」，「環境リスク」を中心に取り上げる。

❶　環境効率の向上

　まず，環境効率（Eco-Efficiency）とは，1992年に，世界環境経済人協議会（World Business Council for Sustainable Development：WBCSD）の前身組織が提唱した概念であり，「より少ない環境負荷で，いかに多くの価値を創造すること[24]」を志向している。

図表5－5　各社における環境効率の測定

(1) 環境効率系（経済価値／環境負荷）

企業名	名　称	計算式
三井化学	エコ効率	$\dfrac{経常利益または売上高}{環境負荷総量※}$
リコー	環境負荷利益指数（エコ・インデックス）	$\dfrac{売上総利益}{環境負荷総量※}$
	環境負荷売上指数（エコ・エフィシエンシー・インデックス）	$\dfrac{売上高}{環境負荷総量※}$
ソニー	環境効率	$\dfrac{売上高}{個別環境負荷量}$
NEC	環境経営指標	$\dfrac{売上高}{個別環境負荷量}$

(2) 原単位系（環境負荷／経済価値）

企業名	名　称	計算式
アサヒビール	アサヒビール環境負荷統合指標（AGE）	$\dfrac{統合環境負荷総量※}{ビール製造量}$
イトーヨーカ堂	CO_2換算統合指標	$\dfrac{CO_2環境負荷総量※}{店舗数または売上高}$
	環境効率	$\dfrac{CO_2環境負荷総量※}{店舗面積×営業時間}$

※：個別の環境負荷指標をもとに何らかの係数により統合された単一の環境負荷指標
(出所)　ニッセイ基礎研究所資料〈http://www.nli-research.co.jp/report/shoho/2002/Vol26/syo0212b2.pdf〉より筆者作成。

　環境報告書において公表される場合が多く，図表5－5に示されるように，算出の仕方は企業によって異なる。これは，金原＝金子[2005]が指摘するように，環境負荷そのものに多様性があることに起因する。しかし，「自社が与えた環境負荷と経済価値の関係性を定量的に把握する」という観点では，基軸は一致しているといえよう。
　なお，デシモン＝ポポフ（DeSimone, L. = Popoff, F.）[1997]は，環境効率向上における視点として，①製品・サービスの物質集約度の低下，②製品・サー

ビスのエネルギー集約度の低下，③有害物質排出量の減少，④材料のリサイクル可能性の拡大，⑤再生可能な資源の最大限活用，⑥製品の耐久性の拡大，⑦製品・サービス集約度の増加，の7つを指摘している[25]。例えば，①において，製品の小型化や軽量化によって，投入される資源が減少することがあげられる。

価値連鎖の拡大により，企業の環境コストも増大していることから，これらの側面を総合的に考慮することにより，コスト削減や潜在的な環境リスク軽減につながるのである。

また，環境効率向上に有効な手段の1つとして，「グリーンIT[26]」の実施があげられる。米国では，2007年にAMDやIBMなどによってグリーン・グリッドが設立され，サーバ室やIT機器のエネルギー消費効率の向上を目的として本格的に取組んでいる[27]。また，古明地正俊[2009]は，温室効果ガス削減活動の実施手法として，①IT機器が消費するエネルギーの削減（機器やデータセンターの省エネ化など），②ITを活用した省エネ化（ビルの空調管理やテレビ会議システムの導入など）の2つをあげ，ITによる環境負荷軽減効果を強調した[28]。グリーンITへの取組みは，環境効率を高めるうえで効果的な手段といえよう。

❷ 環境コストの削減

環境コストとは，端的にいえば「環境活動に要する支出[29]」であり，環境会計における重要な費目である。図表5-6に示されるように，コスト管理の主体により，社会的（外部）コストと私的（内部）コストに大別される[30]。社会的コストは，外部不経済により行政が主体となって負担しているものを指す。一方，私的コストは，企業が負担しているコストを指す。近年では，規制強化への対応や規制先行による自主的な環境保全活動により，内部コストが増加傾向にある。

環境コストは，なかには測定困難なものもあるため，効果を測ることはなおさら難しい。しかし，環境省が公表したガイドラインやEPA（米国環境保護庁）などの分類を用いることで，信頼性が保証され，企業は環境会計や環境報

図表 5 − 6　環境コストの分類

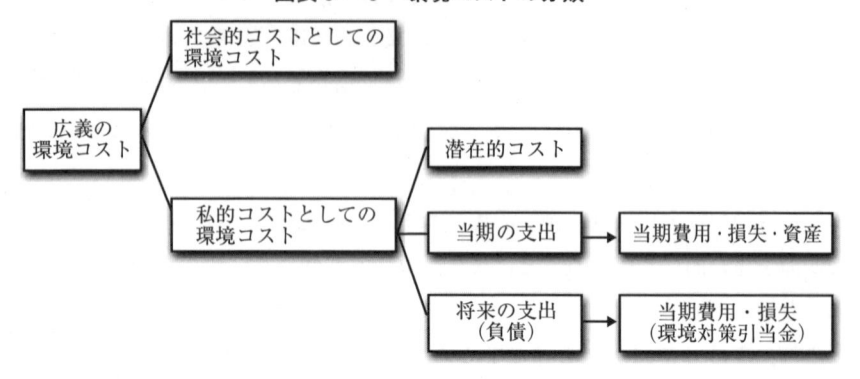

```
                    ┌─ 社会的コストとしての
                    │   環境コスト
  広義の ──────────┤
  環境コスト        │                    ┌─ 潜在的コスト
                    │                    │
                    └─ 私的コストとしての ├─ 当期の支出 ──── 当期費用・損失・資産
                       環境コスト        │
                                         └─ 将来の支出 ──── 当期費用・損失
                                            （負債）        （環境対策引当金）
```

（出所）　國部克彦他［2007］239頁を筆者が加筆修正。

告書などに公表しやすくなっている[31]。一部において，環境コストが企業利益の圧迫につながると懸念されている[32]が，矢澤秀雄＝湯田雅夫［2004］は，環境コストの効果的な管理が重要だとして，環境コスト・マネジメントの必要性を指摘している。環境コスト・マネジメントの実施によって，項目ごとの重要度や目標値などを顕在化することが可能となる。

　また，環境コストは費用だけでなく，時間も含まれている点には留意すべきであろう。例えば，環境規制に違反した際，メディアへの対応や行政とのやりとりなどで発生する時間のロスは膨大なものになることが容易に予想できる。

❸　環境リスクの管理

　環境リスクとは，「人の活動によって環境に加えられる負荷が環境中の経路を通じ，環境保全の支障を生じさせるおそれ（人の健康や生態系に影響を及ぼす可能性）[33]」を指す。企業にとって，環境問題は機会であると同時にリスクでもあるため，自社が抱えている環境リスクを適切に把握し，マネジメントを行う必要がある。

　環境リスクへの対応が遅れたことにより損失を受けた例として，ソニーがあげられる。ソニーは，プレイステーションの部品に含まれていたカドミウムが原因で，2001年にオランダ政府から出荷停止を命じられた。そして，約130億

円程度の損害が発生した[34]。このように，環境リスクは企業に多大な影響を及ぼすため，どのようなリスクが存在するのかを認識し，適切に管理することが欠かせない。日本環境倶楽部編[2000]は，環境リスクを，①リーガル・リスク（法的要件の逸脱に伴うリスクと，将来的な法的強化に伴うリスク），②マーケット・リスク（環境問題への取組みに消極的な姿勢をとることに伴うリスク），③イメージ・リスク，④地球環境リスク，の4つに分類し[35]，それぞれを適切に管理する必要性を主張している。このことについて，井熊均編[1999]は，環境リスク・マネジメントの手法として，以下の5つのステップをあげている[36]。

① リスク調査・分析：リスクの洗い出し，リスク分類，リスクの重要度の判定等，リスクの調査・分析を行う。
② リスク処理方法の検討：想定されるリスクの処理方法の検討を行う。
③ 最適手法の決定：各種のリスク処理法の中で，最適な組合わせの検討を行う。
④ 実行：第3段階で検討した最適な組合わせを実行する。リスク・マネジメント活動は組織横断的な活動となることが多く，計画に沿った活動を実施する。
⑤ 修正・改善：第4段階の実行成果を確認し，対象となるリスクの変化，新たな処理法の開発等を踏まえ，必要に応じて見直しを行う。

環境リスク・マネジメントにおいては，PDCAの流れを軸とした全社横断的な管理が基本となる。

第4節　攻めの環境経営戦略

以下では，競争優位獲得の手段を具体的に考察するために，攻めの環境経営戦略に着目し，特に「環境マーケティング」，「環境適合設計」，「環境イノベーションの推進」を中心に取り上げる。

❶ 環境マーケティングの実施

今日では,環境性を重視する顧客は増加している。しかし,「環境に良い」というだけで商品が売れるであろうか。消費者は,環境性だけではなく,品質や機能,あるいは価格などを総合的に考慮したうえで購買を判断する。したがって,エコビジネスを展開する際には,顧客のニーズを正確に把握した体系的な販売戦略が必要になる。ここに環境マーケティング[37]の存在意義がある。

岩本俊彦［2004］によれば,環境マーケティングとは「生態系の保全から視野を広げ,積極的に環境に配慮した製品の企画開発・販売・普及に努め,環境負荷の少ないライフスタイルの確立に寄与する活動,行動,行為」である。策定においては,環境,企業,消費者の調和を図り,企業と消費者が相互に学習し,長期的な信頼関係を築いていくことが前提となる[38]。

環境マーケティングは,図表5－7に示されるように,従来のマーケティング戦略に環境志向を補完したアプローチが必要になる。

① マーケティング・ミックス[39]：4P（Product, Price, Place, Promotion）の整合性を図ることを指す。製品政策では,革新的な環境技術を開発・採用し,顧客の環境負荷を低減することが軸となる。流通政策では,例えば燃費効率の良いエコカーを使った輸送体制などの構築があげられる。広報政策では,各ステークホルダーへの環境ＰＲなどによってブランド化することが基本となる。価格政策では,高価格を設定する際には,品質や製品デザインに留意し,顧客から同意を得ることが不可欠となる。「環境に良い」ことは高価格にする理由にはならない。

② ターゲット市場の選定：市場の細分化（セグメンテーション）を実施し,自社が狙うターゲット顧客を明確にすることが目標となる。例えば,グリーンコンシューマーにターゲットを絞ることは1つの手段である。

③ 産業ライフサイクル：新規参入の際には,「導入期→成長期→成熟期→衰退期」の各段階の特徴を考慮した事業展開が必要になる[40]。例えば,廃棄物回収ビジネスは,既に成熟期に差し掛かっている。この段階では,競合が多く利益も下降傾向にあることが多い。したがって,安易な参入は難しい。

図表5－7　環境マーケティング戦略の見取り図

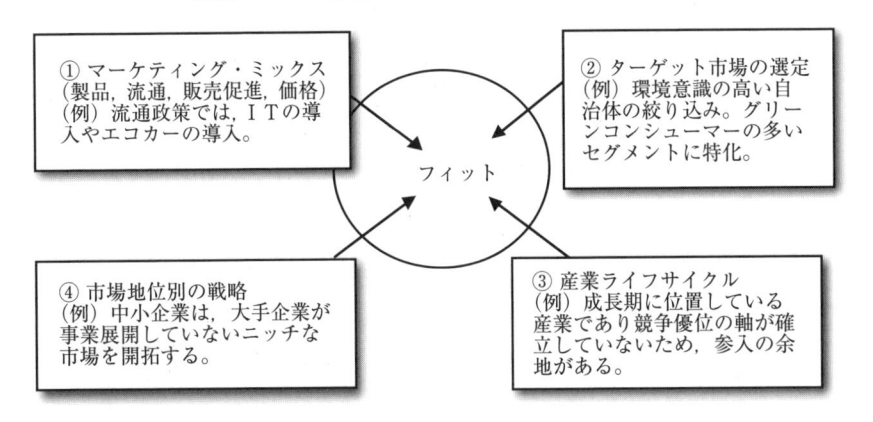

① マーケティング・ミックス
（製品，流通，販売促進，価格）
（例）流通政策では，ＩＴの導入やエコカーの導入。

② ターゲット市場の選定
（例）環境意識の高い自治体の絞り込み。グリーンコンシューマーの多いセグメントに特化。

フィット

④ 市場地位別の戦略
（例）中小企業は，大手企業が事業展開していないニッチな市場を開拓する。

③ 産業ライフサイクル
（例）成長期に位置している産業であり競争優位の軸が確立していないため，参入の余地がある。

（出所）　沼上幹[2000] 9頁を参考に筆者作成。

④　市場地位別の戦略：シェアや経営資源により，リーダー・チャレンジャー・フォロワー・ニッチャーという分類をする。それぞれの市場地位別の戦略定石がある。

　環境マーケティングは，エコビジネスにおける競争優位を支援する手段となる一方で，大江宏[2001]が指摘するように，取組み自体は極めてミクロレベルなことである点に留意する必要がある。地球の平均気温上昇や広範な砂漠化，あるいは生物多様性の喪失などの実態と比較すれば，自社が環境マーケティングを展開することの効果には限界がある[41]。したがって，継続的な積み重ねや，多くの環境主体が参加可能となる制度や仕組みの構築が不可欠となろう。

❷　環境適合設計の導入

　環境適合設計（DfE：Design for Environment）とは，「企業の生産活動におけるあらゆる意思決定の場面で，環境を配慮すること[42]」である。類似概念として，エコデザインや環境配慮設計があり，第4章で考察したエコプロダクツは，環境適合設計のもとに提供された製品・サービスといえよう。

　山本良一＝鈴木淳史編[2008]は，環境適合設計に必要な概念[43]として，図表5－8に示されるように，ライフサイクル全体における設計・生産技術・シス

図表 5 − 8　環境適合設計の原則

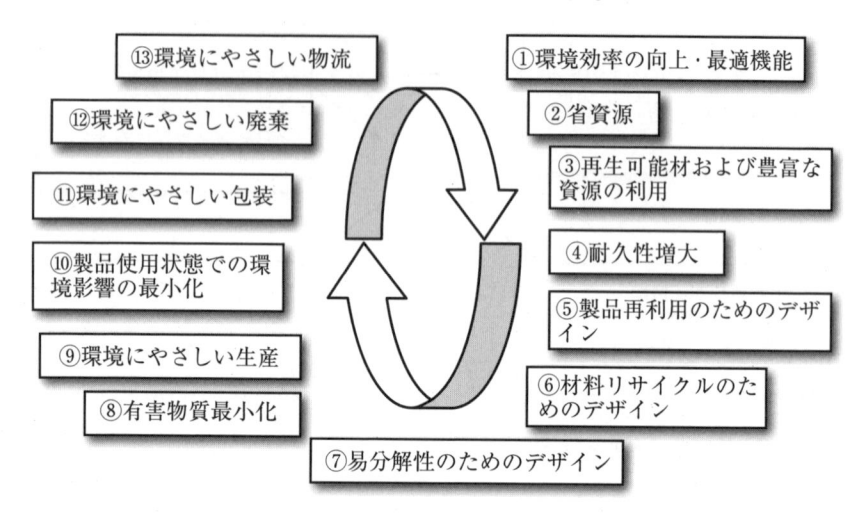

- ⑬環境にやさしい物流
- ⑫環境にやさしい廃棄
- ⑪環境にやさしい包装
- ⑩製品使用状態での環境影響の最小化
- ⑨環境にやさしい生産
- ⑧有害物質最小化
- ⑦易分解性のためのデザイン
- ①環境効率の向上・最適機能
- ②省資源
- ③再生可能材および豊富な資源の利用
- ④耐久性増大
- ⑤製品再利用のためのデザイン
- ⑥材料リサイクルのためのデザイン

（出所）　山本＝鈴木［2008］111頁。

テム管理をあげている[44]。13の指標を提示しつつ，なお，環境適合設計の評価軸も重要であり，例えば日立グループでは，1999年から環境適合設計アセスメントを導入し，独自の考え方に基づいて自社の取組みを評価・管理している[45]。

　企業が配慮すべき価値連鎖の拡大に伴ない，環境コストは増加し，潜在的な環境リスクは増大している。しかし，再利用を前提とした製品の設計により廃棄コストは削減され，また，化学物質を極力使用しない生産方法により化学物質の管理コストは削減され，リスクも低減する。

　しかし，ドラッカー（Drucker, P. F.）［1954］が提唱している「顧客は誰か」「顧客の求める価値とは何か＝顧客は何を求めて製品を買うのか」といった基本的な問いかけの重要性を忘れてはならない[46]。このような視点に立つと，環境戦略に環境志向を補完したアプローチが必要になる。

❸　環境イノベーションの推進

　環境効率の向上や環境配慮型製品の市場拡大を考えるうえで，イノベーショ

ン (Innovation) の概念は欠かせない[47]。イノベーションとは,「知識創造によって達成される技術革新や経営革新により新価値を創出する行為」である[48]。近年では,知識創造を主体とした企業経営が発展の原動力となっており,エコビジネスについても同様のことがいえる。

野中郁次郎＝竹内弘高[1996]によれば,知識創造のプロセスは,① 共同化,② 表出化,③ 結合化,④ 内面化の4段階で構成される[49]。生産工程や研究開発といった諸機能を,「環境の目」から捉え,学習することによって,新たな知識が創造されるのである。

金原＝金子[2005]は,環境イノベーションによる競争優位として以下の3つを指摘している[50]。

① コスト優位：環境技術的な取り組みにより投入資源が節約され,環境効率が向上する。環境性をパラダイムとしたコスト削減が可能になる。
② 新市場開拓：新たな環境配慮型製品の開発や新たな市場が開拓される。大きな価値の創造によって,市場でのポジショニングを強化する。
③ 無形価値の創造：市場からの評価が高まり,売上高の増加などの顧客獲得効果が得られる。

コスト優位の確立においては,環境効率におけるデシモン＝ポポフ[1997]の7つの側面が基本となる。一時的には環境コストが増大し,利益を圧迫するものの,ポーター＝リンド[1995]が提唱した「イノベーション・オフセット[51]」により,長期的にはコストが相殺され,大きな利益をもたらすことが可能となる。

また,化学物質などの規制に対応した代替技術を先行的に開発することで,競合企業に対して技術優位を確立できる。EUが導入したRoHS規制をはじめとする化学物質規制は強化の傾向にあることからも,今後はさらに環境イノベーションの重要性が高まるであろう。

第5節　パナソニックのケーススタディ

❶ ケース

　本章では，これまで環境経営による競争優位について，理論をベースとしながら詳細に確認した。しかし，体系的な理解をするには理論と実務を融合させることが不可欠である。したがって，本節では実務面において環境経営戦略がどのように展開されているのかを分析する。具体的には，地球環境大賞や環境経営度調査などの各種環境評価において非常に高い格付けを得ているパナソニック株式会社[52]（以下，パナソニック）を，ドメインの再定義という視点から取り上げる。すなわち，経営戦略論の枠組みとエコを対話させることで，学術的に一貫させたケース分析が可能となる。

図表5－9　パナソニックグループのエコアイディア戦略の全体像

ひろげるエコアイディア	商品のエコアイディア	モノづくりのエコアイディア
①従業員への環境教育 (例) e－ラーニング，職能別研修，エコライフ活動 ②世界地域での取組み (例) 中国環境ラベルの取得，ドイツNGOとの植樹 ③「チームマイナス6％」への取組み ④環境報告書の公開	①環境配慮型製品 (例) 3段階のグリーンプロダクツの投入 ②販売のグリーン化 (例) 環境ラベルの取得 ③省エネルギー (例) テレビ，エアコンなど ④化学物質管理	①クリーンファクトリー (例) ISO14001の取得，エネルギー使用状況の「見える化」 ②グリーンロジスティクスの推進 (例) エコカーの使用，物流業者とのグリーンパートナーシップ ③製品リサイクル ④環境リスクへの対応

【環境活動の基底となる2大事業ビジョン】
"ユビキタスネットワーク社会の実現"，"地球環境との共存"

（出所）パナソニックホームページをもとに筆者作成。

分析の手順としては，① 前提としてのパナソニックが取組んでいる活動領域を概観し，② 蛍光灯の販売をドメインの視座から捉えて問題点を指摘し，それに対する課題および解決策を"あかり安心サービス"を中心に解説する。

パナソニックは，1918年に松下幸之助によって創業され，現在では日本を代表する総合エレクトロニクスメーカーとして幅広い事業を展開している。近年では，一部深刻なトラブルがあったものの[53]，創業当初からの"企業は社会の公器"とする考え方は今日も貫かれており，地球環境保護に向けての取組みは，その具体的な行動の一つといえる。環境経営の活動範囲は広く，図表5－9は，なかでも中核的な取組みである「eco ideas」戦略について示したものである。

「eco ideas」戦略を提言してからは，""eco ideas」のパナソニック"という視覚に訴える手法によって，自社の環境問題への取組みに対して幅広い理解を得ようとしている。

❷ 問 題 点

いまでこそ環境先進企業といえるパナソニックではあるものの，現在の地位を確立するまでにはいくつもの地道な努力の積み重ねがあった。その1つが，2002年4月からサービスを開始した「あかり安心サービス」である。本サービスは，業務用蛍光灯の販売をレンタルに切り替えたものであり，今日に至っても確実な支持を得ている[54]。具体的なプロセスに入る前に，まずはドメインについて確認する。

榊原清則[1992]は，ドメインを「組織体がやりとりする特定の環境部分のこと」と定義し[55]，レビット（Levitt, T.）[1960]は，「マーケティングの近視眼（marketing myopia）」という論文で鉄道会社などの例をもとにドメインの重要性を指摘している[56]。すなわち，自社のドメインの物理的定義と機能的定義を明確に理解すれば，新たな利益を創出できるのである。

パナソニックは，蛍光灯を販売することで法人顧客からの売上げを獲得してきた。しかし，この方法をとると，廃棄物・リサイクル関連法の整備により顧客側と自社にとって問題点が発生した。顧客側の問題点とは，① 排出者責任

としての使用済み蛍光灯処理コスト，②初期コストの負担である。蛍光灯本体だけでなく，蛍光灯内部には無機水銀が含まれているため，その処理にもコストがかかる。一方，パナソニック側の問題点としては，①蛍光灯排出量の増加，②製品生産時に排出するCO_2の増加である。

　つまり，パナソニックが蛍光灯を販売したことによって顕在化した問題点をドメインの視点から分析すると，真因としての"機能的定義の欠如"が指摘できる。換言すれば，従来のドメインの限界である。蛍光灯の販売は現象であって，根本的な原因ではない。

　パナソニックは，物理的定義としての蛍光灯を販売したことによって，顧客ニーズを満たしていた。しかし，本質的に顧客が求めていたのは機能としての明るい空間であって，蛍光灯そのものではない。顧客にとって価値があるのは，蛍光灯ではなく明るさである。以上のような認識の不一致に気づいたことによって，パナソニックは蛍光灯の販売が顧客ニーズを満たす唯一の手法ではないことを理解し，他の新たな代替手段を取り入れることになる。

❸ 課　題

　先述したように，問題点の所在が機能的定義の不在であったことを理解したことによって，パナソニックは販売方法の見直しを図ることができるようになった。具体的には，子会社であるパナソニック電工代理店を介したレンタルサービスである。このやり方にシフトしたことによって，顧客側の問題点であった初期コストや排出者責任の負担を克服することができた。また，自社にとっても，蛍光灯排出量や製品生産時に排出するCO_2の削減，あるいは蛍光灯の適正なリサイクルに寄与することが可能となったのである。本サービスによって，順調に契約件数を伸ばしている。なお，図表5－10は，パナソニックが蛍光灯のレンタルサービスにシフトするまでの現象を示したものである。

　ここまで，環境経営戦略が実務面においてどのように展開されているのかについて，経営戦略論のドメインの理論を適用しながら考察した。以下では視点をかえて，パナソニックの環境経営の今後の課題について簡潔に述べる。なぜなら，過去の成功が未来にわたって持続するのはまれであり，「一歩先のエ

第5章 環境経営戦略

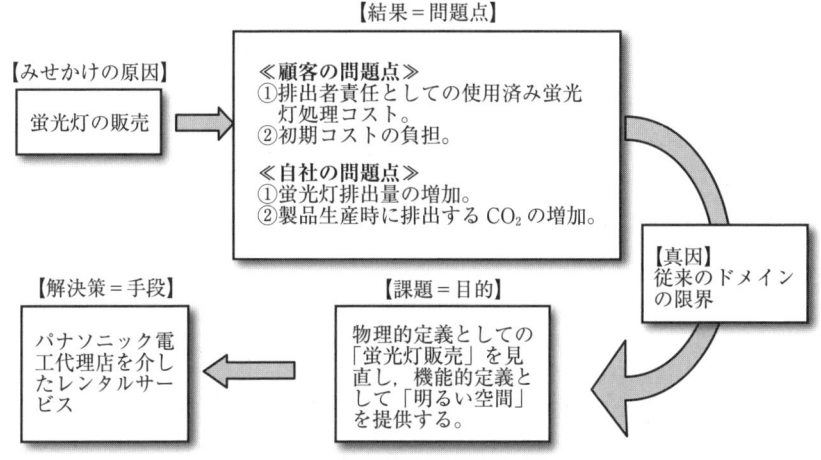

図表5－10 パナソニックが抱えた問題点とその解決に向けたフローチャート

【結果＝問題点】

【みせかけの原因】
蛍光灯の販売

≪顧客の問題点≫
①排出者責任としての使用済み蛍光灯処理コスト。
②初期コストの負担。

≪自社の問題点≫
①蛍光灯排出量の増加。
②製品生産時に排出するCO_2の増加。

【真因】
従来のドメインの限界

【解決策＝手段】
パナソニック電工代理店を介したレンタルサービス

【課題＝目的】
物理的定義としての「蛍光灯販売」を見直し，機能的定義として「明るい空間」を提供する。

(出所) 筆者作成。

コ」を掲げるからには，中長期的な視点は不可欠だからである。

① 環境ブランドの確立：『日経エコロジー』[2009/8]によれば，環境ブランド調査2009のマイナスイメージトップ10に，「効率的な資源利用や廃棄物の量・処理法などの課題がある」の項目で3位であった。製品販売ではブランド価値が非常に重要な指標となるエレクトロニクス業界にとって，この評価は看過できないであろう。同調査では，総合で2位ではあるものの，ステークホルダーへの継続的なアプローチをし，具体的な成果を示す必要がある。

② グローバル展開における積極的な提携関係構築：国内においては，トヨタとの合弁会社による燃料電池の生産や，日立製作所との環境経営分野での提携関係など，パートナーシップを果敢に結んでいる。これについては，グローバル展開をみても同様であり，例えば環境NGOグリーンピースや国際NGOザ・ナチュラル・ステップとのパートナーシップなどがある。

しかし，今後の成長市場である新興国（NEXT11・VISTAなど）においては，まだ提携の余地は多分に残されている。顕在ニーズへの対応だけでなく，現地の情報をたくさん具備しており，ノウハウも持っている市民団体などを活用し，潜在ニーズを発掘していくことが環境経営の1つの新たな手段となり，「社会

の公器」として「一歩先のエコ」に取組むことが可能となる。

注）
1 ）岸川［2006］10頁。ここでの「環境」とは，広義的に「企業を取りまく外部要因」を指し，自然環境などを指す狭義の「環境」とは区別している。
2 ）同上書57頁。
3 ）森本［1994］330頁。
4 ）Porter, M. E. = Linde, C. V. [1995] pp.102-118.
5 ）岸川他［2003］27頁。
6 ）Esty, D. C. = Winston, A. S. [2006]訳書4頁を一部修正。
7 ）同上書　26頁。「環境という視点に立って事業を見直すこと」をさす。ここでは特に，規模の経済性によるコスト削減ではなく，省資源・省エネルギーを中心にしたコスト削減を指している。
8 ）例えば，2009年11月に行われた広州モーターショーでは，環境配慮型自動車が注目を浴びた。
9 ）なお，真船他編［2005］は，資料作成時に Meffert, H. = Kirchgeorg, M. [1998]を参考にしている。
10）米国におけるグリーン・ニューディール政策により，新たな燃費規制が実施される予定である。
11）井熊編［2003］30頁。
12）Hamel, G. = Prahalad, C. K. [1994]によれば，コア・コンピタンスとは，「顧客に対して，他社にはまねのできない自社ならではの価値を提供する，企業の中核的な力」である。
13）ホンダ・環境への取組み（2009年12月1日現在）〈http://www.honda.co.jp/environment/steps/green_factory/fg030700.html〉
14）具体的には，「オープンシステムとしての企業」については，「ステークホルダーとのコミュニケーション」と対応している。「環境技術のコア・コンピタンス化」については，「環境配慮型の製品・サービスの積極的な展開」と対応している。「情報的資源の蓄積」については，「厳密なマネジメント体制」「事業活動における環境負荷低減」と対応している。
15）豊澄［2007］225頁。
16）Porter, M. E. [1980]訳書iv頁。
17）岸川［2006］164頁。
18）堀内＝向井［2006］91-93頁。
19）Esty, D. C. = Winston, A. S. [2006]訳書165頁。具体的には，コスト削減と差別化を，「マイナスを減らす戦略」と「プラスを増やす戦略」と置き換え，縦軸に置いている。また，価値創出の可能性がより確実か否かという観点から，

「確実性（短期）」「不確実性（長期）」を横軸にしている。短期的展望のみに注力すると，将来の事業機会を損失するおそれがあるため，長期的展望を含めた総合的判断が求められる。
20) Porter, M. E. [1985]訳書48-56頁。
21) 詳しくは，本書図表3－9。
22) Steger, U. [1993]訳書125頁。
23) なお，Steger, U. [1993]は，図表作成時に，Steger, U. [1992]を参考にしている。
24) 金原＝金子[2005]59頁。
25) DeSimone, L. = Popoff, F. [1997]訳書81-107頁。
26) ITpro 〈http://itpro.nikkeibp.co.jp/〉は，グリーンITの明確な定義は存在しないとした上で，米国環境保護局が提唱する，「グリーンITとは，環境配慮の原則をITにも適用したものであり，IT製品製造時の有害物質含有量の最小化，データセンターのエネルギーや環境面での影響への配慮，さらには，リサイクルへの配慮等も含めた包括的な考え方である」を採用している。
27) ITproグリーンIT取材班[2008]272頁。
28) 古明地[2009]51-54頁（『知的資産創造』[2009/2]，所収）。
29) 阪智香[2001]53頁。なお，環境コストについて明確な定義はなく，取組む主体によって環境コストの範囲はさまざまである。
30) 國部他[2007]239頁。
31) 真船他編[2005]61頁。
32) 『日本経済新聞』[2009/8/7朝刊]によれば，2011年3月期から導入される新会計制度や環境規制の強化を見据え，素材メーカーや石油関連，あるいは紙・パルプ業界などで，環境対策費関連に引当金を計上する企業が増えている。第1位は新日石で，環境対策引当金に246億円を計上している。
33) 環境省編[2008]398頁。
34) Esty, D. C. = Winston, A. S. [2006]訳書24-25頁。具体的には，ケーブル皮膜の顔料を製造していたサプライヤーが，カドミウムを使用したことが出荷停止の原因であった。
35) 日本環境倶楽部編[2000]221-222頁を一部修正。
36) 井熊編[1999]75頁。
37) 参考までに，石井淳蔵他[2004]によれば，マーケティングとは「企業が，顧客との関係の創造と維持を，さまざまな企業活動を通じて実現していくこと」である。
38) 岩本[2004]51頁。
39) Steger, U. [1993]訳書152-155頁を一部修正。
40) 高達他[2003]318-322頁。
41) 大江[2001]24-25頁（『企業診断』[2001/9]，所収）。

42) 市川芳明[2004]46頁。
43) なお，山本＝鈴木[2008]は環境適合設計という用語は使わず，エコデザインを採用している。
44) ライフサイクル全体への配慮の重要性については，真船他編[2005]も支持している。
45) 日立グループ・環境報告書2002〈http://www.hitachi.co.jp/CSR/CSR_images/khoukoku2002.pdf〉
46) Drucker, P. F.[1954]訳書69-75頁。
47) 環境イノベーションに明確な定義はない。例えば，金原＝金子[2005]は「環境保全に寄与する革新」として簡潔にまとめている。
48) 岸川善光編[2004] 6頁。
49) 野中＝竹内[1996]83-109頁。
50) 金原＝金子[2005]109-111頁を一部修正。
51) イノベーション・オフセットについては，本書の第8章にて詳述する。
52) パナソニックのホームページによれば，2009年3月期の売上高は7,765,500百万円（連結），従業員は292,250人である。なお，類書では「あかり安心サービス」を，パナソニック電工の事例としているものもあるが，本章ではパナソニックグループとして捉え直している。
53) 例えば，携帯型充電器の発熱事故やFF式石油温風機による一酸化炭素中毒事故。
54) 「あかり安心サービス」を機能面やグリーン・サービサイジングの側面から論じている文献は，地球環境戦略研究機関（IGES）関西研究センター編[2003]41-42頁，およびエコビジネスネットワーク編[2007]68-70頁にもある。しかし，ドメインの理論から学術的に分析しているわけではない。
55) 榊原[1992] 6頁。
56) Levitt, T.[1960] pp.45-56。および，Levitt, T.[1991]訳書4-36頁。

第6章
環境マネジメントシステムとビジネスシステム

　本章では，環境マネジメントシステムとビジネスシステムについて考察する。価値連鎖のなかで，戦略的に環境マネジメントシステムを適用することは，競争優位を構築する上で不可欠である。

　第一に，環境マネジメントシステムの意義について考察する。まず，環境マネジメントシステムの目的や構成要素を考察し，PDCAサイクルの重要性を明らかにする。さらに，環境マネジメントシステムを有効に機能させるためのポイントを正しく理解する。

　第二に，認証取得とISO14001について考察する。まず，認証取得のなかでも代表的なISO14001の概要と目的，あるいは取得方法について考察する。さらに，ISO14001の運用状況について考察し，継続的な改善活動は容易ではないことについて理解を深める。

　第三に，環境会計について考察する。まず，環境会計の概要と目的について，内部機能と外部機能を中心に考察する。次いで，企業は環境会計の導入によって経済価値を創出していることを理解する。さらに，海外における環境会計への取組みを考察し，異同点や特徴について理解を深める。

　第四に，環境情報について考察する。まず，環境情報の目的と重要性について理解した後で，環境コミュニケーションとしての環境報告書や環境ラベルについて理解を深める。

　最後に，環境会計のケーススタディとして，キヤノンについて考察する。環境会計によって生産プロセスにおける資源生産性が向上したことを根拠として，理論と実践の融合が可能となろう。

第1節　環境マネジメントシステムの意義

❶　環境マネジメントシステムの目的

　環境マネジメントシステム（Environmental Management System）（以下，EMS）の意義は，企業が効果的に運用して成果を出すことにあり，EMSそのものは，あくまで手段である。本節では，実務面の内容を深化させるために，前提として，EMSの目的と構成要素から確認する。

　真船他編[2005]によれば，EMSとは，「環境に関する経営方針を体系的に実行していくための仕組みであり，環境配慮と事業活動を一体化した仕組みである」としている[1]。また，山田賢次[2005]によると「主要な要素が互いに作用し，環境パフォーマンスを追及すること」と述べている[2]。このことから，EMSとは，環境管理の仕組みであり，仕組みが改善されることによって，環境パフォーマンスの向上が期待されるシステムといえる。EMSには，主に次の2つの目的がある。

　第一に，地球環境問題の解決があげられる。EMSという言葉が始めて登場したのは，1991年の経済同友会が発表した「地球温暖化問題への取組み―未来の世代のために今なすべきこと」であり，そのなかで「企業は環境マネジメント・システムを作り上げ，その中で環境対策について理念を明らかにするとともに，何らかの行動の規範を作成・公表することなど環境倫理の確立を図っていくべき」と提言している[3]。この提言以降，経団連地球環境憲章やＩＣＣビジネス憲章などにおいて，環境に対する企業としての理念・行動規範を定めた憲章が発表されている。

　つまり，環境問題に対して徐々に高まりをみせてきた社会の環境意識が，地球環境問題を顕在化させ，その解決策として組織における環境問題への包括的な取組みを求めたのである[4]。このような経緯をもとに，産業界はEMSという任意の枠組みを設定した。EMSは，「広範囲の利害関係者のニーズ及び環

境保全に関して，高まりつつある社会のニーズに対応するもの」であり[5]，このような側面から，環境問題に対する解決策として形成された。

EMS の目的の第二に，企業の持続可能な発展があげられる。現在，企業が持続可能な発展をするためには，環境への取組みが不可欠となっている。そして，単に規制に従うだけでなく，事業活動全体にわたって，自主的かつ積極的な環境保全活動の試みが求められている。環境保全活動を行なうことによって，① 様々な環境情報を把握することによるコストダウンの余地の発見や，② 企業経営上のリスク最小化が可能となる[6]。また，そうした活動を企業外部に発信することにより，投資家や取引先に対する信用力が向上され，売上げの増加にもつながる。しかし，環境保全活動は，短期的には直接的な経済効果がみえにくいため，戦略的な位置づけとマネジメントシステムを明確にしない限り，全社一丸となった推進力は得られない[7]。したがって，全社レベルで環境保全活動を推進するための仕組みが必要となり，EMS が誕生した。EMS は，環境保全と利益の創出を両立させ，企業の持続可能な発展を可能にする一つのツールといえよう。

❷ 環境マネジメントシステムの構成要素

ISO14001によれば，EMS とは「全体的なマネジメントシステムの一部で，環境方針を作成し，実施し，達成し，見直しかつ維持するための，組織の体制，計画活動，責任，慣行，手順，プロセス及び資源を含むもの」と定義されている。ISO14001は，「企業や事業所内に，国際標準に合致した環境管理のための経営システムを構築すること」が求められているため[8]，EMS には「PDCA サイクル」という管理手法が組み込まれている。

具体的には，図表 6 - 1 に示されるように，① 基礎となる環境方針を策定し，策定した環境方針を達成するための計画を考え（Plan），② 環境方針を達成するために事業を実施し，組織を運営し（Do），③ 計画，実施，運営した結果を定期的に点検，是正し（Check），④ EMS の見直しと改善をする（Act），という一連の流れを踏まえた構成となっている[9]。PDCA サイクルに基づくことにより，環境負荷低減などの目的を合理的かつ効率的に達成させることが

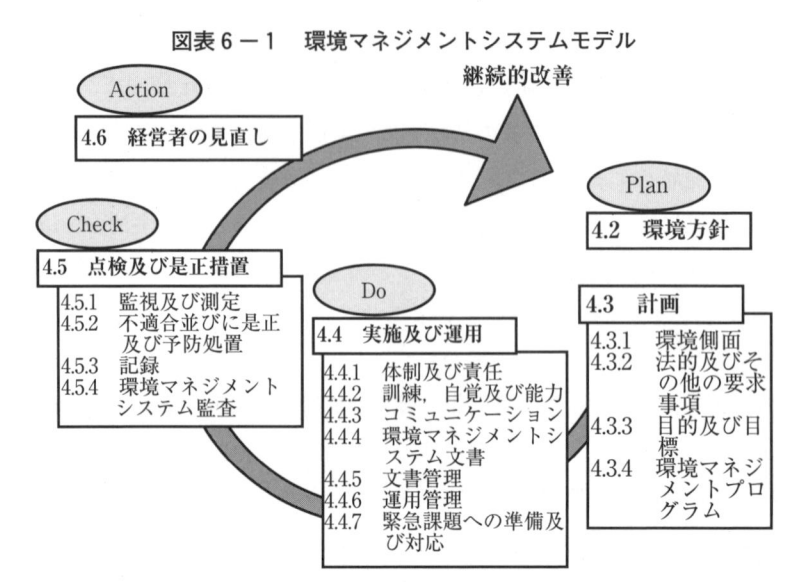

図表6-1 環境マネジメントシステムモデル

継続的改善

Action
4.6 経営者の見直し

Check
4.5 点検及び是正措置
- 4.5.1 監視及び測定
- 4.5.2 不適合並びに是正及び予防処置
- 4.5.3 記録
- 4.5.4 環境マネジメントシステム監査

Do
4.4 実施及び運用
- 4.4.1 体制及び責任
- 4.4.2 訓練,自覚及び能力
- 4.4.3 コミュニケーション
- 4.4.4 環境マネジメントシステム文書
- 4.4.5 文書管理
- 4.4.6 運用管理
- 4.4.7 緊急課題への準備及び対応

Plan
4.2 環境方針

4.3 計画
- 4.3.1 環境側面
- 4.3.2 法的及びその他の要求事項
- 4.3.3 目的及び目標
- 4.3.4 環境マネジメントプログラム

(出所) 稲永弘=浦出陽子編[2000]151頁。

期待されている[10]。

　山本和夫=國部克彦[2001]によれば，1990年代には，EMSのほかにも「環境パフォーマンス評価（EPE），ライフサイクルアセスメント（LCA），環境適合設計（DfE），環境ラベル，環境監査，環境報告書，環境会計，環境評価など，多様な手法が開発され，環境経営を実現するためのツールボックスは大変充実してきている」と考察している[11]。PDCAサイクルの各段階でこれらのツールをうまく適用することによって，自社が掲げる理念の実現に近づくのである。環境会計や環境報告書，環境ラベルについては後述する。

　また，今日では，EMSの世界標準はISO14001である。ISO14001の内容については第3節で詳述するため，以下では，EMSがビジネスシステムのなかでどのように関わるのかをみる。なぜなら，EMSの運用が経済価値を創出しなければ，持続可能な発展は不可能なためである。

❸ 環境マネジメントシステムとビジネスシステム

　企業は，自社のビジネスシステムにEMSを適用することにより，製品の

図表6－2　各ビジネスシステムへの EMS 導入例

ビジネスシステム	内　容
①研究開発	環境パフォーマンス（EPE）やライフサイクルアセスメント（LCA）を行なうことにより，自社の製品またはサービスにおける環境負荷を認識した上で，環境適合設計を行なう。
②調　達	原材料を購入する際に，環境への負荷ができるだけ少ないものを選び購入するグリーン購入や，調達先に環境負荷の少ない製品の開発を促し，それにより調達先を選定するグリーン調達を行なう。
③製　造	環境適合設計により製造された製品に対して環境ラベルを使用することにより，製品やサービスの環境に関する情報を消費者に伝える。また，生産活動における環境効率を通して，コストダウンを行う。
④物　流	モーダルシフトによる輸送部門における燃料消費の削減といったグリーン物流を行なう。
⑤顧客サービス	使用済み製品の回収や継続的なメンテナンスといったアフターサービスを行う。

（出所）エコビジネスネットワーク編[2007]を参考にして，筆者作成。

「ゆりかごから墓場まで」のエネルギー・物質消費・廃棄に伴なう環境側面を把握し[12]，環境影響に配慮した活動を行なうことが可能となり，経済価値の創出につながる。以下の図表6－2は，各ビジネスシステムへの EMS の導入例を示したものである。

EMS が有効に機能するためのポイントとして，三菱総合研究所[2001]は，①継続的改善の担保，②情報の開示の重要性を指摘している[13]。継続的改善は，ISO14001においても要求事項として掲載されており，企業活動を行っていく上で必要不可欠といえる。一方，情報の開示については，消費者をはじめとした一般市民に対しても説明責任を果たすことが求められる。そのためには，環境報告書や環境会計のような情報開示が非常に重要なツールとなる[14]。

例えば，向山塗料は，1998年に ISO14001を取得し，EMS をうまく活用している企業である。具体的には，節電やトラックの配送ルートの見直し，あるいは御中元・御歳暮の廃止により，約1,500万円の経費を節約している。現在

は,「前年比5-10%の売上ダウン」を目標に,徹底した経費削減で利益を追求している[15]。このように,ビジネスシステムにEMSを導入することは,企業にとってコスト削減やリスク低減といったメリットを生み,経済効果をもたらすのである。

第2節　認証取得とISO14001

❶　ISO14001の概要と目的

唐住尚司編[2000]によれば,「ISO14001とは, ISO (国際標準化機構) において制定された環境マネジメントシステムの運用規格であり,企業における環境負荷を低減するための仕組みを企業に構築・運用することを求めたもの」である[16]。この運用規格は, PDCAサイクルを基礎とし, EMSの継続的改善を重視している。また, ISO14001の目的について,大浜[2007]は,「社会経済的ニーズとバランスをとりながら環境保全および汚染の予防を支えること」としている[17]。ISO14001はEMSを規格化したものであり,世界各地で組織の規模や業種に関係なく適用できることを目指して作成されている。さらに,経済活動と環境保全の両立方法についての世界的な共通認識の形成にも貢献している。

ところで, ISO (国際標準化機構) とは,「電気関係以外の知的,科学的,技術的および経済的なあらゆる分野における国際標準化を推進している民間の非政府機関」である[18]。ISOは会員制であり,各国標準化機関の一機関のみが加盟する。わが国では,日本工業標準調査会 (JISC) が加盟している。1992年,リオデジャネイロにおいて地球サミットが開催され,「環境と開発に関するリオ宣言」が発行された。このリオ宣言のもと, 1996年9月にISO14001は発行された。ISO14001成立の背景には,政治指導者集団や環境保護団体ではなく,世界の経済界のリーダー達が積極的に推進した経緯をもつ[19]。

第6章 環境マネジメントシステムとビジネスシステム

今日では，国際的に多くの企業でISO14001の導入が進んでいる。ISO14001認証取得は，① 経営の質の向上，② コスト削減，③ 組織の活性化，④ 社会的信用の向上，⑤ ビジネスチャンスの創出，⑥ リスクマネジメントなど，多くのメリットを持つ。このような効果の獲得を目的として，企業はISO14001を推進している。しかし，① 過度な理想の追求，② 他社や親会社の真似による失敗，③ 即効性の低さ（パフォーマンスの向上を得るためには継続的なシステムの改善が不可欠），などのデメリットを持つことに留意しなければならない。

近年，ISO14001の取得を取引の条件とする傾向が高まっている。このことについては，第3章で確認した簡易版EMSと同様である。したがって，以下では，① 取得までの手順，② 運用している企業の実態について考察する。

❷　ISO14001の取得方法

ISO14001規格に関する認証・登録を行う制度を，審査登録制度という。図表6－3は，日本および海外の審査登録制度を示したものである。

審査登録制度とは，組織が構築したEMSが，ISO14001規格の要求事項をすべて満たしているか否かを審査登録機関が審査し，適合と判断されると審査登録証が発行される制度である[20]。この制度は，① 組織が構築したEMSが，ISO14001規格の要求事項に適合しているかを審査し認証・登録する審査登録機関，② その審査を行う審査員を評価し登録する審査員評価登録機関，③ 審査員になるための研修を行う審査員研修機関，④ それらの機関を認定する認定機関から構成される[21]。認定機関は，ISOにおいて各国1機関と指定されており，日本ではJAB（財団法人日本適合性認定協会）が該当する。

ISO14001の認証取得までに要する期間は，EMSの構築期間と，本審査を受けるまでの運用期間の2つに大別される。構築期間は，業務内容や人数規模によって多少異なるが5ヶ月から8ヶ月程度であり，運用期間3ヶ月を見込んで合計8ヶ月から11ヶ月程度となる。したがって，1年以内の認証取得を目指すのが望ましい。例えば，住友建設横浜支店は，1998年5月から6ヶ月間でシステムを構築し，3ヶ月間の運用を経て認証を取得した[22]。

図表6-3　日本および海外の審査登録制度

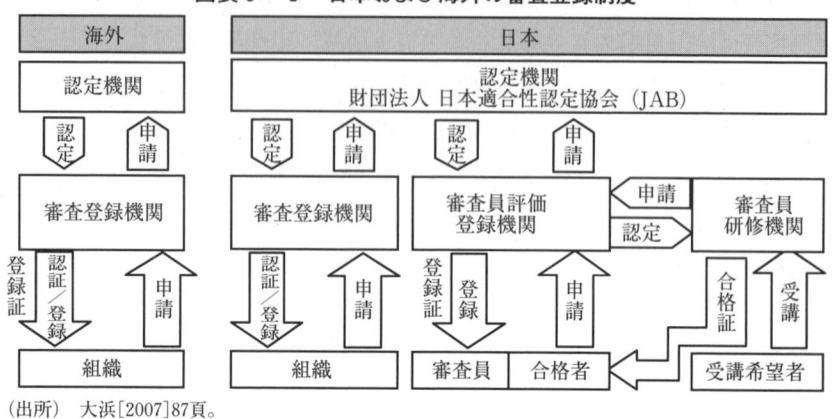

（出所）大浜[2007]87頁。

　認証取得費用は，審査登録機関，審査対象組織の規模，環境負荷の度合などによって大きく異なる。内訳としては，申請料金，審査登録機関への各審査料・登録料などであり，総額100万円から500万円程度となる[23]。認証取得後は，EMSが継続的に運用されているかを確認するため，定期的なサーベイランス（維持審査）および更新審査を受けねばならない。サーベイランスは，毎年1回実施され，初回の審査料の3分の1程度がかかる。また，更新審査は，登録証の有効期限（3年）終了と同時に行われ，初回審査料の3分の2程度となる[24]。さらに，外部からのコンサルティングを受ける場合は，600万円から1,000万円ほど追加費用を見込む必要がある。安藤＝中山[2002]は，コンサルタント会社への依頼による利点として，①認証取得までの期間短縮，②煩雑な文書作成や手続きの回避などをあげている。しかし，自社単独で取得を試みることは，取得費用も抑えられ，従業員の環境意識向上にもつながる。例えば，メイシンは，コンサルタントに頼らずに認証取得をし，取得費用の軽減や社員一丸となった取組みに成功している。

❸ ISO14001の運用

　先述したように，ISO14001は，EMSの運用規格であり，PDCAサイクルを基礎としている。したがって，ISO14001を運用することは，PDCAサイク

第6章 環境マネジメントシステムとビジネスシステム

ルを回し，システムの継続的改善を実現することを意味する。この際，自社のEMSの運用を検証・確認するのが監査である。監査は，① 自社内で行う第一者監査審査（内部監査），② 取引先などによる第二者監査，③ 登録機関による第三者審査の3つに分類される[25]。例えば，増渕商店は，認証取得後，社内で現場1人，スタッフ2人の内部環境監査員を設置し，EMSの効果的な運用を継続している。

ISO14001の認証取得は，周知のとおり目標達成のための手段であって，目的ではない。したがって，認証取得後の継続的改善があってこそ，環境パフォーマンスの成果が出る。しかし，以下の図表6-4に示されるように，必ずしもEMSの運用が，順調に利益を創出するわけではない。

安藤＝中山［2002］は，ISO14001導入後の継続的な改善活動を阻害する要因として，① 取得した現状で安心し意識の停滞を招くこと，② 目標・目的が，汚染物質排出量の削減といった公害防止の延長線上ともいえるものや省エネ・省資源などのレベルで終わっていること，③ EMSのマニュアル作成の際，より

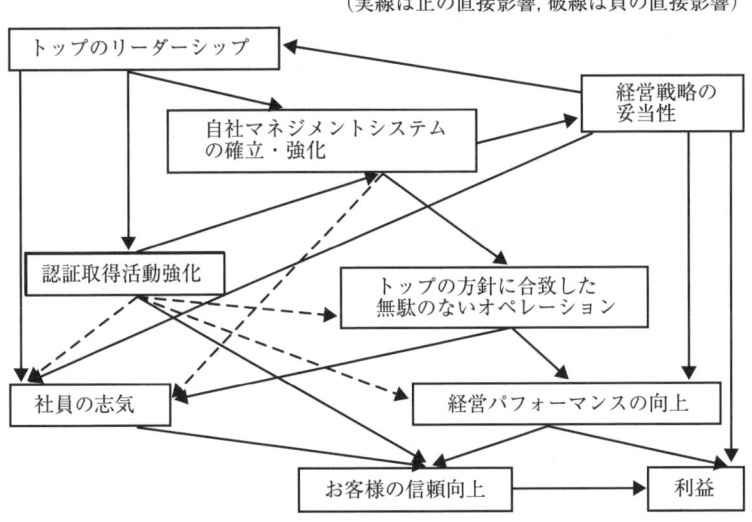

図表6-4　連関図法によるISO活動の効果

（実線は正の直接影響，破線は負の直接影響）

（出所）　中小企業研究センター編［2002］98頁。

良いシステムの追及ではなく,審査を通過するためという判断基準での作成に陥りやすい点などを指摘している[26]。

第3節　環境会計

❶　環境会計の概要と目的

環境省編[2005]によれば,環境会計とは「企業等が,持続可能な発展を目指して,社会との良好な関係を保ちつつ,環境保全への取組みを効率的かつ効果的に推進していくことを目的として,事業活動における環境保全のためのコストとその活動により得られた効果を認識し,可能な限り定量的（貨幣的単位又は物量単位）に測定し伝達する仕組み」であると定義している[27]。端的にいえば,「企業等の組織が環境保全のためのコストをどれだけ投下したか,そして投下されたコストからどのような効果を得ることができたかを把握するための技法」である[28]。すなわち,環境会計は,環境保全コスト（環境コスト）と,環境保全効果,環境保全対策（活動）に伴なう経済効果の3つの要素から成り立っている[29]。なお,図表6-5は,環境会計の構造について示したものである。

環境会計を導入する目的は,企業の環境保全活動を促進し,環境パフォーマンスの向上を目指すことにある。したがって,企業は最小の環境保全コストによって,最大の効果を上げる努力を企業内部で行うと同時に,その結果を,市場を通じてステークホルダーに伝達することにより,理解や支持を得なければならない[30]。このような目的から,環境会計は,企業内部管理ツールと企業外部への働きかけのツールという2つの側面がある。これらは一般的に,環境会計の内部機能と外部機能と呼ばれている[31]。

内部機能は,①企業内の内部管理情報（環境負荷状況と費用対効果）,②経営管理（適正な環境投資等経営資源の配分）,③社内共有データ（プロセスや

第6章　環境マネジメントシステムとビジネスシステム

図表6－5　環境会計の構造

環境会計	財務パフォーマンス	環境保全コスト	事業エリア内コスト
			②上・下流コスト
			③管理活動コスト
			④研究開発コスト
			⑤社会活動コスト
			⑥環境損傷対応コスト
		環境保全対策に伴う経済効果	
	環境パフォーマンス	環境保全効果	①事業活動へ投入する資源の環境保全効果
			②事業活動から排出する環境負荷および廃棄物の環境保全効果
			③事業活動から産出する財・サービスの環境保全効果
			④その他の環境保全効果

（出所）　吉野定治[2002]13頁，足立[2006]182-185頁に基づいて筆者作成。

製品等への継続的改善），の3つに分類される[32]。これは，投入されたコストと，その結果生み出された環境保全効果を結びつけることで，環境保全活動の結果を評価し管理することと，適切な意思決定を導くことを可能にするツールである。アーサーアンダーセン[2000]が指摘するように，環境コストを把握していない企業が比較的多いため，環境会計の導入は，環境保全活動における費用と効果の対応関係をしっかり捉えようとする企業文化に改革することも可能とする[33]。すなわち，内部環境会計は企業の経営管理のためのツールである。

一方，外部機能は，①環境情報の提供，②利害関係者の判断材料の2つに分類される。換言すれば，ステークホルダーに対するアカウンタビリティ（説明責任）と，ステークホルダーの意思決定のための有用な環境情報の提供を行うツールである[34]。外部環境会計は，社会とのコミュニケーションをも促進させる。

内部環境会計と外部環境会計は，互いに相乗効果をもたらす関係であるため，外部環境会計は内部環境会計のデータに忠実でなければならない。

❷ 環境会計とビジネスシステム

　環境会計は，環境問題を企業経営の本質である経済活動と結びつけるための役割を担っている。つまり，既存の EMS に環境情報をうまく統合する手段として位置づけられる[35]。そのため，EMS とのつながりは非常に強い。そこで実際に，企業がどのように環境会計を EMS に組み込み，経済効果を創出しているのかを考察する。

　例えば，宝酒造は，1997年から緑字決算という独自の環境会計を導入し，製造工程において12の評価項目を設定・管理し，物量単位で環境負荷の軽減に尽力している。具体的には，2004年度の決算で容器包装や事務管理営業部門の環境対策が進んでいる[36]。

　また，NEC における環境会計は，コストの分類に経済効果と物量効果の両方に対応する形式を採用することによって，費用対効果をわかりやすく表示している[37]。

　このほか，日本 IBM によれば，2002年度実績で環境対策費用に142億円を投じ，費用節約効果で286億円計上している。

　環境会計において重視するポイントは企業ごとに異なっており，他社比較をする際には困難な場合がある。したがって，外部環境会計には，グローバル化された今日の社会に合致した世界標準を構築することが求められている[38]。

　また，日本企業の環境会計は，環境省の環境会計ガイドラインによる影響を強く受けているため，環境報告書での情報開示といった外部環境会計を主要な目的としている。その意味では，日本企業は内部管理のために環境会計をうまく役立たせることができていない。そこで注目されているのが，内部管理のためのマテリアルフローコスト会計（Material Flow Cost Accounting）（以下，MFCA）である。

　MFCA とは，「製造プロセスにおけるマテリアル（原材料＋エネルギー）のフローとストックを物量単位と金額単位で測定するシステム」である[39]。具体的には，従来無価値とされていたものに価値（コスト）をつけることで，廃棄物などを価値あるものとして管理することができるようになる。こうするこ

とによって，環境保全とコスト削減の両方を達成し，従来以上に内部環境会計を有効なものとして活用することが可能となる。MFCA については，第5節でキヤノンを例に詳述する。

❸ 環境会計の国際比較

これまで，主に国内の環境会計に焦点をあててきた。本項では，海外の環境会計を検証することによって，日本の取組みを相対化する。例えば，河野正男[2005]は，米国や欧州の環境会計について，以下のように考察している[40]。

① 米国：米国環境保護庁（USEPA）が中心となり，早い段階から外部環境会計を含めた研究・実践が進められてきた。この背景には，スーパーファンド法[41]の制定により，一部の企業は巨額の損害賠償等の環境リスクを抱えることになるため，貨幣における環境コストや環境負債に認識が重要とされるようになったことがあげられる。したがって，過去の汚染修復についての環境負債や，将来の閉鎖，撤退についての環境コストに関する関係処理の基準について，認識・測定・開示のいずれの段階においても包括的な指針が提示されている[42]。また，上述した基準は，単なるコスト管理や削減といったレベルから，資本予算や経営意思決定における環境配慮，さらには，環境サプライチェーン分析，環境管理ソフトウェアの活用等へと，米国の内部環境会計を世界のトップ水準に押し上げている。

② 欧州：従来，環境報告書における環境情報の開示が主流とされていた。しかし，EU における2つの重要な産業政策（「企業の社会的責任に関する政策」と「財務報告政策」）を契機として，財務報告書においても環境情報の開示を義務化しようとする規制がでている。これにより，会社の発展や状況の理解を促進させるためには，財務報告書が会社業務の財務的側面に限定されることなく，環境や社会の側面における分析も必要となるためである。そして，財務報告においても環境問題を処理するためには，従来の会計理念と環境問題を包括的に処理するための基準が必要とされた。いわゆる，国際会計基準との関係を反映して環境問題の会計処理などを規定する「委員会勧告書」である。この委員会勧告書の作成を通じて，環境会計の実務の発展が促

された。

このほか，宮地晃輔［2007］は，アジア諸国のなかでも，特に中国と韓国における環境会計を以下のように考察している[43]。

① 中国：中国における環境会計は，日本との協力体制のもとに進展した経緯をもつ。具体的には，1999年に発足された3E研究院プロジェクトによって，環境会計研究が開始され，初期は日中合弁企業を対象に環境コストの測定や環境負荷の把握を実施した。その後も，環境セミナーの開催などが行われている。しかし，中国の環境会計は研究面が目立つため，実際の企業への導入事例を増やす必要がある。また，中国政府の指導力にも期待がされている。

② 韓国：韓国における環境会計は，2000年以降に加速する。具体的には，2000年に環境省によって設立された韓国―世界銀行環境協力委員会によって，3つの環境関連プロジェクトが開始した。このプロジェクトにおいて，企業の環境コストと環境パフォーマンスをより正確に評価するために有用な手法一式を開発することなどが目標とされた。今後は，多くの企業への導入を促進するため，環境会計ガイドライン等の整備・強化を図ることが求められている。図表6－6は，環境会計における研究動向の国際比較である。米国と日本においては，貨幣ベースでの環境会計を行なっており，環境コスト対効果の統合した指標の導入が今後求められている。欧州においては，物量ベー

図表6－6　環境会計における研究動向の国際比較

区分	分類	米国	欧州	日本
活用目的	経営意思決定	◎	○	○
	情報開示	○	◎	◎
範囲	環境コスト	◎		◎
	環境コスト・効果	○		○
	環境資産・負債		○	
	エコバランス（物量会計）		◎	

（出所）　稲永＝浦出編［2000］31頁を筆者が一部修正。

スでの環境会計を行っており,環境対策費などの環境コストを資産と負債のどちらに区分するのかという基準の作成が必要となる。さらに日本は,米国,欧州と比較して環境問題といった社会的関心を既存の財務諸表に反映させていないといえ,今後は環境情報を財務報告書の中に盛り込み,その情報価値を高めていくことが課題となろう[44]。

第4節　環境情報

❶　環境情報の目的とその重要性

　エコビジネスが,リスクマネジメントやコンプライアンスなど,企業経営全体において有効であるとみなされるようになり,環境情報は,経理・財務情報と同等の重要性を持つものと位置づけられるようになった。企業を取り巻くステークホルダーも,各社のエコビジネスへの取組み,また環境負荷の大きさやその改善活動の程度などの情報の開示を求めるようになっている。すなわち,環境情報開示(環境ディスクロージャー)である。企業の環境情報開示は,エコビジネスを成功させるために必要不可欠な,ステークホルダーからの支持を得るために行われている。

　國部克彦編[2000]は,環境情報開示の背景として,環境アカウンタビリティをあげている。すなわち,「企業は全地球住民から借り受けた自然を消費もしくは汚染しているのだから,地球住民全体に対してその内容を説明する責任を有する」のである。環境情報開示は,法制度として義務づけられているわけではない。しかし,企業活動においてのメリットが多いことから,実質的に浸透している。

　國部他[2007]は,環境情報を開示する方法として,以下の3つの方法を指摘している[45]。第一に,特定の環境関連情報に関して政府への報告や届出を義務づけ,収集した情報を政府が公開する方法があげられる。日本では,化学物

質に関してはPRTR制度，温室効果ガスに関しては「地球温暖化対策の推進に関する法律」により制度化されている。第二に，環境報告書の公開があげられる。第三に，既存の情報開示制度に環境情報を組み込む方法があげられる。特に，投資家向けの開示制度である有価証券報告書などで，環境情報を記載する方法が考えられる。このほか，市民向けセミナーや，製品に関する環境情報をラベルの形で開示する環境ラベルも一つの手段といえよう。

　企業は，全社レベルで環境情報の一元管理をすることにより，情報提供の効率化や情報の整合性を確保し，的確な環境コミュニケーションをとることが可能となる。そのためには，例えば，点在する工場の環境データを全社情報に変換する仕組みが考えられる。環境情報管理を徹底することによって，ステークホルダーとの情報共有を促進し，さらに迅速な経営の意思決定や情報開示が期待されよう。

　ところで，環境情報は，信頼性が付与されていなければならない。情報の正確性・信頼性を担保させ，内容に客観性を持たせる方法として，環境情報の第三者認証がある。これは，第三者の専門家あるいは専門機関による認証を受けることであり，財務諸表に対する公認会計士監査にあたる。欧米では普及しており，日本でも1998年トヨタ自動車の環境報告書に端を発し，その他の企業でもみられるようになった。第三者認証以外にも，環境情報のデータベース開示の場合は，コスト的にも問題なく，信頼性担保の方法として役立つと考えられる。

❷　環境報告書の目的と活用

　前述したように，環境情報の開示方法は複数あり，なかでも環境報告書は，わが国でも多くの企業が導入しており，中核的な存在である。環境省編[2006]によれば，環境報告書は，「名称の如何を問わず，事業者が，事業活動に係る環境配慮の方針，計画，取組の体制，状況や製品等に係る環境配慮の状況等の事業活動に係る環境配慮等の情況を記載した文書[46]」である。報告書の項目は，一般的に①環境理念・方針，②組織体制，③環境会計，④環境効率，⑤生産での取組み，⑥ISO14001，⑦地域社会での取組み，⑧環境教育，⑨第

第6章 環境マネジメントシステムとビジネスシステム

三者意見などで構成されている[47]。環境報告書は，企業と組織内外のステークホルダーとの環境情報に関するコミュニケーションツールともいえるため，報告書の内容を読み手（対象）に適合させることが重要である。例えば，投資家に対するIR活動の一環としての環境報告書であれば，環境会計の結果など，企業評価に繋がる情報を公開することが効果的となる。

図表6-7は，環境報告書に求められる基準を示したものである。例えば，包含性とは，報告形式，指標選択，報告組織の範囲，報告の信憑性などについて，ステークホルダーと体系的に関わり，焦点を明確にして有意義な報告書を作成することをさす。包含性を満たすまでのプロセスには，ステークホルダーの参画が不可欠であるため，組織内外との継続的な学習，報告組織と利用者間の信頼関係の構築をも実現することが可能となる。

また，國部編[2000]は，よい環境報告書の条件として，①実質的な経営トップの誓約，②環境報告書の構成および項目間のバランスがとれていること，③環境付加情報に対する企業の評価や説明が加えられていること，④環境報告書の信頼性の担保，の4点をあげている。

優れた環境報告書を表彰する制度もあり，例えば，2008年度環境コミュニケーション大賞では，環境報告書大賞にリコー，持続可能性報告書に帝人，地球温暖化対策報告大賞に東芝が選ばれている[48]。

環境報告書は，企業の自主的開示であるため，すべての企業が作成するわけではない。さらに，ガイドラインはあるものの，世界的にも国内においても統一された開示様式や指標の算定基準が確立していないため，企業間の比較が困難である。しかし，他の開示方法に比べ情報量の調節も行いやすく，自社の環境問題への活動を総括して開示することができる。また，自主的な取組みであるがゆえに，各社の特色に合わせて作成することが可能となる。すなわち，相反する要素を持つなかで，いかに比較可能性の確保と情報開示の自主性のバランスをとるかが課題である。

図表6－7　環境報告書の原則

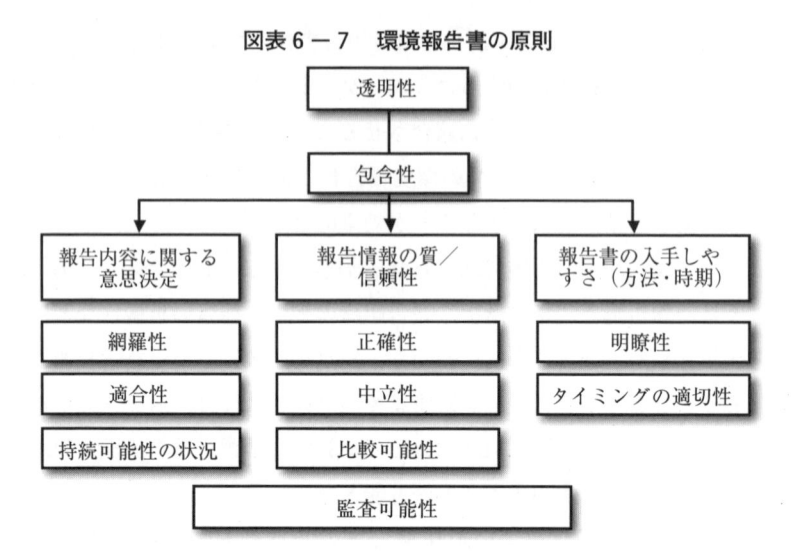

```
                    透明性
                      │
                    包含性
          ┌───────────┼───────────┐
    報告内容に関する   報告情報の質／   報告書の入手しや
       意思決定         信頼性       すさ（方法・時期）
        網羅性          正確性          明瞭性
        適合性          中立性       タイミングの適切性
      持続可能性の状況   比較可能性
                    監査可能性
```

（出所）　GRIサステナビリティリポーティングガイドライン2002〈http://www.globalreporting.org/NR/rdonlyres/86CE751C-0716-483C-A660-C1649BDD60DE/0/2002_Guidelines_JPN.pdf〉

❸　環境ラベルの目的と重要性

　環境ラベルとは，「製品の環境側面に関する情報を提供するもの」であり[49]，製品や広告，包装などを活用し，環境情報を購入者に伝える役割を果たす。ISOでは，環境ラベルを3つに分類しており，図表6－8は，それぞれの特徴および内容を示したものである。例えば，タイプⅠ環境ラベルは，ドイツのブルーエンジェル，日本のエコマークなどがある。タイプⅠ環境ラベルのみ第三者機関の認証が必要で，日本のエコマークは，財団法人日本環境協会エコマーク事務局が行っている。認証取得には，商品認定審査料21,000円が必要であり，取得後は，エコマーク使用料を継続的に支払わなければならない。これは，認証取得を目指す中小企業に対して障害の一つとなっている。
　環境ラベルの目的は，「製品（サービスを含む）の環境側面に関して，検証可能で，正確で，誤解を招かない情報を提供することを通じて，環境に負荷の少ない製品の提供を促進し，それによって，市場主導の継続的な環境改善の可能性を喚起すること」である[50]。また，環境ラベルは，環境コミュニケー

第6章　環境マネジメントシステムとビジネスシステム

図表6－8　ISOにおける各種の環境ラベル

ISOの名称	特徴	内容
タイプⅠ	第三者認証による環境ラベル	・第三者実施機関によって運営 ・製品分類と判定基準を実施機関が決める ・事業者の申請に応じて審査して，マーク使用を認可
タイプⅡ	事業者の自己宣言による環境主張	・製品における環境改善を市場に対して主張する ・宣伝広告にも適用される ・第三者による判断は入らない
タイプⅢ	製品の環境負荷の定量データの表示	・合格／不合格の判断はしない ・定量的データの未表示 ・判断は購買者に任される

（出所）　山本良一＝山口光恒[2001]62頁。

ションの有力な手段でもあり，キヤノンやソニーなど多くの企業が導入している。このほか，環境NGOフェアトレード団体でも環境ラベルを導入する動きがあるように，環境ラベルは今後さらに普及していくといえよう。しかし，今後の課題として，中央青山監査法人＝中央青山PwCサステナビリティ研究所編[2003]は，「表現や表示の仕方で購買者の誤解を生む恐れ」があるとし，「環境にやさしい」などの抽象的な表現を避けるよう指摘している[51]。

第5節　キヤノンのケーススタディ

❶　ケース

　本章では，これまで環境マネジメントについて，さまざまなツールをもとに，実際の導入例なども含めて考察した。なかでも，企業にとって経済価値の創出は大事であり，この視点が抜ければ持続可能な発展はできない。したがって，本節では，環境会計のケーススタディとして，キヤノン株式会社[52]（以下，キ

ヤノン）を取り上げる。

周知のとおり，キヤノンは1960年代から環境経営に取組み，2001年には全製品を環境配慮型設計にしている。社内の環境教育も充実させ，その効果は環境経営度調査や地球環境大賞でも数多くの賞を受賞するなどで形として表れ，今日では日本を代表する環境先進企業となった。しかし，環境経営にシフトしてから具体的な成果があらわれるまでには，費用対効果の入念な管理を含めた地道な積み重ねが必要であった。特に，MFCAが重要な役割を果たしている。

1990年代後半，社内では環境活動がいきづまり，目先の清掃活動やオフィスの節電，あるいは廃棄物処理などの限定的な範囲内での活動が行なわれていた。キヤノンの生産現場では，「どこよりも良いものを（Q），どこよりも安く（C），どこよりも早く（D）」を念頭におき，製造原価低減を活動のテーマとしてきた。そして，実際に各職場ではQ（品質）・C（コスト）・D（納期）それぞれについての目標を決め，データをとり，分析し，目標達成に向け生産性向上活動を行なった[53]。しかし，QCDとE（環境保証）活動[54]は分けて考えられていたため，相互につながりをもって環境経営を実施することはなかった。

その後，キヤノンは，2001年に経済産業省の委託事業に参加し，2002年9月から本格的にMFCAを開始した。具体的には，宇都宮工場のカメラレンズの一機種一加工ラインをMFCAの対象として1ヶ月間の調査・研究が行なわれた。

❷ 問題点

前述したように，キヤノンのE活動がいきづまった結果を受けて，真因としての「E活動とバリューチェーンの分断」が浮かび上がった。すなわち，MFCA導入によって，事業所単位の分析から生産プロセス単位ごとにコストを把握することができるようになり，管理が細分化したのである。では，具体的にキヤノンがバリューチェーンのなかでも生産プロセスを見直すことによって，どのような問題点があげられたのであろうか。以下では，宇都宮工場での事例を考察する。

まず，キヤノンのカメラレンズの加工とは，「まず外部から購入されたガラ

ス材(ある程度までレンズの形状に合わせたガラス材)を研磨し,必要とされるレンズの形状・厚さにガラス材を加工し,レンズに必要な焦点を設定する芯取りを経て,その後コーティングすることでレンズが完成される」[55]。MFCAの視点では,ガラスを研磨するときに発生する削りくずもマテリアルロスとされる。したがって,導入期間中は,その認識のもと,分析を実施したのである。

例えば,原材料費と加工費の単純な合計が製品価格(=正の製品)と考えられていたものが,MFCAに適用すると,廃棄物と処理システムに多額のコストがかかっている(=負の製品)ことが判明した。さらに,コストの7割近くは,荒研削プロセスが占めていたのである。また,荒研削についてさらに分析すると,マテリアルのロスと廃棄物処理にかかる費用は,レンズの研磨くずが大部分の原因であることが確認された[56]。つまり,荒研削によって発生する削りくずを少なくすることにより,①材料投入量が削減され,②それに伴い廃棄物量も減少するため,廃棄物にかかる処理費用も削減され,③さらに生産プロセスも小さくすることができるため,システムコスト(設備費や人件費など)の削減に繋がるのである。

負の製品を削減するためには,生産プロセスに踏み込んだ「資源生産性」向上活動が必要とされるため,キヤノンはこれまで分断されていたQCD活動と

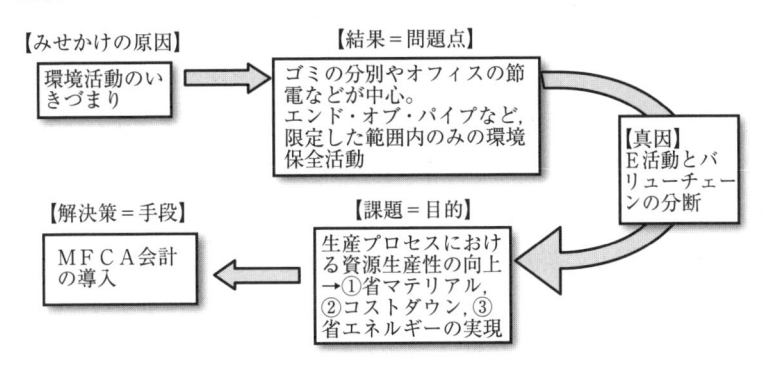

図表6－9　キヤノンが抱えた問題点とその解決に向けたフローチャート

【みせかけの原因】
環境活動のいきづまり

【結果＝問題点】
ゴミの分別やオフィスの節電などが中心。エンド・オブ・パイプなど,限定した範囲内のみの環境保全活動

【真因】
E活動とバリューチェーンの分断

【課題＝目的】
生産プロセスにおける資源生産性の向上
→①省マテリアル,②コストダウン,③省エネルギーの実現

【解決策＝手段】
MFCA会計の導入

(出所)　筆者作成。

E活動を一体のものとした。その成果として，①省マテリアル，②コストダウン，③省エネルギーの実現が可能となり，継続的な改善活動に繋がったのである[57]。

なお，図表6－9は，キヤノンが問題を認識し，その真因をつきとめた上でMFCAの導入によって改善が図られた一連のフローチャートを示したものである。

❸ 課　題

これまで，キヤノンのMFCAによる生産プロセスの見直しについて考察した。MFCAは，職場長を中心とする職場単位で，負の製品の物量とコストを明らかにすることにより，その発生を削減させ，環境負荷低減とコストダウンを同時に達成する。したがって，職場拠点型環境保証活動と位置づけることができる。つまり，製造職場の全従業員をも巻き込んだ環境活動の実現を可能にしたのである[58]。そのため，キヤノンではMFCAによる職場拠点型環境保証活動もMFCAの有効性の一つとして強調している。

MFCA導入による経済効果は，2004年度1億円，2005年度6.2億円，2006年度10億円，2007年度13億円と推移している。そして，2008年末時点で，国内17拠点，海外9拠点でMFCAを導入するなど，グローバルなMFCAの適用と分析を行っている[59]。図表6－10は，キヤノンにおけるMFCAとPCDAサイクルを図示したものである。

MFCAは経営管理の面において有効な手段である。しかし，MFCAをより有効に機能させるためには，2つの課題を克服せねばならない。

第一に，中嶌＝國部[2008]が指摘するように，経営トップも含めた全社的な組織体制を整備することである。なぜなら，MFCAにより顕在化したロスは，短期間で改善できる補助材料の非効率に対する是正のような課題もある一方で，設備投資や製品設計の変更を要求する大きな課題もあり，場合によっては経営トップの関与も必要となるためである[60]。具体的には，生産拠点だけでなく，開発部門や技術部門にも，MFCAによるものづくりに対する意識改革を行なうことで，資源生産性の向上を図ることをさす。また，今日では上下流の企業

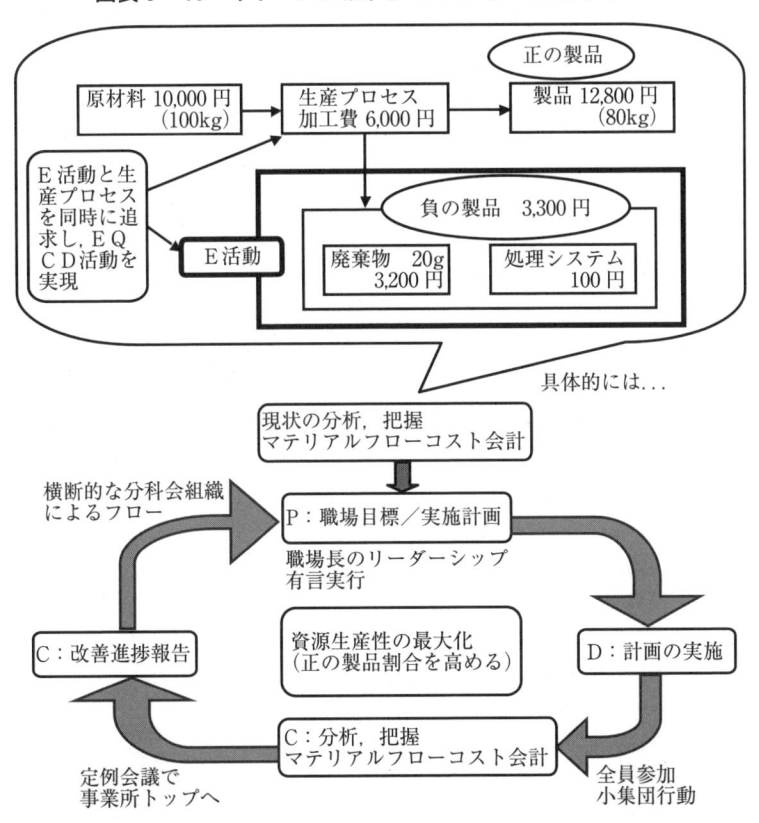

図表6-10 キヤノンにおける MFCA と PCDA サイクル

```
┌──────────────────────────────────────────────────┐
│                                  ╭─正の製品─╮     │
│  ┌─原材料 10,000 円─┐ ┌─生産プロセス─┐ ┌─製品 12,800 円─┐│
│  │    (100kg)      │→│ 加工費 6,000 円│→│   (80kg)      ││
│  └─────────────────┘ └──────────────┘ └───────────────┘│
│  ┌─────────┐                                         │
│  │E 活動と生│                                         │
│  │産プロセス│          ╭─負の製品  3,300 円─╮         │
│  │を同時に追│          ┌─廃棄物 20g─┐┌─処理システム─┐│
│  │求し、EQ │  ┌E 活動┐ │  3,200 円  ││   100 円    ││
│  │CD 活動を│  └─────┘ └───────────┘└─────────────┘│
│  │実現     │                                         │
│  └─────────┘                                         │
└──────────────────────────────────────────────────┘
                                       具体的には...
```

- 現状の分析，把握 マテリアルフローコスト会計
- P：職場目標／実施計画（職場長のリーダーシップ 有言実行）
- D：計画の実施（全員参加 小集団行動）
- C：分析，把握 マテリアルフローコスト会計
- C：改善進捗報告（定例会議で事業所トップへ）
- 横断的な分科会組織によるフロー
- 資源生産性の最大化（正の製品割合を高める）

（出所） 産業構造審議会環境部会廃棄物・リサイクル小委員会第 4 回基本政策 WG 〈http://www.meti.go.jp/policy/recycle/main/admin _info/committee/j/04/j04 _3-1.pdf〉，および國部［2008］108-109頁に基づいて筆者作成。

に MFCA の分析範囲を拡張し，ムダの原因を突き止めようという企業活動も見受けられる[61]。そのため，個別企業を対象とした MFCA だけでなく，企業間のサプライチェーンでの MFCA の適用が今後期待されよう。MFCA は，単なる短期的な生産管理の手法ではなく，長期的な経営管理の手法なのである。

第二に，MFCA の実行において，コスト削減ばかりに目を向けず，環境保全の一面も忘れてはならない点である。MFCA の目的はコストの追求に違いないが，あくまで環境マネジメントの一要素に過ぎない。経済価値の創出は，

多様な手段があることを念頭に置くことが大切である。

また，地球環境戦略研究機関（IGES）関西研究センター編[2003]は，「経済情報は，人にはインセンティブ情報として非常にインパクトをもつが，物量次元での認識は低くなる」とし，物量次元と財務次元の両方をバランスよく考えることの必要性を指摘している[62]。

ここまで，キヤノンのMFCAを例に経済価値の創出を分析した。キヤノンのように持続的に経済効果を計上するのは簡単なことではない。自社の問題の所在がどこにあるのか，徹底した検証が不可欠となる。

注）
1）真船他編[2005]164頁。
2）山田[2005]36頁。
3）経済同友会[1991]3-4頁。
4）倉田健児[2006]146頁を一部修正。
5）大浜庄司編[2002]30頁。
6）稲永＝浦出[2000]94頁を一部修正。
7）山本和夫＝國部克彦[2001]40頁を一部修正。
8）真船他編[2005]165頁。
9）倉田[2006]254頁を一部修正。
10）真船他編[2005]165頁。
11）山本＝國部[2001]151-152頁を一部修正。
12）環境側面とは，環境問題への影響が懸念される組織の活動や製品，およびサービス（＝原因）であり，環境側面によって具体的に顕在化した環境上の変化が環境影響（＝結果）である。大浜編[2002]は，自動車を例に，排気ガスを環境側面，排気ガスによる大気汚染が環境影響と解説している。
13）三菱総合研究所[2001]150頁。
14）同上書 151-152頁。
15）安藤眞＝中山信二[2001]166-169頁。
16）唐住編[2000]18頁。
17）大浜[2007]37頁。
18）唐住編[2000]62頁。
19）環境格付プロジェクト[2002]45頁を一部修正。
20）大浜[2007]86頁を一部修正。
21）同上書86頁を一部修正。
22）唐住編[2000]32頁。

23) 安藤＝中山［2002］148頁。
24) 同上書　150頁。
25) グローバルテクノ ISO 情報用語集〈http://www.gtc.co.jp/glossary/index.html〉
26) 安藤＝中山［2002］184-188頁。
27) 環境省編［2005］263頁。
28) 宮地晃輔［2007］27頁（『東 Asia 企業経営研究』［2007/11］，所収）。
29) 吉野［2002］12頁を一部修正。
30) 國部克彦［2001］5-6頁を一部修正。
31) アーサーアンダーセン［2000］40頁。
32) 吉野［2002］15頁。
33) アーサーアンダーセン［2000］46頁。
34) 地球環境戦略研究機関（IGES）関西研究センター［2003］15頁。
35) 中嶌道靖＝國部克彦［2008］16頁を一部修正。
36) 足立［2006］185-188頁。
37) 中嶌＝國部［2008］241頁。
38) 山本＝國部［2001］92頁。
39) 柴田秀樹＝梨岡英理子［2006］105頁。
40) 河野［2006］56-57頁，247頁。
41) EIC ネットによれば，スーパーファンド法とは「包括的環境対策・補償・責任法」と「スーパーファンド修正および再授権法」の２つの法律を合わせた通称である。汚染の調査や浄化は米国環境保護庁が行い，汚染責任者を特定するまでの間，浄化費用は石油税などで創設した信託基金（スーパーファンド）から支出する。そして，浄化の費用負担を有害物質に関与した全ての潜在的責任当事者が負う。
42) なお，勝山進編［2006］は，環境コストを①伝統的コスト，②隠れているコスト，③偶発コスト，④イメージ／関係づくりコスト，⑤外部コストの５つに分類し，その順番に測定の困難性が高くなることを指摘している。環境コストは，一様に測定することはできない。
43) 宮地［2007］103-106頁（『アジア共生学会年報』［2007/5］，所収）。
44) 河野［2006］60頁。
45) 國部他［2007］183頁を一部修正。
46) 環境省編［2006］261頁。
47) 金原＝金子［2005］22頁。
48) 『日本経済新聞』［2009/5/1朝刊］26頁。
49) 環境省編［2006］261頁。
50) 日本工業標準調査会（JISC）〈http://www.jisc.go.jp/newstopics/2000/i14_025.pdf〉

51) 中央青山監査法人＝中央青山 PwC サステナビリティ研究所編[2003]131頁。
52) キヤノン（設立：1937年，本社：東京，資本金：174,762百万円）は，2008年12月期ベースで，売上高4,094,161百万円（連結），従業員25,412人，となっている。
53) 國部克彦編[2008]106-107頁を一部修正。
54) 同上書 105-106頁によれば，キヤノンは，「環境保証ができなければつくる資格はない」として，これをE活動と称している。
55) 中嶌＝國部[2008]175頁。
56) 同上書 184頁によれば，ロス総額約830万円のうち，「荒研削」で約560万円と分析している。
57) 國部編[2008]110頁。
58) 中嶌＝國部[2008]197-198頁を一部修正。
59) キヤノンHP。
60) 中嶌＝國部[2008]217頁。
61) 同上書 220頁。
62) 地球環境戦略研究機関（IGES）関西研究センター編[2003]60頁。

第7章
ステークホルダーの戦略的活用

　本章では，ステークホルダーの戦略的活用について考察する。新規産業であるエコビジネスにおいて，効果的な事業活動を展開する際には，企業を取り巻くステークホルダーとの関係を継続的に構築することが不可欠となる。

　第一に，ステークホルダーと企業について考察する。まず，ステークホルダーと円滑な関係を結ぶことの重要性は，エコビジネスにおいても同様であることを理解する。次いで，ステークホルダーの優先順位の策定方法を明らかにした後で，win-winの関係とは何か理解する。

　第二に，環境金融について考察する。まず，環境問題に配慮している企業は，投資家や金融機関からの資金調達が円滑にできる傾向にあることを理解する。次いで，それらのステークホルダーをどのように活用すべきかを考察する。

　第三に，研究機関との連携について考察する。大学やシンクタンクには，エコビジネスを実施する上で，非常に有用となる知識が備わっていることを理解する。次いで，それらのステークホルダーをどのように活用すべきかを考察する。

　第四に，その他のステークホルダーとの連携について考察する。まず，NPO・NGOなどの市民団体と連携することのメリットについて考察する。次いで，メディアとの連携が，情報開示をする上で効果的な手段となることを理解する。さらに，それらのステークホルダーをどのように活用すべきかについて考察する。

　最後に，NPO・NGOとの連携に焦点をあてたケーススタディとして，損保ジャパンについて考察する。ステークホルダーとの連携を促進することによって，他の損害保険会社と比較してどのような差別化が図られたのかを理解する。

第1節　ステークホルダーと企業

❶　オープン・システムとしての企業

　企業を取り巻く環境は激しさを増しており，不確実性の高い外部環境に対応できなければ，成長することは非常に困難になっている。組織の研究において，環境への適応を図るオープン・システムの概念が古くから確立しているが，今日においてもその考え方は通用しているといえよう。企業にとって，リソースや情報へのコミットメントは不可欠である[1]。

　企業を取り巻く外部環境には，様々なステークホルダーが存在する。第2章で述べたように，エコビジネスに取組む企業のステークホルダーは，研究機関やメディアを始めとして，拡大が進んでいる。さらに，ステークホルダーの企業に対する監視や意見は，大きな影響力を保有しており，場合によっては企業の運命をも左右するため，ステークホルダーと円滑な関係を結ぶことは，企業が永続する上で重要な手段となる。

　そこで，ステークホルダーへのアプローチの仕方の1つに，ステークホルダー・エンゲージメントがあげられる。ISO/SR 国内委員会によれば，ステークホルダー・エンゲージメントとは，「組織の決定に関する基本情報を提供する目的で，組織と1人以上のステークホルダーとの間に対話の機会を作り出すために試みられる活動」である[2]。蟻生俊夫[2008]は積水ハウスを例に，ステークホルダー・エンゲージメントとは，①経営への参画度が高く，②情報の流れが双方向な状態と分析している[3]。

　また，功刀達朗＝野村彰男編[2008]は，ステークホルダー・エンゲージメントの実現において，問題意識と互いの役割認識を両者間で共有することの重要性を指摘している[4]。例えば，シェルは，ブレントスパー事件[5]を境に，今後二度とこのような問題を繰り返さないことを誓い，ステークホルダーとのコミュニケーションサイト"Tell Shell"を開設している。また，カナダ・アル

バータ州アサバスカでのオイルサンド開発計画では，地元住民・先住民族・州政府向けに双方向コミュニケーションの場として説明会が数多く開催され，ステークホルダー・エンゲージメントに基づく関係性づくりが営まれている。

　企業は，オープン・システムであるがゆえに，利害関係者との関わりは不可避である。エコビジネスも例外ではなく，企業がエコビジネスを効果的かつ効率的に取組むためには，多種多様なステークホルダーと協調関係を結ぶことが欠かせない。

❷　適切な関係の構築

　上述したように，エコビジネスを円滑に行うためには，拡大する利害関係者と適切な関係を築くことが不可欠となる。図表7－1は，ステークホルダーを2つに分類し，各々の主要な関心事を整理したものである。

　図表7－1に示されるように，利害関係者の関心事は多岐にわたる。企業が適切な関係を構築するためには，それぞれの主張や利害の調整をバランスよく図らなければならない。したがって，まずは全ての利害関係者を抽出し，優先順位をつけることが必要となる。

　重要度の高いステークホルダーの絞込みの方法について，エスティ＝ウィンストン［2006］は以下の6つの手順を指摘している[6]。

① 　ステークホルダーを洗い出す：自社が抱える環境問題に関心（友好的・敵対的）を示しているステークホルダーは誰か。
② 　重要なステークホルダーを選別する：洗い出した全てのステークホルダーを，影響力，信頼性，緊急性の3点から選別を行う。
③ 　ステークホルダーとの関わり方を考える：重要度の高いステークホルダーとの関わり方を，協力的か敵対的か，現段階の問題が重要かそうでないか，の2つの基準から考える。

　具体的には，図表7－2に示されるように，評価マトリックスを作成することによって，協力の可能性と問題の深刻度を探り，多様なステークホルダーに対する適切な重み付けを実行することが想定される。
④ 　相性を評価する：相手の展望，思想，文化などから判断する。

図表7－1　ステークホルダーとそれぞれの関心事

ステークホルダーの整理		主要な社会的関心事
経済的ステークホルダー		経済活動に関わる各種関心事
	株主・投資者(直接金融)，融資者(間接)金融	安定した使役の確保，情報開示，コーポレートガバナンス
	従業員・労働組合	雇用の安定，収入の安定，快適な労働環境の確保
	顧客・消費者	高品質で安価な商品・サービスの提供，情報公開と情報管理，安全・安心，商品・サービスの環境配慮
	取引先企業	公平・公正な取引
	合弁企業・提携企業	資本・技術力・ブランド力等の強化に基づく競争力の向上，適性利益
	業界団体・同業他社	自由競争に基づく相互の発展，産業全体の発展
社会的ステークホルダー		社会制度・コミュニティにおいて重要とみなされる関心事
	行政・立法	政策への協力，政策提言
	(直接取引がない)最終消費者・消費者団体	高品質で安価な商品・サービスの提供，情報公開と情報管理，安全・安心，商品・サービスの環境配慮
	地域社会・地域住民・住民団体	地域コミュニティの活性化，地域環境問題，地域の安全
	NPO等	環境配慮，途上国問題，貧困問題等（「声なき声」の代弁者として）
	メディア・研究者	社会的問題提起

(出所)　三菱UFJリサーチ＆コンサルティングCSR研究プロジェクト編[2006] 7頁。

⑤　パートナー候補を精査する：パートナー候補を決定し，トップの指導力，財務内容の健全さ，目標の達成度合いから相手の詳しい調査を行う。

⑥　パートナーシップ戦略を立てる：目標は何か，責任の分担はどうするか，といった戦略を立てる。

以上にあげた手順のように，優先して対応すべきステークホルダーを抽出し，働きかけていくことが，幅広い利害関係者と適切な関係を築いていくためには必要である。

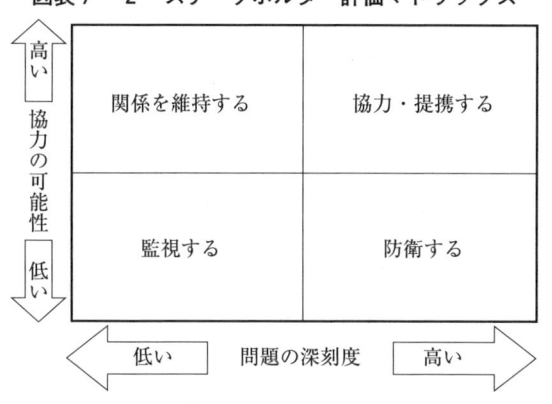

図表7－2　ステークホルダー評価マトリックス

	問題の深刻度 低い	問題の深刻度 高い
協力の可能性 高い	関係を維持する	協力・提携する
協力の可能性 低い	監視する	防衛する

（出所）　Esty, D. C. = Winston, A. S. [2006]訳書412頁。

❸　win-winな関係の構築

　企業とステークホルダーとの関係は，適切である以上に，「win-win」であることが必要である。win-winの関係とは，相互に利益を獲得する状態をさす。企業は，自社を取り巻くあらゆるものに対して，win-winの関係でなければ，存続・発展をすることができない。

　エコビジネスにおいては，拡大したステークホルダーとwin-winの関係を築き，かつwinの数を増やすことが，双方の利益を増大させ，さらには環境問題解決を早めることとなろう。

　以下では，具体的なwin-win関係の構築の例として，エコプロダクツを取りあげる。中村[2007]は，トヨタのプリウスやサントリーの品質管理体制を例にあげた[7]上で，エコプロダクツの普及によって，以下のように「企業，消費者，環境の三者間でWin-Win関係が構築される」ことを指摘している[8]。

① 　企業：企業が開発・提供したエコプロダクツを消費者が購入し，エコプロダクツの普及が促進されれば，エコプロダクツ市場の競争力が高まり，利益の増加，さらには企業価値の向上につながることが期待される。

② 　消費者：製品の性能の向上による直接的便益（省エネによる電力使用料金の節減など），間接的便益（アメニティの向上など），さらには将来世代への

安心感といったメリットが生まれる。
③ 環境：企業が環境に配慮したエコプロダクツを開発・提供し，消費者がそれを購入することで，社会全体の環境負荷の低減につながる。

エコプロダクツを普及させる手段として，企業はエコプロダクツの積極的な研究・開発，およびエコプロダクツに関わる情報を社会に提供することが要求される。また，行政は，グリーン購入の一環としてエコプロダクツの積極的購入，およびエコポイント制度を代表とする，国民の環境意識向上を促進するような制度導入の検討などが考えられる。

さらに，教育・研究機関は，環境教育の実施による環境意識の醸成や，エコプロダクツによる環境負荷提言の度合いなど具体的な効果を調査・研究し，情報を開示することが求められる。

消費者に近い立場であるNPO・NGOは，企業や研究機関が提供する情報を消費者が理解しやすいように加工・整理することが望ましい[9]。このような社会構成要素の取組みを受けて，消費者はエコプロダクツに関する知識の前向きな受信や商品購入を行い，エコプロダクツの普及促進が実現する。

また，相互に創出された利益をいかに持続・発展させるかは，企業にとって大きな課題の一つである。その課題を克服するためにも，企業は，ステークホルダーの属する社会や共同体，あるいはその背後にある地球社会の公益のためにもwin-win関係の効果を最大限に引き出し，社会に貢献する努力が求められる。以下では，エコビジネスを取り巻く代表的なステークホルダーを中心に，win-win関係の重要性・有益性を考察する。

第2節　環境金融

❶ 投資姿勢の変化

谷本寛治編[2003]によれば，「環境問題の深刻化に伴い，個人や機関投資家

の投資基準に，経済的な指標と同時に，社会的な指標も考慮する動きが広がっている[10]」。このことは，投融資の判断に，従来からの収益性や財務安定性などの財務情報に加えて，環境やCSRなど社会的側面といった要素も判断基準に必要とされてきたことをさす。背景として，功刀＝野村編[2008]は以下の4つの要因をあげている[11]。

① 倫理：投資家が，自らの宗教的信条や価値観に基づいて，社会的に望ましくない企業や業種への投資を拒否する。あるいは，望ましい企業へ積極的に投資する考え方。
② 社会運動：企業へ株主の立場から，ガバナンスの観点を中心に影響力を行使することが，社会運動の一形態として増加。
③ 企業価値評価：相次ぐ企業不祥事や環境リスクの増加などから，CSRの評価が企業価値判断に不可欠であるという認識の強まり。
④ CSR推進の手段：CSRを促進する手段として，企業の社会的側面を投資評価に組み入れたものを推進する考え方。

従来，積極的な環境対策は，コスト増加を招くという認識が一般的であったのに対し，EMSの浸透と共に，「環境への取組みは効率性・生産性向上などプラスの効果を生む」という考えが広まってきた。

さらに，投資基準の変化とともに，投資家および機関投資家の投資姿勢にも変化が現れた。投資家および機関投資家の投資姿勢の変化として，「長期的なパフォーマンスを見据えた場合，環境への配慮が充実している企業の方が有利である」という認識が増えている。つまり，投資家および機関投資家は，財務的リターンと社会的リターンを同時に追求する姿勢を持つようになり，投資先を社会的な貢献度の高い企業へと移行しつつある。例えば，不景気にもかかわらず，環境関連銘柄が相次ぎ年初来高値を更新している現象は，このことを端的に示している[12]。

このほか，投資基準の変化に伴い，高い環境評価を得ている企業ほど資金調達が有利な傾向がある。金融機関は，金利設定に反映させた独自の環境格付けを行うことによって，自社の環境への取組みをアピールする機会をつくることが可能となる。一方，環境保全などの社会的活動を積極的に行っている企業側

は，資金調達が容易になり，かつ自社のレピュテーションが向上する。まさに，win-winの関係が構築されつつあるといえよう。

金融業は，製造業に比べて環境負荷が小さいため，エコビジネスへの取組みは遅れていた。昨今では，投資家や機関投資家の投資姿勢の変化により，金融業もエコビジネスへ取組むことが要求され，グリーン化が進展している。

❷ SRIとエコファンド

上述したように，投資家や機関投資家の投資姿勢が変化したことによって，金融のグリーン化が進んでいる。社会的責任投資（Socially Responsible Investment）（以下，SRI）やエコファンドは，この傾向を具体化した新たなサービスの一つである。

谷本編[2006a]によれば，「SRIとは，経済性（経済的リターンをいかに多く得られるか）だけでなく，環境や倫理等の社会性（どのような社会的影響があるか）も行動原理とするような投資行動」である[13]。図表7－3は，SRIの発展を示したものである。

図表7－3　SRIの発展史

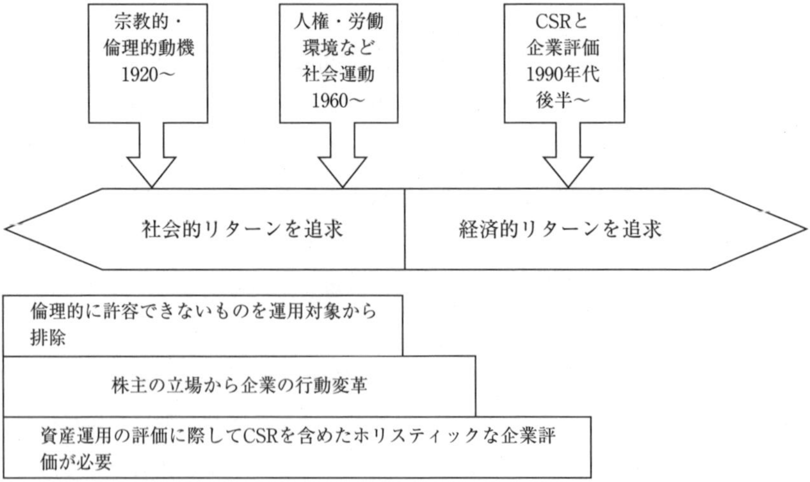

宗教的・倫理的動機 1920～	人権・労働 環境など 社会運動 1960～	CSRと 企業評価 1990年代 後半～

社会的リターンを追求	経済的リターンを追求

- 倫理的に許容できないものを運用対象から排除
- 株主の立場から企業の行動変革
- 資産運用の評価に際してCSRを含めたホリスティックな企業評価が必要

（出所）　功刀＝野村編[2008]212頁を筆者が一部加筆。

谷本編[2003]によれば，SRIの発展は，以下の3段階に分類できる[14]。

① 米国における1920年代頃からの教会主導の原初期時期：SRI発祥の時期であり，宗教的倫理観に基づく教会の資金運用がなされていた。ギャンブル，タバコ，アルコールなどの産業に携わる企業は，教義に反するとして，投資先から除外した。

② 1970年代から1980年代の公民権運動，ベトナム反戦運動，反アパルトヘイ

図表7－4　わが国におけるエコファンドの台頭

ファンド名（愛称）	設定日	設定・運用機関	評価機関	純資産高（億円）*
日興エコファンド	1999年8月20日	日興アセットマネジメント	グッドバンカー	366.65
損保ジャパン・グリーン・オープン（ぶなの森）	1999年9月30日	損保ジャパン・アセットマネジメント	損保ジャパングループ環境分析特別チーム	235.74
エコ・バランス（海と空）	2000年10月31日	三井住友アセットマネジメント	インターリスク総研	12.86
エコ・パートナーズ（みどりの翼）	2001年1月28日	三菱UFJ投信	三菱UFJリサーチ＆コンサルティング	27.55
住信SRI・ジャパン・オープン（グッドカンパニー）	2003年12月26日	住信アセットマネジメント	日本総合研究所	53779
ダイワSRIファンド	2004年5月20日	大和証券投資信託委託	インテグレックス	96.43
野村グローバルSRI100	2004年5月28日	野村アセットマネジメント	（英FTSEインターナショナル）	44.28
AIG-SAIKYO 日本の株式CSRファンド（すいれん）	2005年3月18日	AIG投信投資顧問	IRRC (Investor Responsibility Researchenter)	35.67
アジアSRIファンド	2005年11月11日	コメルツ投信投資顧問	モーニングスター・アセット・マネジメント	1.07
自然環境保護ファンド（尾瀬紀行）	2006年5月26日	興銀第一ライフアセットマネジメント	インテグレックス	41.45
地球温暖化関連株ファンド（地球力）	2006年6月30日	新光投信	KLD/GENI	79.93
りそな・SGウーマンJファンド（Love Me! PREMIUM）	2006年6月30日	ソシエテジェネラルアセットマネジメント	ソシエテジェネラルアセットマネジメント	24.37

*2007年6月1日残高
（出所）　中村[2007]117-118頁を一部抜粋。

ト運動が起こった現代的時期：アパルトヘイトの廃止を求める公民権運動や，ベトナム戦争に対する反戦運動を背景として，教会だけでなく，社会運動家や団体・大学などの機関が企業に社会的責任を求める一つの手段として発展した時期であり，株主行動も変化した。

③　1990年前半からのCSRの展開を受けて広がった現段階：背景に違いはあるが，米国やEU諸国において発展した時期である。例えば，米国は，社会的責任への取組みが株価に影響を与えるリスク要因と考えるようになっている。

次に，エコファンドについて考察する。エコファンドとは，環境保全に積極的に取組む企業の株式を取り込んだ投資信託のことである[15]。図表7－4は，わが国におけるエコファンドの台頭を時系列に追ったものである。

図表7－4に示されるように，エコファンドは，1999年の始まりから着実に伸びている。谷本編[2003]は，エコファンドの役割について，「エコファンドが客観的に企業の環境対策を評価する。企業はこうした評価に呼応し，環境対策と情報開示を積極的に進展させる。その結果をエコファンドがさらに評価する。こうしたポジティブフィードバックを生成することで，エコファンドは持続可能社会へのひとつのアクセルの役割を果たす」と強調している[16]。

すなわち，エコファンドと企業の双方向な取組みが相乗効果をもたらし，高次のスパイラルを形成するのである。

❸　今後の課題

功刀＝野村編[2008]によれば，米国でのSRI運用資産の残高は，2005年末時点で2兆2,900億ドル（約270兆円）であり，これは全資産運用残高の1割程度を占めると推定されている。また，欧州のSRI運用資産の残高は，2005年末に1兆ユーロ（約170兆円）となり，全運用資産残高に占める割合は，国によって異なるものの，10～15％程度と推定されている。これに対して，日本の市場規模は8,600億円である[17]。

功刀＝野村編[2008]は，SRI市場拡大のための課題として，①企業側がより精度の高いCSR情報を開示すること，②SRI評価手法の精緻化，③SRI型

の金融商品のメニュー拡大，④社会全体のSRI認知度を高めること，⑤機関投資家によるSRI運用を増やすこと，⑥裾野の拡大―SRIに理解がある個人投資家層を広げること，の6つを指摘している[18]。

また，所伸之[2005]は，SRI市場拡大に向けて「わが国の個人投資家のSRIに対する関心はアメリカ，イギリスと比較しても決して低くはなく，潜在的な需要はかなり存在すると見られる。問題は，こうした需要を実際の購買行動に結びつけるための方法である」と分析している[19]。

両者に共通しているのは，顧客の拡大を課題とする点である。この解決方法は，積極的な情報開示や，投資教育のカリキュラムにSRIの考え方を組み込むなど多様である。SRI市場はまだ成長過渡期であるため，今後の取組み方が鍵となろう。

第3節　研究機関との連携

❶　大学との連携

わが国では，ここ数年間で「産学連携」という言葉が，企業や大学において重要視されるようになり，実際の取組みも活発化している。産学連携は，1990年代後半以降，政府主導による多様な産学連携推進施策により発展してきた。

産学連携は，1995年「科学技術基本法」，1996年「科学技術基本計画」の制定に端を発する。その後，「研究交流促進法」の改正や，「大学等技術移転促進法（TLO法）」の制定が行われるなど，毎年新たな施策が急速に推進されてきた。これにより企業は，大学を研究開発・人材育成・人材供給の場であり，独自の技術的シーズ開発のパートナーと認識するようになった。したがって，現在は，企業および大学が自ら積極的にwin-win関係を構築する時代に移っている。馬場靖憲＝後藤晃編[2007]は，大学の基本的な役割である研究と教育に加え，第三の役割としての「大学が所有する科学的知見を特許のライセンスや

新企業のスピンオフなどを通じて産業へ移転する」役割が強調されるようになったと指摘している[20]。

以下の図表7－5は，大学と企業の連携を示したものである。

大学と企業の連携による大学側の利点として，馬場＝後藤編[2007]は，産学連携による企業から大学への研究費，研究人材の提供が，大学の研究規模の拡大，基礎研究の活性化，そして研究人材の育成への貢献をあげている[21]。さらに，文部科学省は，「産学官連携は，大学の責務としての教育，研究の成果を「社会貢献」に活かすための一形態であり，大学がその存在理由を明らかにし，大学に対する国民の理解と支援を得る。」という観点から，産学官連携の重要性を強調している[22]。

また，企業側の利点としては，独創的な製品アイデア，特許，専門的知識を共有することにより，イノベーションの機会を増やし，その実現により利益を得る可能性があげられる。すなわち，企業は，大学とwin-winの関係を構築することにより，新しい知識の吸収，新しい技術の確立，新しい人的つながりを身につけ，利益を得る能力を獲得できる。さらに，エスティ＝ウィンストン

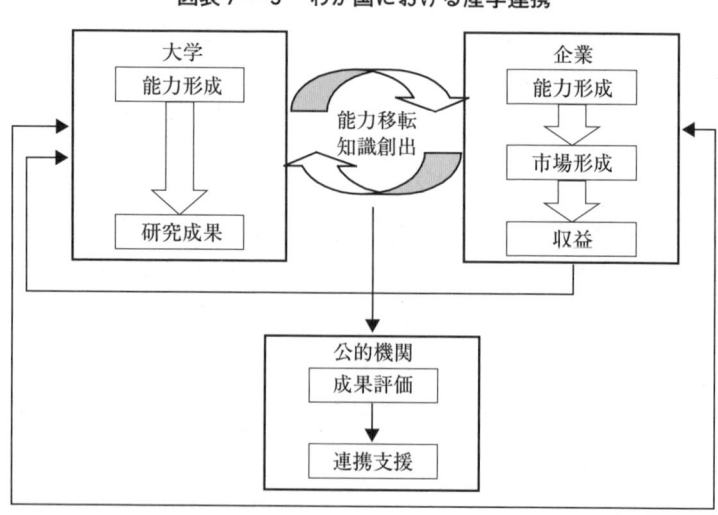

図表7－5　わが国における産学連携

（出所）　馬場＝後藤編[2007]124頁。

[2006]は,大学とつながりを持つ企業は,常に最先端の知識に接することが可能になるなど,そのメリットを認めている[23]。企業と大学の連携の具体例として,エンバイオテック・ラボラトリーズは,筑波大学教授,成蹊大学教授,元日本総研社員,大阪府立大学など,大学や研究機関と戦略提携を行い,立ち上げ期の事業を支えた。これは,ベンチャー企業の創業に大学教授の知見が貢献した好例といえよう[24]。

❷ シンクタンクとの連携

勝田悟[2005]によれば,「シンクタンクは,さまざまな分野の政策提言・提案を行っている機関で研究を職業として行っている業種の一つである[25]」。また,鈴木崇弘[2007]によると,シンクタンクとは,「民主主義社会で,政策の執行者ではないが,アカデミックな理論や方法論を用い,適正なデータに基づく科学的な政策形成のための実効性ある政策的な助言や提案,政策の評価や監視役等を行い,それらを通じて政策形成過程に多元性と競争性を生み,市民の政治参加を促進し,政府の独占の抑制を図る」と定義している[26]。

周知のとおり,ひとくちにシンクタンクといっても,その専門分野は多岐にわたり,一概にまとめることはできない[27]。それぞれの専門分野においての影響力は強く,メディアや投資家は,意思決定における有力な判断材料の一つとしている。

以下の図表7－6は,シンクタンクおよび企業の,環境ビジネスにおける現状と対応を示したものである。

シンクタンクの役割は,社会が抱えている問題を常に抽出し,現在の政策の見直し・改善を進めると同時に,新たな解決案を作成し,現状改善を図ることにある。シンクタンクは,このような役割を果たすことによって,世論を形成する影響力をも具備している。

また,シンクタンクの機能について,鈴木[2007]は,ネットワークをあげている[29]。シンクタンクでは,さまざまなタイプのセミナーやカンファレンスなどが開催され,研究者や政治家,あるいは経営者や市民団体など,多様な分野の人々が集結する。このような機会を創出することによって,参加者の意見

図表7-6　環境ビジネスにおける企業およびシンクタンクの現状と対応

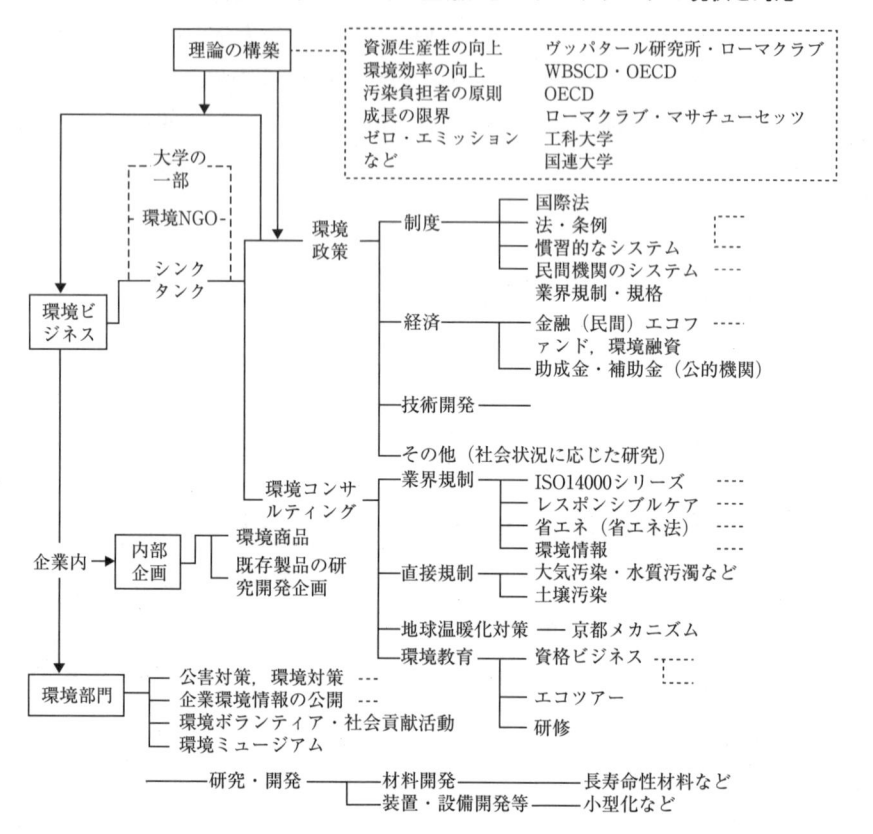

```
                    ┌─ 理論の構築 ─┐  資源生産性の向上    ヴッパタール研究所・ローマクラブ
                    │              │  環境効率の向上      WBSCD・OECD
                    │              │  汚染負担者の原則    OECD
                    │              │  成長の限界          ローマクラブ・マサチューセッツ
                    │              │  ゼロ・エミッション  工科大学
                    │              │  など                国連大学
          ┌─大学の一部┐
          │  環境NGO  │
          │ シンクタンク│
          │            │           ┌─ 制度 ──┬─ 国際法
環境ビジネス┤            ├─ 環境政策─┤         ├─ 法・条例
          │            │           │         ├─ 慣習的なシステム
          │            │           │         └─ 民間機関のシステム
          │            │           │             業界規制・規格
          │            │           ├─ 経済 ──┬─ 金融（民間）エコファンド，環境融資
          │            │           │         └─ 助成金・補助金（公的機関）
          │            │           ├─ 技術開発
          │            │           └─ その他（社会状況に応じた研究）
          │            │
          │            │           ┌─ 業界規制─┬─ ISO14000シリーズ
          │            │           │           ├─ レスポンシブルケア
          │            │           │           ├─ 省エネ（省エネ法）
          │            ├─環境コンサ─┤           └─ 環境情報
          │            │ ルティング │
          │            │           ├─ 直接規制─┬─ 大気汚染・水質汚濁など
          │            │           │           └─ 土壌汚染
          │            │           ├─ 地球温暖化対策─ 京都メカニズム
          │            │           └─ 環境教育─┬─ 資格ビジネス
          │            │                       ├─ エコツアー
          │            │                       └─ 研修
企業内 ─→ 内部企画 ── 環境商品
                      既存製品の研究開発企画

          環境部門 ── 公害対策，環境対策
                      企業環境情報の公開
                      環境ボランティア・社会貢献活動
                      環境ミュージアム

          ─── 研究・開発 ─┬─ 材料開発 ───── 長寿命性材料など
                          └─ 装置・設備開発等 ── 小型化など
```

（出所）勝田[2005]132頁を一部抜粋[28]。

交換の「場」を提供し，様々な分野のアクターを結びつける。

シンクタンクによる環境問題への取組みとして，エスティ＝ウィンストン[2006]は，リソース・フォー・ザ・フューチャーと世界資源研究所（WRI）をあげている[30]。前者は，命令統制型の規制から市場メカニズムを活用した規制（汚染課税や排出権取引など）へのシフトを促した。後者は，経済開発と環境対策を結びつける役割を果たし，持続可能な開発というコンセプトの定着に寄与している。

企業は，環境問題への取組みのフレームワークづくりにおいて，シンクタン

クなどの動向に関心を寄せ，積極的に情報交換をすることが不可欠である。

❸ 今後の課題

先述したように，企業と大学のwin-win関係構築への取組みは始まったばかりである。そのため，あるべき姿と現状との間には，大きなギャップが存在している。文部科学省技術・研究基盤部会産学官連携推進委員会は，あるべき姿を，① 評価による競争原理に基づき，「個人」の能力を最大限発揮する上での障壁を早急に取り除いて，「個人」の兼業や組織間の移動を阻害しない環境を整備し，② 大学の経営の飛躍的向上と組織的な取組みを通じて，③ 研究者が社会的ニーズ・課題に刺激されつつ，独創的な研究を推進し，④ そこから生み出される技術的シーズが企業家の手によって新産業の創出や確信に結びつくとともに，⑤ その成果の対価が大学や研究者に適切に還元され，⑥ 大学が社会の信頼を得ながら組織全体としてその教育・研究活動を一層活発化できる，というような，社会における「知」の創出と活用のダイナミックな循環状況とそれに伴う連鎖的な新産業や新技術の創出[31]，としている。

すなわち，協働環境を整備し，それぞれの役割を果たすことで生まれた成果が，両者に適切に配分され，さらなるwin-win関係が構築されるポジティブフィードバックの創出といえる。さらに，あるべき姿を実現するためには，以下の3つのギャップを埋める必要がある。

① 「知」の源泉としての大学の発展：産学連携の強化の前提として，「知」の源泉である大学が，高い教育・研究能力を有し，新産業の創出や社会的課題の解決に寄与できることが重要である。そのためには，教育・研究における競争的環境の整備，能力主義の徹底と国際競争力の強化や，優れた個人が活躍できる魅力ある「場」の形成などの施策が求められる。

② 産学連携に対する企業の理解と協力：連携の強化には，大学だけでなく企業の理解・協力が不可欠である。すなわち，企業が大学の能力をより戦略的に活用するという観点が必要となる。具体的には，大学への経営人材，専門家の派遣や，企業側の産学連携窓口の明確化などがあげられる。

③ 大学を核とした総合的な産学連携システムの構築：具体的には，日常的な

情報交換や,研究資金の提供,連携の上でのルールの共有が求められる。

馬場=後藤編[2007]によれば,産学連携の中核は,「大学と企業の相互作用による組織能力の向上」である。したがって,各教員が持つ能力を最大限に発揮できる環境整備や研究費の確保を迅速に行なうことは,教員へのインセンティブにもつながり,組織能力向上の素地となる。その意味で,初期段階にある企業と大学の連携は, win-win 関係の基盤となる環境整備が求められているといえよう。

第4節　その他のステークホルダーとの連携

❶　市民との連携

市民は,社会において実に多様な役割を担っている。例えば,消費者であるだけでなく,納税者,預金者,投資家でもある。そこで本項では,消費者としての市民,投資家としての市民,およびNPO・市民団体としての市民との連携について考察する。

消費者としての市民の役割について,功刀=野村編[2008]は,「消費者という立場で,環境対応に努める,あるいはCO_2を減らそうと努力する企業の商品やサービスを購入することで,そのビジネスや企業をどう支援していくのか」が重要になると指摘している[32]。しかし,実際の購買に移る消費者は少ない。したがって,消費者の意識を「環境問題は自らの生活に直接かかわる問題」という方向へ促し,消費者に環境配慮型製品・サービスを積極的に購入してもらうために,何らかのインセンティブを消費者に与える必要がある。

投資家としての市民には, SRI の意識を持ち,エコファンドへの積極的な投資が求められている。また,企業が開示している環境情報を入手・閲覧し,エコビジネスを積極的に推進する企業の株を購入する,という取組みも考えられよう。松下和夫[2002]は,投資家としての市民の役割について,「間接的な

がらも企業や社会に対して，環境保全の観点からよい影響を与えるための道具として，個人の金融資産選択を考え，さらにはそれらの資金がどのように投資され運用されるかに注目していくことが重要である」と指摘している[33]。すなわち，市民の企業に対するグリーンな投資は，企業の資金調達を容易にさせ，さらなるエコビジネスの推進を加速させるのである。

また，市民は，NPOや市民団体としても大きな役割を果たしている。第2章で考察したように，今日では，自然保護や環境教育などを企業と共同で行っている。このような活動によって，NPOや市民団体は，その他の多くの市民に対する環境意識の普及に加担している。

企業と市民の連携の具体例としては，「月光町アパートメント」があげられる。具体的には，東京電力，トヨタ，パナソニック3社によるLOHAS projectのミーティングから生まれたアイデアを取り入れ，それを社会に広く情報発信するものである。「月光町アパートメント」は，2008年にグッドデザイン賞（生活領域）を受賞している。

このほか，パナソニックは，ノンフロン冷蔵庫，斜めドラム洗濯機，水素と酸素から電気を生み出す家庭用燃料電池などのエコプロダクツを提供し，環境意識の高い市民との結びつきを強めている。

❷ NPO・NGOとの連携

NPO（Non-profit Organization：非営利組織）とは，行政・企業とは別に，社会的活動をする非営利の民間組織である。原則として，活動を通じて得た利益は関係者に配分せず，次の事業にあてる。一方，NGO（Non-governmental Organization：非政府組織）とは，国家間の協定によらず民間で設立される非営利の団体である。平和・人権の擁護，環境保護，援助などの分野で活動している[34]。地球環境問題の深刻化に伴い，NPOおよびNGOの役割，さらには，それらと企業とのパートナーシップが注目されるようになっている。

NPOと企業の関係は，近年になって劇的に変化している。わが国に存在する比較的活動歴の長い環境NPOの歴史をひも解くと，公害が深刻な社会問題として取り上げられるようになった1970年代前半に設立されたものが多い[35]。

したがって，企業にとってのNPOは，企業活動を阻害する団体であり，対立していた。しかし，1990年代中頃から，互いの存在を尊重しあい，対話を通じて共同で環境問題に取組む建設的な関係へと変化を遂げたのである。さらに，山本正[2000]は，企業とNPOのパートナーシップの利点を，それぞれ以下のように述べている[36]。

まず，企業側の利点は，第一に，NPOの持つ地域ニーズに関する知識や，そのニーズに応えるための専門性を活用できることがあげられる。第二に，NPOの社会的評価が高ければ，自社にそのまま反映させることが可能である点があげられる。一方，NPO側の利点は，第一に，NPOに不足しがちな消費者対応，資金，マネジメント能力を取得できる点があげられる。第二に，アカウンタビリティや費用対効果の考え，あるいは結果重視の姿勢など経営感覚を学ぶ機会の取得があげられる。

次に，NGOと企業の関係について考察する。エスティ＝ウィンストン[2006]によれば，「NGOと企業の関係は，ここ数十年で大きく様変わりしている。有力な環境NGOはどこも，中心的な活動の一つとして企業との連携を深めている[37]」。この背景には，図表7－7に示されるように，企業に対して社会的責任のある活動が求められるようになり，企業の価値観が社会性を重視するようになったことがあげられる。

例えば，ウォルマートは，ノーベル平和賞を受賞した米国のゴア（Gore, A. A.）元副大統領など社外の環境専門家を招き，従業員の環境教育に尽力している。さらに，さまざまな環境団体と対話を深め，自社の具体的な環境目標値の設定に役立てると共に，新たなネットワークを構築している。また，企業とNGOの連携の利点として，松下[2002]および，所[2005]は，次のように指摘している[38]。すなわち，①多くのNGOは，各々関わっているテーマについて，専門的な知識と経験を蓄積し，実践性を持っている。企業は，パートナーシップを築くことで，NGOのもつ専門性を得る。②NGOは，経営に関する専門性が弱く，長期的に人材を確保していく人材育成戦略も弱い。組織を担う人材は，マネジメント能力が必要になるため，企業からの支援，人材交流により，その欠点を克服し，持続的な活動が可能になる。

第7章　ステークホルダーの戦略的活用

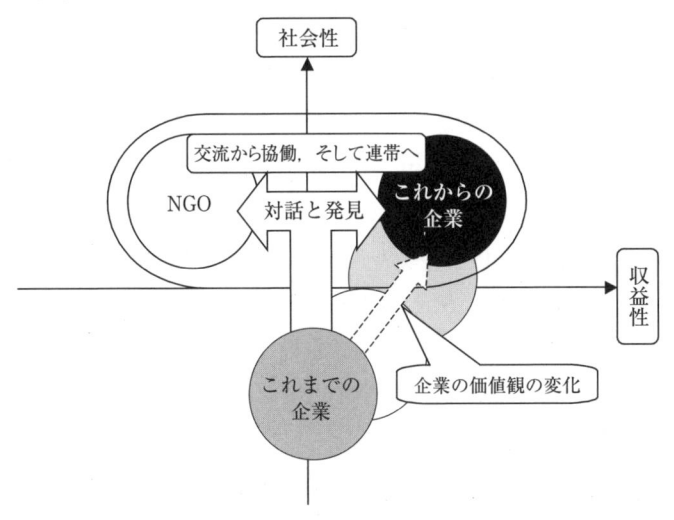

図表7－7　企業とNGOの新たなパートナーシップの時代

（出所）日本経団連自然保護基金・日本経団連自然保護協議会15周年記念号編集委員会編[2007]37頁。

このように，企業とNPO・NGOはwin-winな関係を築きつつある。エコビジネスに取組む上で，高い専門性を持つNPO・NGOとの連携は，相互にとっての早急な知識獲得に役立つため，互いの健全な発展を目指す上で有効な手段といえよう。

❸　メディアとの連携

今日では，テレビや新聞，インターネットなど，多様なメディアが存在している。メディアは，環境問題が，公害問題から地球環境問題に移り変わるとともに，その役割を変化させてきた。今日の環境報道や環境ジャーナリズムは「国民への環境情報の提供，環境教育，環境行政への影響，企業の環境保全対策の推進，NGO活動の進展，環境世論の形成などにおいて，ますます重要な役割を果たすようになって[39]」おり，環境問題に関するマスメディア報道の分析やジャーナリズムのあり方を研究する学問として，「環境メディア論」が形成されている。そして，図表7－8に示されるように，環境メディア論の対象は，「情報源」，「メディア」，「受け手（利用者）」の3つに分類される。

なお，地球環境戦略研究機関編[2001]は，「情報源―メディアの関係」について，メディアは情報提供以外に，① 企業や NGO の環境保全活動に対してどのような支援や調整の機能を果たしているのか，② 国や自治体の環境政策に対する批判，チェックの機能をどの程度果たしているのか，③ 環境保全に向けての世論形成においてどのような役割を果たしているのか，などの例をあげている。一方，「メディア―利用者の関係」については，マスメディアの報道が，環境問題をめぐる受け手の現実認識や態度形成に影響力を及ぼす，と分析している[40]。具体的には，例えば，2007年に設立された「グリーンＴＶジャパン」があげられる。同社は，環境映像専門ウェブメディアとして，地球温暖化や生物多様性などに関する番組を保有しており，視聴者に対して環境問題への現実認識や態度形成を促している[41]。

　企業とメディアがパートナーシップを結ぶことによって，メディアは，環境への意識を市民一人ひとりに浸透させることにより，社会的責任を果たすことにつながる。一方，企業は，自社の取組みを，広範囲のステークホルダーに認知させることが容易となる。しかし，メディアを活用した環境情報開示は，批判を受けるリスクを抱えていることに留意する必要がある。

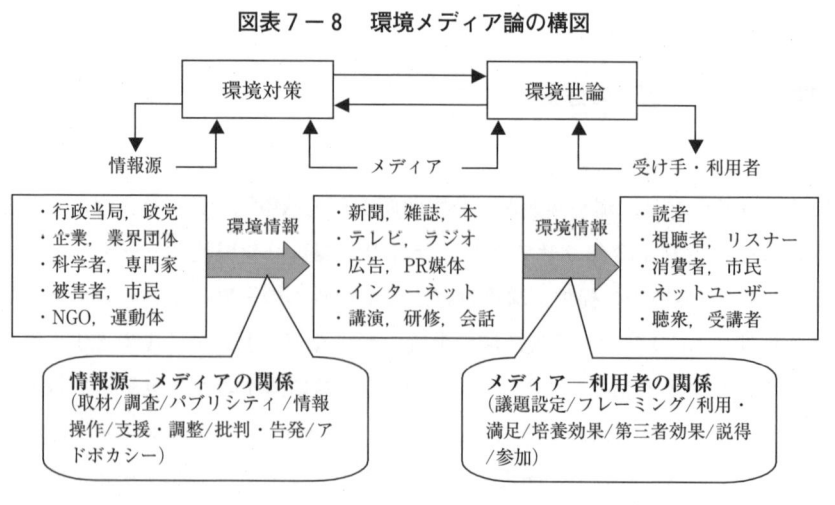

図表７－８　環境メディア論の構図

```
                  ┌─────────┐         ┌─────────┐
                  │ 環境対策 │←───────→│ 環境世論 │
                  └─────────┘         └─────────┘
                       ↑                   ↑
   情報源 ─────────    メディア ─────────    受け手・利用者

  ┌──────────────┐              ┌──────────────┐              ┌──────────────┐
  │・行政当局，政党│  環境情報   │・新聞，雑誌，本│  環境情報   │・読者         │
  │・企業，業界団体│ ═══════════>│・テレビ，ラジオ│ ═══════════>│・視聴者，リスナー│
  │・科学者，専門家│              │・広告，PR媒体 │              │・消費者，市民 │
  │・被害者，市民 │              │・インターネット│              │・ネットユーザー│
  │・NGO，運動体  │              │・講演，研修，会話│            │・聴衆，受講者 │
  └──────────────┘              └──────────────┘              └──────────────┘

  情報源―メディアの関係                   メディア―利用者の関係
  (取材/調査/パブリシティ/情報             (議題設定/フレーミング/利用・
  操作/支援・調整/批判・告発/ア             満足/培養効果/第三者効果/説得
  ドボカシー)                              /参加)
```

（出所）　地球環境戦略研究機関編[2001] 6 頁を一部加筆・修正し，筆者作成。

第5節　損保ジャパンのケーススタディ

❶ ケース

　損保ジャパン[42]は，2002年に安田火災海上保険会社（以下，安田火災）と日産火災海上保険会社との合併によって誕生した。今日では，合併以前から受け継がれている経営方針に基づき，エコファンド「ぶなの森」などを中心に，一貫した環境経営を行っている。取組みへの評価も高く，2009年に開幕された世界経済フォーラム年次総会（ダボス会議）において，「世界で最も持続可能な100社」に日本の保険会社で初めて選出された。

　第2節において，金融業がエコビジネスへ参入することによって，グリーン化が促進していることを指摘した。なかでも，損害保険会社の役割は，個人や企業が抱えるリスクの軽減であることから，環境問題への取組みは，顧客のリスク・マネジメントのために欠かせない。SRIやエコファンドは，エコビジネスを誘発する上で，これからも非常に重要な分野の1つである。したがって，以下では，環境先進企業として業界を牽引している損保ジャパンを例に，本章のテーマであるステークホルダー活用の視点から，問題点・課題について考察する。

　図表7－9に示されるように，損保ジャパンの取組みは，着実に成果を残している。この原点は，安田火災時代の後藤康男会長にあるといっても過言ではない。後藤会長は当時，経営理念に「人と自然にやさしい企業」を加えることで，企業の営利目的と環境問題を結びつけ，「企業は利益をあげなければ生きられない。しかし，企業が地球環境を無視するならば，その企業は存在するに値しない」と強調していた[43]。1990年には「地球環境リスク・マネジメント室」を，1992年には「地球環境室」を設置して組織体制を整備させながら，環境問題に取組んできた経緯をもつ。

　連携の発端は，1992年4月に，米国の環境NGOであるザ・ネイチャー・コ

ンサーバンシー（TNC）に行った支援である。支援内容は，3年間にわたり毎年1,000万円ずつ資金面での援助を，経団連自然保護基金を通して行なうことであった。さらに，1993年から2年間，TNCへ社員を派遣することにより，NGOの活動・使命への理解を深化させた。後藤会長は，さらにその後，リオデジャネイロで開催された地球サミットにも参加し，NPOや市民社会組織の台頭を再認識したのである[44]。

また，㈳日本環境教育フォーラムと共催し，「市民のための環境公開講座」を継続的に開催している。NPOと企業が協力して公開講座を開講する取組みは，日本で最初の試みであった。市民がより深く環境問題を理解し，日々の活動に活かすための場を提供するこの事業は，損保ジャパンのCSR活動の原点ともいえる[45]。このほか，環境分野のCSO（市民社会組織：Civil Society Organization）[46]での体験を希望する学生をインターン生として8ヶ月間派遣する

図表7－9　損保ジャパンが行っているステークホルダーとの連携の構図

主な活動	内容
TNCとの連携	三年間にわたり毎年1,000万円ずつ資金面での援助を，経団連自然保護基金を通して実施。また，1993年から2年間，TNCへ社員を派遣することにより，NGOの活動・使命への理解を深化させる。
日本環境教育フォーラムとの連携「市民のための環境公開講座」	累計受講者数は1万3,000人超。企業人や行政関係者を始め，主婦・学生など幅広い層が参加している。
CSOラーニング制度の導入	2007年度は，延べ69名の学生が，関東・関西・愛知・宮城地区の32のCSOで活動。

【背景】
社員の環境意識醸成
市民との協力
①

【具体的な成果】
・世界で最も持続可能な100社に選出
・世界で最も倫理的な企業2009に選出
・平成15年度地球温暖化防止活動大臣制度環境教育部門で表彰を受ける
・環境大賞受賞

②

（出所）　筆者作成。

「損保ジャパンCSOラーニング制度」を，2000年から実施している。

このように，損保ジャパンは資金や人的資源を提供することで，NPO・NGOの強化に寄与しながら，専門分野の知識やネットワークの利用を果たしている。

❷ 問 題 点

先述したように，損保ジャパンはステークホルダーと積極的に関わり，環境保全活動を行っている。しかし，このような動きは，損保ジャパンだけに限らない。例えば，図表7－10は，東京海上日動火災保険と三井住友海上火災保険の環境への取組みを比較したものである。環境への取組み方は各社で特徴があるものの，顕著な違いはない。提携に関しては，むしろ東京海上日動が，幅の

図表7－10　損害保険会社3社の環境への取組み比較

	損保ジャパン	東京海上日動	三井住友海上
SRIファンド	・損保ジャパン・グリーン・オープン ・イオン好配当グリーン・バランス・オープン（イオン銀行との共同開発）	東京海上セレクト世界株式ファンド	エコ・バランス
産学連携および市民団体との提携	TNCとの連携	・東京大学，名古屋大学との共同研究 ・約款の電子化に賛同する顧客がいた際に，植林NGOに寄付をする	環境NPOへの募金
事業活動	紙使用量の削減	グリーン電力購入	駿河台ビルの緑化
環境コンサルティング	ISO14001取得支援，土壌汚染リスク評価（損保ジャパン・リスクマネジメント）	ISO14001取得支援	エコアクション21の取得支援
環境教育	日本環境教育フォーラムとの連携「市民のための環境公開講座」	こども環境大賞の設置	・環境市民講座の開催 ・MSIGエコsmile
その他	社員によるボランティア組織「ちきゅうくらぶ」		エコ車検，エコ整備の普及。自動車部品のリサイクル

（出所）　損保ジャパン，東京海上日動，三井住友海上のホームページに基づいて，筆者作成。

広さの点で充実している。このように，今日では差別化が困難になっていることが伺える。

❸ 課題

　今後，損保ジャパンが継続的に他社との差別化を図り，優位性を持続させるには，社員一人ひとりのケイパビリティが重要となる。従来，NPO・NGO との連携で成果をあげることができたのは，社員参加型の取組みに起因する。先述した「市民のための環境公開講座」をはじめとして，一人ひとりが実際に経験して体化できたからこそ，環境リテラシーが向上したのである。例えば，1993年に設立された「ちきゅうくらぶ」は，社員全員がメンバーである。全社レベルのボランティア活動を推進し，全国のニーズに合った活動をしている。

　社員一人ひとりの能力開発は，エコファンドなど特定の商品のみの運用に限らない。周知のとおり，損害保険会社は，2006年と2007年に保険金不払い問題や支払い漏れによって，業務停止命令を受けた歴史をもつ。したがって，業界全体の信頼回復を図る上でも，社員一人ひとりが誠実な対応をとり，顧客満足を追求することが肝要である。

　損保ジャパンは，環境問題において対外的な評価が高いからこそ，今後は，ステークホルダーとの持続的なパートナーシップを実現するために，緊密なコミュニケーションを維持・発展させ，変容する NPO・NGO のニーズを的確に把握する必要がある。パートナー間のコミュニケーションが継続的に行われることは，互いの価値を認め，信頼を築くことにもつながるからである。

　また，今日では，エコビジネスに取組まない企業は，市場から排除される傾向にある。第2節で確認したように，金融業界では，SRI やエコファンドに取組む企業が急速に拡大している。損保ジャパンは，競合他社との差別化を図る一つのツールとしても，NPO・NGO との連携を推進していく必要があろう。

注）
1) 反対に，クローズド・システムとは，環境との相互作用を不必要とするシステムをさす。オープン・システムとクローズドシステムに関する研究は，例えば

Tompson, J. D. [1967]訳書4-13頁を参照。
2) ISO/SR 国内委員会・ISO26000照会原案（DIS）邦訳〈http://iso26000.jsa.or.jp/_files/doc/2009/iso26000_disjr.pdf〉
3) 蟻生［2008］17-18頁（『白鴎ビジネスレビュー』［2008/9］，所収）。
4) 功刀＝野村編［2008］129頁を一部修正。
5) ブレントスパー事件とは，ブレントスパーの深海投棄に対して，1995年に環境保護団体グリーンピースが反対運動を起こし，シェル製品の不買キャンペーンによって，シェル社が甚大な打撃を受けた事件。
6) Esty, D. C. = Winston, A. S.［2006］訳書410-413頁。
7) 中村［2007］88-91頁。
8) 同上書　98頁を一部修正。
9) エコプロダクツと経営戦略研究会［2005］〈http://www.meti.go.jp/press/20050815001/2-ecopro-set.pdf〉
10) 谷本編［2003］1頁を一部修正。
11) 功刀＝野村編［2008］211頁を一部修正。
12) 環境関連株の上昇について，『日本経済新聞』［2009/4/21朝刊］は，GS アユサ（環境車用電池），ダイセキ（廃油・汚泥処理），シャープ（太陽光電池），イデビン（排ガス用触媒），DOWA（金属資源リサイクル）をあげている。
13) 谷本編［2006a］149頁。
14) 谷本編［2003］10頁を一部修正。
15) 勝田［2003］60頁。
16) 谷本編［2003］244頁を一部修正。
17) 功刀＝野村編［2008］218頁を一部修正。
18) 同上書　225頁を一部修正。
19) 所［2005］118頁を一部修正。
20) 馬場＝後藤編［2007］2頁。
21) 同上書　97頁を一部修正。
22) 文部科学省技術・研究基盤部会産学官連携推進委員会〈http://www.mext.go.jp/b-menu/shingi/gijyutu/gijyutu8/toushin/010701.htm〉
23) Esty, D. C. = Winston, A. S.［2006］訳書133頁。
24) 安藤眞＝鵜沼伸一郎［2004］131-134頁。
25) 勝田悟［2005］まえがき2頁。
26) 鈴木［2007］107頁。
27) 日本の代表的なシンクタンクには，野村総合研究所，日本総合研究所，三菱総合研究所などがある。
28) 本項は，「シンクタンクがどのような分野においてエコビジネスと関連があるのか」を理解することが目的でもあるため，図表は一部抜粋にとどめている。
29) 鈴木［2007］119-120頁。
30) Esty, D. C. = Winston, A. S.［2006］訳書133頁。
31) 文部科学省技術・研究基盤部会産学官連携推進委員会。

32) 功刀＝野村編［2008］117頁。
33) 松下［2002］81頁。
34) 同上書　82頁を一部修正。
35) 所［2005］77頁。
36) 山本［2000］18-24頁より筆者作成。
37) Esty, D. C. ＝ Winston, A. S.［2006］訳書117頁。
38) 松下［2002］84頁。および，所［2005］77頁。
39) 地球環境戦略研究機関編［2001］3頁を一部修正。
40) 同上書［2001］7 - 9頁。
41) 『環境会議』［2009/秋号］227-231頁。なお，4～5分で構成されるコンテンツを400保有している。
42) 創業は1888年。2009年3月末現在，資本金：70,000百万円，正味収入保険料：1,290,400百万円，従業員数：17,042名となっている。
43) 山本［2000］156頁。
44) 同上書　147-148頁を一部修正。
45) 損保ジャパンCSRコミュニケーションレポート2008。
46) CSO（市民社会組織：Civil Society Organization）は，NPO・NGOと同義語。

第8章
エコビジネスと法規制

　本章では，エコビジネスと法規制について考察する。従来，環境問題への対策として，さまざまな法規制が成立・施行されてきた。エコビジネスを推進する上で，法規制への正しい理解は不可欠である。

　第一に，法規制と企業の関係について考察する。まず，企業における法規制の位置づけに関する先行研究レビューを行い，本書における態度を明確にする。次いで，法規制の分類について理解する。

　第二に，法規制への関わり方について考察する。まず，法規制の目的と重要性について理解を深める。次いで，法規制に対して積極的に取り組むか否かによって，経済効果にどのような差が生ずるのかを考察する。さらに，法規制のなかには不適切なものもあることを理解する。

　第三に，法規制の国際的な動向について考察する。まず，欧州や米国，あるいはアジアにおける法規制の概要についてレビューを行う。次いで，経済活動のグローバル化にともない，各国の法規制がエコビジネスに影響を及ぼしていることについて理解を深める。

　第四に，法規制と排出権取引について考察する。まず，排出権取引が導入された経緯を理解する。次いで，排出権取引の分類と現状について考察した後で，わが国では排出権取引が進展していないことを理解する。さらに，わが国における排出権取引の進展に向けた課題を探る。

　最後に，法規制のケーススタディとして，ホンダについて考察する。厳しい法規制に対してホンダが積極的に向き合い，競争優位を確立した経緯を分析することによって，理論と実践の融合が可能となろう。

第1節　法規制と企業の関係

❶　先行研究のレビュー

　環境に関する法規制は，1992年の地球サミットで合意した「持続可能な開発」や，1993年に成立した「環境基本法」をはじめ，図表8－1に示されるように，地球規模での環境問題解決に向けて広い範囲で整備されてきた。今後も法規制の強化が促進されることは容易に予測可能であり，法規制に対応しなければ企業は生き残れない状況になりつつある。

　従来，環境規制の強化は，企業にコスト増加や事業収縮といった悪影響をもたらすものと認識されていた。しかし，法規制にうまく対応すれば競争優位性を確保でき，他社との差別化や収益性の向上に繋がり，事業拡大の機会に繋がることが認識され始めている。このような変化によって，環境対応を支援するための新技術・サービスなどといったエコビジネスが台頭してきたともいえよう[1]。

　今日では，様々な企業においても環境規制を事業機会と捉える視点が増えている。環境規制が企業競争力を高めるという考え方は，ポーター仮説[2]として認知されており，端的にいえば，「適切に設計された環境規制は，コスト低減・品質向上につながる技術革新を刺激し，その結果国内企業は国際市場において競争上の優位を獲得し，他方で産業の生産性も向上する可能性がある[3]」ことを指し，静学モデルと動学モデルの2つのモデルに大別される[4]。

　静学モデルとは，時間の概念を含めず，技術・製品・生産工程・顧客ニーズなどは，あらかじめ一定の条件で固定されている考え方である。したがって，静学モデルにおける環境規制は企業のコストアップ要因となる。一方，動学モデルは，時間の概念が含まれており，企業経営を取り巻くあらゆる変化を視野に入れている考え方である。したがって，動学モデルにおいての環境規制は，初めは企業のコストアップ要因として働くものの，やがて時間の経過とともに

第 8 章　エコビジネスと法規制

図表 8 − 1　国内における法規制の導入とそのポイント

年	法案	ポイント
1991	再生資源の利用の促進に関する法制定	■資源の有効活用や，廃棄物の発生抑制を図る ■企業に対して，製品の設計段階から再生利用を考えた製品づくりを促し，かつ製造工程での再生資源の利用促進についても規定
1993	環境基本法制定（1994年完全施行）	■環境負荷の低減と持続的に発展する社会の構築。 ■大量生産・大量消費・大量廃棄からの脱却 ■国，地方公共団体，事業者および国民の責務の明確化
1999	PRTR法公布	■事業者は2001年度から対象化学物質の環境中への排出量などの把握を開始。2002年度からは，環境への排出量，異同を届け出るとともに集計，公表
2000	容器包装リサイクル法施行	■容器包装の回収・リサイクルシステムを規定 ■消費者・市町村・企業の役割分担を明確化
2001	循環型社会形成推進基本法施行	■①発生抑制（Reduce），②再利用（Reuse），③再生利用（Recycle），④熱回収（Thermal Recycle），⑤適正処分，の順位づけ ■拡大生産者責任（EPR）を一般原則として位置づけ
	廃棄物処理法改正	■廃棄物の定義 ■廃棄物処理業者に対する許可，廃棄物処理施設の設置許可，廃棄物処理基準の設定
	資源有効利用促進法施行	■設計段階における3R配慮，かつ製品製造段階における3R対策 ■一般廃棄物および産業廃棄物の約5割にあたる10業種69品目を対象
	家電リサイクル法施行	■消費者，小売業者，家電メーカーなどの役割分担を明確にし，減量化やリサイクルを推進 ■対象はエアコン，テレビ，冷蔵庫，洗濯機
	食品リサイクル法施行	■食品廃棄物の発生抑制と減量化による最終処分量の減少および，肥料や飼料などへのリサイクルの推進
	グリーン購入法施行	■国・地方自治体の率先した環境物品購入を規定 ■事業者や国民については一般的責務として記載 ■125品目について環境物品としての判断基準が設定
2002	エネルギー政策基本法施行	■安定供給の確保，および環境への適合。 ■安定供給の確保と環境への適合を考慮した上で，市場原理の活用
	建設資材リサイクル法施行	■建設物の解体工事などに伴って排出されるコンクリート廃材，アスファルト廃材，廃木材の分別およびリサイクルの推進
	省エネルギー法改正	■民生業務部門などに大規模工場に準ずるエネルギー管理の仕組みや，建築物の建設段階において適切な措置を講ずることを促進する仕組みを導入
	土壌汚染対策法公布	■使用が廃止された有害物質仕様特定施設に関わる工場または事業場の敷地であった土地の調査 ■土壌汚染による健康被害が生ずるおそれがある土地の調査 ■土壌の汚染状態が基準に適合しない土地を指定区域として指示・公示
2003	自動車リサイクル法一部施行	■使用済み自動車のリサイクル・適正処理を推進 ■所有者および関連業者の役割分担，費用などを規定 ※完全施行は2005年

（出所）　矢野昌彦他［2004］33-34頁を一部抜粋し，筆者作成。

イノベーションが起き，規制遵守のコストを相殺し，さらに時間の経過を経て初期費用を上回る利益を企業にもたらすと考えられている[5]。

すなわち，静学モデルの枠組みでは，環境規制対応は単なるコストアップ要因でしかなく，企業に対してメリットを生み出さない。一方，動学モデルでは，効果的に規制に対応することによりイノベーションを創出し，企業の国際競争力を強化させるものとされている。このように，企業と法規制の関係は，コストと捉えるのか，事業機会と捉えるのかの2通りの考え方が存在している。

❷ 本書における法規制の位置づけ

上述したように，企業と法規制の関係は，① コストアップ要因として企業にマイナスの影響を与える，② 成長要因として企業にプラスの影響を与えるという2通りの考え方が存在する。環境を軸にした技術革新が経済成長に大きな寄与をもたらすという後者の立場は，批判する主張が一部ではあるものの[6]，大きな注目を集めているのは事実である。

ポーター仮説に近い考え方として，例えば尾崎弘之[2009]は，CO_2削減に取組む電機業界や鉄鋼業界の動向を踏まえた上で，規制を先取りすることが事業機会につながることを指摘した[7]。また，市川[2004]は，環境経営にうまく取組む上で，「最も重要視されるべきは，製品環境ポリシー（製品の環境影響に関する規制）のグローバリゼーション」と強調し，欧州などで導入されている環境規制への対応が，取引を成立させる上で不可欠となっている状況を考察している[8]。さらに，鹿島建設や清水建設などの建設業界においても，揮発性有機化合物[9]（VOC）対策としての浄化工法などを積極的に開発している[10]。

すなわち，環境負荷低減に向けた法整備に対して，義務的に対処するのではなく，他社に先駆けて自主的な活動を展開することによって事業機会にしている企業が多いのである。

以上のような立場に基づき，本書では，ポーター仮説における動学モデルの考え方を支持する。したがって，環境規制は企業にイノベーションを生み出す契機となり，資源生産性を高め，環境負荷と企業のコスト削減を同時に達成させるとともに，企業に競争上の優位性をもたらす新たな事業機会になるという

立場をとる。企業における法規制の位置づけは，単なるコスト要因ではない。

❸ 法規制の分類

図表8-1に示されるように，今日整備されている法規制は様々であり，今後も増え続けることが容易に予想できる。三菱総合研究所[2001]は，代表的な環境政策の手法を以下の6つに分類している[11]。環境政策は，法規制とは異なるものの，広義に法規制をとらえる際には非常に有効な指標となる。

① 直接規制的手法：法令に基づく統制的手段により，示された目標と最低限の遵守事項を達成する手法。
② 枠組み規制的手法：法で遵守すべき手順や手続き等のルールを示し，その遵守を義務付け，その枠内においては，経済主体や市民の自主的，自発的な環境保全努力によって対処する手法。
③ 経済的手法：市場メカニズムを前提とし，経済的インセンティブを介し，経済主体の合理的行動を誘導することで，政策目標を達成する手法。(例えば，課徴金，補助金制度，排出権取引など)
④ 自主的取組み手法：自らの行動に一定の努力目標を設けて対策を実施する，自主的な環境保全のための取組み。
⑤ 情報的手法：事業活動及び製品・サービスについて，環境負荷などに関する情報化の開示と提供を進めることで，各主体の環境に配慮した行動を促進しようとする手法。(例えば，環境ラベル，環境報告書，LCAなど)
⑥ 手続き的手法：各主体の意思決定過程において，環境配慮のための判断を実施する機会と環境配慮に際しての判断基準を組み込む手法。

6つの手法の特徴や有効な分野は様々である。また，図表8-2に示されるように，それぞれの手法は独立して存在しているのではなく，関連性があるため，複数の手法をうまく組み合わせることが他社との差別化を図るポイントとなる。すなわち，複数の政策手法とのポリシーミックスによる政策的統合をすることにより，新たな制度の運用状況や最新の技術開発・環境変化に柔軟に対応することが重要となる。

図表8-2 環境政策手法の分類

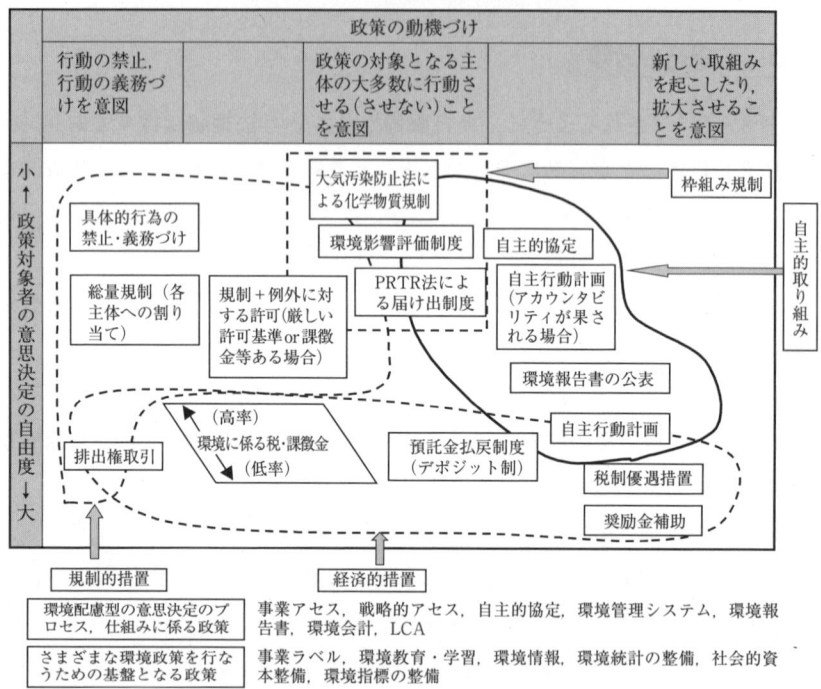

	政策の動機づけ		
	行動の禁止,行動の義務づけを意図	政策の対象となる主体の大多数に行動させる(させない)ことを意図	新しい取組みを起こしたり,拡大させることを意図

小↑政策対象者の意思決定の自由度↓大

- 具体的行為の禁止・義務づけ
- 総量規制(各主体への割り当て)
- 規制+例外に対する許可(厳しい許可基準or課徴金等ある場合)
- 排出権取引
- 大気汚染防止法による化学物質規制
- 環境影響評価制度
- PRTR法による届け出制度
- 環境に係る税・課徴金 (高率)(低率)
- 預託金払戻制度(デポジット制)
- 自主的協定
- 自主行動計画(アカウンタビリティが果される場合)
- 環境報告書の公表
- 自主行動計画
- 税制優遇措置
- 奨励金補助
- 枠組み規制
- 自主的取組み

規制的措置
- 環境配慮型の意思決定のプロセス,仕組みに係る政策
- さまざまな環境政策を行なうための基盤となる政策

経済的措置
- 事業アセス,戦略的アセス,自主的協定,環境管理システム,環境報告書,環境会計,LCA
- 事業ラベル,環境教育・学習,環境情報,環境統計の整備,社会的資本整備,環境指標の整備

※実際の政策手法の適用に当たっては,政策の実効性,政策の実施コスト等の要素も考慮される。

(出所) 環境庁企画調整局調査企画室編[2000]117頁を一部修正し,筆者作成。

第2節　法規制への関わり方

❶ 法規制の目的と重要性

　今日，世界各国の企業は環境問題への関心を高め，法規制への対応は，ますます重要性が高まりつつある。その背景には，法規制の目的であるサスティナビリティ社会の構築・維持が，今まで以上に求められるようになったことがあげられる。

従来，企業にとっての法規制は，環境改善をするという見方がある一方で，コスト要因として捉えられていたため，コスト回避のために仕方なく対応する傾向が強かった。しかし，① ステークホルダーや企業の環境に対する意識の向上や，② 企業が法規制の重要性を十分に理解するようになり，現在は法規制に積極的に対応する企業が増えている。

　そこで，企業にとって法規制の重要性は，法規制と企業の相互関係にある[12]。例えば，企業は，新たな規制が制定されることにより，事業の仕組みを変えて規制に対応する。また，新たな規制が制定されることを予測して，予め対処法を用意する場合もある。すなわち，規制と企業は，お互いに改善を繰り返しながら，サスティナビリティ社会の構築を目指している。企業は，法規制への適応を図るなかでイノベーションを生み出す可能性を持っており，競争優位の源泉を得ることが可能となる。

　したがって，正確に法規制の目的を理解した上で規制に向き合うことが，企業の持続可能性や環境保全の観点において非常に重要となる。しかし，単に法規制に対応するだけでは，環境はよくなるものの，今後の企業の成長においては，十分とはいえない。規制に対する企業の態度の違いで，規制が単なるコストとなり，企業の成長要因とならない場合も存在する。したがって，以下では企業の規制に対する立場の違いを考察する。

❷ 企業の積極的対応・消極的対応

　上述したように，企業の環境規制に対する立場は，① 積極的に環境規制と向き合い利益の創出に結びつける企業と，② 環境対応はあくまでコストであり，消極的にしか取組まない企業，の2つに大別される[13]。以下ではマスキー法を例に，積極的に取組むことにより企業の成長要因となった場合と，消極的に取組むことによりコストアップ要因となり企業衰退要因となった場合について考察する。

　マスキー法とは，1970年に米国のマスキー上院議員（Muskie, E. S.）が提案した「大気浄化法改正案第二章」のことである。内容としては，1975-1976年以降に製造される自動車の排ガスに含まれる一酸化炭素・炭化水素・窒素酸化

物の排出量を1970-1971年型の10分の1まで削減する（窒素酸化物のみ1976年以降）という，当時としては技術的にも非常に厳しい内容であった[14]。したがって，米国の自動車産業はマスキー法に対して消極的に対応し，実施が大幅に後退していたのである。

一方，日本では，本田技研工業株式会社（以下，ホンダ）を筆頭に積極的な技術開発や改善によって，CVCCエンジン（Compound Vortex Controlled Combustion：低公害エンジン）を開発し，ガソリン乗用車の一酸化炭素・炭化水素・窒素酸化物の排出量を10分の1まで削減するという規制の内容を達成した。さらに，木全[2004]が考察したように，製品開発の面だけでなく，従業員の環境配慮型製品開発への意欲を高め，企業活動にもプラスの効果を与えたのである[15]。しかし，規制対応は困難であるとして規制の先送りを図り，技術開発を怠ったビッグスリーは低迷を続け，GMは自動車生産・販売台数において，2007年に低公害車・ハイブリット車を開発したトヨタ自動車に追いつかれることとなった[16]。

図表8－3に示されるように，規制の変化に対して積極的に取組む企業は，新たなイノベーションを生み出し，規制の変化に消極的な企業に対して差別化を図ることが可能となる。今後，企業が環境規制に対応するためには，積極的な対応が重要となるであろう。しかし，ホンダを例に考察したように，積極的に規制に対応して競争優位を獲得するためには，①トップの先導力，②戦略的提携，③社内の体制が必要不可欠となる。

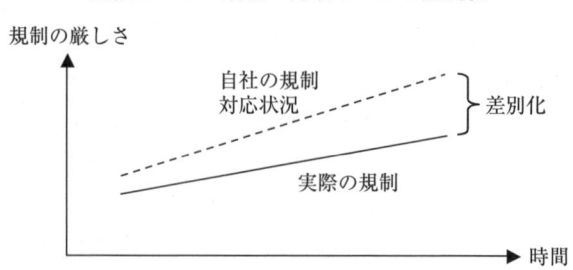

図表8－3　規制の先取りによる差別化

(出所)　尾崎[2009]112頁。

③ 適切な規制・不適切な規制

　上述したように，法規制に積極的な対応を示すことが競争優位につながることは多い。しかし，企業を取り巻く法規制のなかには，問題点のある規制が存在するのも事実である[17]。

　適切に設計された規制は，例えば1999年に試行された「改正省エネ法」があげられる。特に，製品機器1台当たりのCO_2の排出削減を確実に果たせる手段として「トップランナー方式」が注目を集めている。トップランナー方式とは，現在商品化されている製品のなかで，省エネルギー性能が最も優れている製品を基準として，どの製品もその基準以上の性能を目指さなければならないという制度である[18]。

　この制度により，トップに立つことで他社に対し競争優位を得ることができ

図表8－4　適正に設計された規制のメリット

メリット	内　容
①非効率な資源利用や潜在的な技術向上への転換	廃棄物の測定・最小化，有害物質の除去費用を削減する方法などの分野で特に効果的。
②情報収集によって企業の意識を高め，収益向上につながる	スーパーファンド法の改正や欧州で普及されている各種法規制に対応する過程で情報収集は必然的に不可欠となる。
③確実性が高まり，外部の投資意欲を注ぐ	環境規制によって，不確実性が減少する。
④イノベーションや進歩を促す圧力となる	イノベーションとして，①強力な競合の存在，②原材料の価格の上昇のほかに，環境規制も圧力となりうる。
⑤過渡的なビジネスの分野では，公平な条件を維持する役割を果たす	イノベーションによる解決策がみつかるまでの間，環境投資を避けてきた企業だけが一方的に利益を得ることがなくなる。
⑥イノベーションと環境コストの相殺	イノベーションと環境コストの相殺が不十分な場合，環境規制が非常に役立つ。

（出所）　三橋[2008]11-13頁を参考に，筆者作成。

る一方で,基準に達しない場合は,企業名を公表され,生産中止に追い込まれる場合もある[19]。また,家電業界は,省エネ性能だけを基準に組み込み,製品の多様な機能や特徴を考慮に入れないことに対して反発している[20]。しかし,三菱総合研究所[2001]が指摘するように,「不特定多数の消費者に対して効用を変えることなく省エネルギー対策を進める上で,確実性の高い対策」でもあることから[21],製品水準の大幅な底上げを図り,省エネ製品開発への企業努力を促す政策といえよう。

今後は,環境性能と製品の多機能の両方を取り入れた基準をもうけることが必要となる。環境規制にも同じことがいえ,環境保護だけを追求するのではなく,消費者のニーズも損なわないような環境規制を制定することが,企業の環境への取組みを促進させる。

図表8-4に示されるように,適正に設計された規制によるメリットは大きいことからも,高い目標を達成できるような規制の厳しさを踏まえた上で慎重に策定することが不可欠である。

第3節　法規制の国際的な動向

❶　関連法案導入の歴史

環境法規制の導入は,多くの国で行なわれており,日本に影響を与える内容は多い。以下では,代表例として,欧州・米国・アジア圏について考察する[22]。

① 欧州:欧州は環境への意識が高く,先進的な環境法が数多く制定されている。また,EUの設立により,今日ではEUで統一して環境法が整備され始めている。施行の方法は内容によって異なる。具体的には,各国の国内法に優先する拘束力をもつ規制(例えばREACH規制),実施するための形式や手段の権限は各国に委ねられる指令(例えばWEEE指令),特定の加盟国や企

第8章 エコビジネスと法規制

業，あるいは私人を対象とした決定，法的拘束力を有しない勧告・意見の4つに分類される。

② 米国：環境問題への認識は，1800年代後半の自然保護運動に始まり，1891年に森林保護法などが制定されている。また，1978年のラブキャナル事件や1989年のエクソン・バルディーズ号事件など，相次ぐ事故による教訓としても様々な法規制や原則が策定され，企業経営に大きな影響を及ぼしている。なお，米国は連邦法と州法に分かれているため，双方の導入状況を加味する必要がある。

③ アジア圏：中国では，1989年に環境保護法が改正された。また，自然資源を保護するために，森林法・土地勘管理法・草原法なども制定されている。国土面積が広く多民族国家であるため，地方法規が重要な役割を果たしている。韓国では，環境政策基本法などを中心に，1990年初頭までに環境法が整備されているものの，適用状況が十分ではない。シンガポールの環境法は，環境衛生に関する法規と公害防止に関する法規で構成されている。また，

図表8－5 世界の環境規制の進展

（出所）青木[2008]12頁を一部修正。世界地図は，〈http://www.sekaichizu.jp/atlas/worldatlas/p800_worldatlas.html〉を引用。

「シンガポールはアジアでは環境経営の先進国[23]」であり，企業は行政の指導を受けながら，環境経営を進めている。

なお，図表8-5は，上記にあげた地域に限らず，環境規制の動向を示したものであり，特に欧州の規制が他国に影響していることが伺える。今日では，環境法規制の対象とする範囲がマクロレベルからミクロレベルの内容へと変化しており，製品に含まれる有害物質へと徐々に視点が移行している[24]。したがって，企業は，こうした環境の動きや法規制の変化に対応するために，より綿密な環境配慮の経営が重要となろう。

❷ WEEE，RoHS，REACH規制への対応

環境に関する法規制は，グローバルに活動する企業に対して大きな影響をもたらす。今日では，特に欧州の環境規制が注目を集めている。青木[2008]が指摘するように，欧州では，①廃棄する電気・電子機器の増加や，②ダイオキシンなどの化学物質による環境汚染事故を背景として，自然環境への調和が強調されている。したがって，以下ではこのような動きに伴って制定されたWEEE指令，RoHS指令，REACH規則について考察する。

① WEEE指令[25]：「廃電気電子機器の予防や，リユース，リサイクルを推進し，さらに，その処理に製造者等を参加させることで，製品の環境パフォーマンスを向上させることを目的としている[26]」。WEEE指令は，日本の家電リサイクル法と比較して規制範囲が広い[27]。家電製品などの不法投棄は，中長期的には市民の健康を脅かすことからも，徹底した取組みが不可欠となっている。

② RoHS指令[28]：WEEE指令を補完するものとして，同時期に導入された。具体的には，電気・電子機器における特定有害物質[29]の使用制限に係る指令であり，電気・電子機器に含まれる有害物質の私用を禁止または制限している[30]。したがって，欧州に製品輸出を行っている企業は，製品に有害物質が含まれないように，自社のサプライチェーンを見直さなければならず，多くの国において同様の規制を導入している。例えば，日本では，資源有効利用促進法や化学物質審査規制法を改正しており，米国（カリフォルニア

州）では，RoHS 指令に類似の SB20 を取り入れた。また，中国では，電子情報製品汚染制御管理弁法や清潔生産促進法が施行されている[31]。

③ REACH 規制[32]：「EU 域内で化学物質などを製造・輸入する事業者に，登録，評価，認可，制限といった様々な規制を課し，健康や環境に悪影響を与えるリスクがある化学物質を管理する」ことをさし，企業に対して新規物流物質のデータだけでなく，約3万種類もの既存流通物質の安全性データも提出するように義務づけている[33]。

REACH 規制によって，化学物質の大部分を占める既存流通物質の安全性を確認することが可能となったものの，一部においては課題もある。例えば，REACH 規制の手続き上の要求を満たすためには，多くの人材や資金が必要となるため，中小企業は対応が困難な場合が多い[34]。

このように，環境法規制は，制定した国だけにとどまらず，様々な国に影響を与えている。グローバルに活動している企業にとって，法規制に対応しないことは国際競争力を失いかねない。このことからも，世界的な法規制は，ビジネスライセンスにも関わる問題といえよう。

❸ ビジネスライセンスとしての重要性

岸川他[2003]が考察するように，今日では，建設業において ISO の取得が公共工事の入札条件となり，また，シーメンス（独）やノキア（フィンランド）も資材調達の入札条件に EMS の認証取得を加えている[35]など，環境問題への取組みがビジネスライセンスとなりつつある。以下では，企業が戦略的に規制と向き合い，ビジネスライセンスを失わないための経営課題を3つ取り上げる[36]。

第一に，環境適合設計によるグリーン調達・購入があげられる。グリーン調達への対応は取引先との関係を左右するため，取引先の要求に迅速に対応できるように，全社レベルで準備することが望ましい。そのためには，環境適合設計を取り入れ，あらゆる業務ステージにおける意思決定において，環境への的確な取組みを実施していくことが重要である。取引先への対応が遅れるとコストが増大し，ビジネスチャンスを失うであろう。

図表 8－6　ビジネスライセンス獲得のための基本的課題

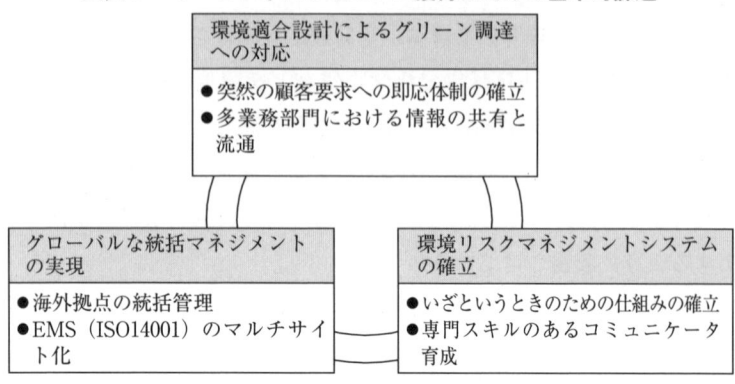

```
            ┌─────────────────────────────┐
            │ 環境適合設計によるグリーン調達│
            │ への対応                     │
            │ ●突然の顧客要求への即応体制の確立│
            │ ●多業務部門における情報の共有と│
            │  流通                        │
            └─────────────────────────────┘
              │                         │
┌──────────────────────┐  ┌──────────────────────────┐
│グローバルな統括マネジメント│  │環境リスクマネジメントシステム│
│の実現                │  │の確立                    │
│●海外拠点の統括管理    │  │●いざというときのための仕組みの確立│
│●EMS（ISO14001）のマルチサイ│  │●専門スキルのあるコミュニケータ│
│ ト化                 │  │ 育成                     │
└──────────────────────┘  └──────────────────────────┘
```

（出所）　市川［2004］47頁に基づいて筆者作成。

　第二に，グローバルな統括環境マネジメントの実施があげられる。近年，業務を海外にシフトしている企業は数多く存在するため，現地にいる管理者とサプライヤーの環境意識や能力にばらつきがでないよう，統括した環境マネジメントを展開することが重要となる。IBMやシーメンスでは，すでにこうした動きに移行している。

　第三に，環境リスクマネジメントシステムの確立があげられる。例えば，環境規制への取組みに関して説明責任を果たすために，影響力の大きいマスコミや環境団体などとのコミュニケーションを継続的に図ることが不可欠であろう。そのためには，相互理解の確立が可能な人材を育成する必要がある。

第 4 節　法規制と排出権取引

❶　排出権導入の背景

　1997年に，京都でCOP3（気候変動枠組条約第三回締約国会議）が開催され，京都議定書が採決された。この会議では，周知のとおり，温室効果ガス削減の

具体的な数値目標について議論が行なわれ，わが国は，2010年に1990年の排出量よりも CO_2 をはじめとする温室効果ガスを6％削減する義務を負った。しかし，みずほ情報総研[2008]が指摘するように，これまで省エネ対策を推進してきた日本では，諸外国に比べて削減余地が少なく，「自国での削減のみで目標達成を図るとすれば大きな負担を伴う[37]」ことになる。すなわち，太陽光や風力などの新エネルギーへの転換や，生産工程の見直しを行い，エネルギー効率を高めるなどといった自助努力で CO_2 を削減する方法では限界がある。

そのような状況のもと，経済負担を考慮しながら削減目標を達成するための柔軟措置として策定されたのが京都メカニズムである。京都メカニズムとは，図表8－7に示されるように，①排出権取引，②より削減費用の低い国で投資を行い，その排出削減量を自国の削減実績に組み込むJI（共同実施），③CDM（クリーン開発メカニズム），の3つの手法がある。

なかでも注目を集めている排出権取引は，割当て分の温室効果ガス量以下に排出を抑えられた場合は，余剰分の権利を売り，反対に割当て分を上回る場合は，権利を買うという制度である。これらの手法は，排出削減のための限界費用の低い国から高い国に排出権を移転させたりすることで，コスト最小化と効果最大化を狙うことのできる手法である[38]。

図表8－7　京都メカニズムの3つの手法

（1）排出量取引：京都議定書17条
(Emission Trading Scheme)

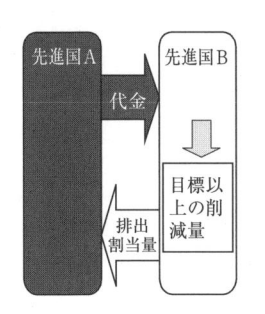

（2）クリーン開発メカニズム：京都議定書12条
(CDM = Clean Development Mechanism)

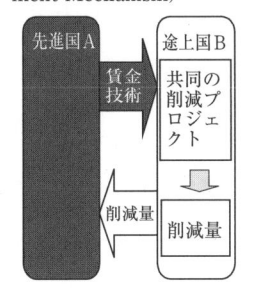

（3）共同実施：京都議定書6条
(JI = Joint Implementation)

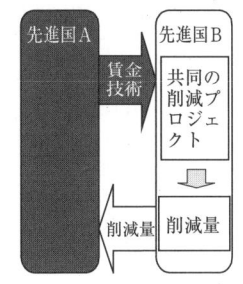

（出所）　北村慶[2008]67頁に基づいて筆者作成。

現在，各国内や複数国内で創出される排出クレジットの取引に関わる世界市場は600億ドルを超えている[39]。特に積極的な導入をしているのが2005年からEU域内でスタートしたEU-ETS[40]である。EU-ETSは，世界に先駆けて排出権取引制度を実施したこともあり，2008年7月現在で，世界の排出権取引の99%を占めている[41]。また，井熊＝足達[2008]によれば，EU-ETSが排出権取引において中心的な地位を獲得している理由は，3つのフェーズに分けて取引制度の進化を図っている点にある[42]。

❷ 排出権取引の分類と現状

　排出権取引制度は，図表8－8に示されるように，2つの方式に分類される[43]。

① キャップ＆トレード方式：温室効果ガスの総排出量を設定した上で，個々の国や企業などの排出主体にそれぞれの排出枠を配分する。そして，その排出枠の一部を移転することを認める方式である。グランドファザリング（実績按分）やオークション（競争入札）などの配分方法と組み合わされて用いられるケースが多い。

図表8－8　排出権取引制度における方式の比較

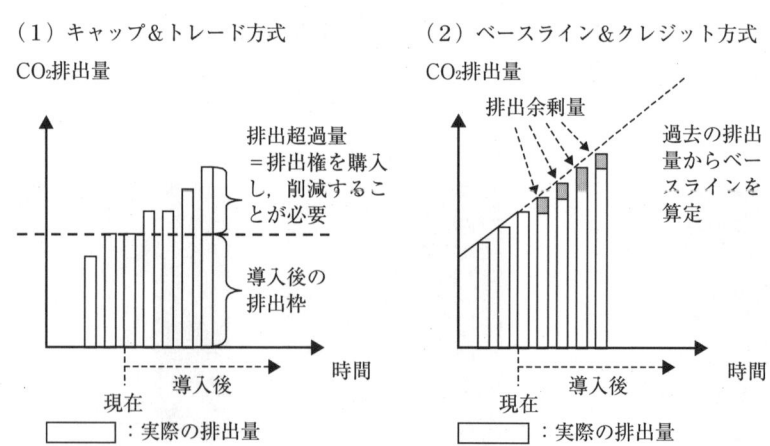

（1）キャップ＆トレード方式
CO_2排出量

（2）ベースライン＆クレジット方式
CO_2排出量

（出所）みずほ情報総研[2008]51頁を参考に筆者作成。

② ベースライン&クレジット方式：削減への取組みを実施しなかった場合を基準（ベースライン）として定める。そして，ベースラインに対して温室効果ガス削減プロジェクトの実施により得られた削減量をクレジットとして認定し，そのクレジットを売買する方式である。

現在の排出権取引市場は，米国・オーストラリアの政権交代によって大きな変化をみせている。京都議定書が採択された当初は，世界最大の排出大国である米国やオーストラリアが離脱したため，実効性は限られるという意見が国際的に広まっていた。しかし，2007年にオーストラリアでは，ラッド新政権の発足によって京都議定書が批准され，温室効果ガス削減義務を負うことを世界に宣言した[44]。また，米国では，2009年発足した新政権によって，地球温暖化対策に積極的に取組み，キャップ&トレード方式をベースとした排出権取引が全米に導入されることがほぼ確実となっている[45]。今日では，総排出量の約5分の1を占める中国が，依然として後ろ向きな態度を示しているものの，米国とオーストラリアの参加によって，低炭素社会の実現に大きく前進したといって過言ではない。

一方，排出権取引には様々な問題も存在する。例えば，日本総合研究所[2008]は，産業界の意見を踏まえた上で，① 過去の省エネ努力の成果など，エネルギー効率を反映していない国別キャップのもとでは，各産業・企業に対するキャップも不公平となる，② そもそも，各産業・企業の成長，変動をふまえた公平なキャップ設定は困難であり，公正な競争が歪められることなどをあげている。このほか，ホットエア問題[46]のように構造的な弱点もある。

排出権取引制度は，CO_2を削減する効果的な手法ではあるものの，以上のような懸念材料を検討・克服することが将来的に不可欠といえよう。

❸ わが国における排出権取引

日本における京都メカニズムの取組みを概観してみると，エコビジネスネットワーク編[2009]が考察するように，欧州と比較して国内政策に対する補完的な位置づけでしかなく，一部の大手企業が排出クレジットを売買している程度である。大串卓矢[2006]は，排出権取引の導入が日本で進展されていない背景

を2つあげている[47]。すなわち，①排出権取引が統制経済になりかねないという日本経団連からの反発，②電力や鉄鋼などのエネルギー多消費型産業は削減余地が少ないため，これ以上の削減が困難な点である。①については，排出枠によってエネルギーの最大消費量に制約が生じるため，企業の成長に大きな障害を与えかねないことを指す。この2点は，先述した日本総合研究所[2008]の指摘と共通している。

今日では，京都メカニズムの活用は，CDMなど海外での事業開発や事業への投資に関わる内容が中心となっており，「省エネ関連のCDMでは，パナソニックやデンソーがマレーシアの各自社工場で機器更新や高効率機器を導入した例や，ODAを通じてインドの地下鉄に三菱重工業製の回生ブレーキが採用された例などがある[48]」。

しかし，排出量削減の政策では，先進国でもいっそうの温室効果ガス削減が必要であるため，自国内で最大の努力を行なった上でCDMに取組むという優先順位が重視される[49]。国内市場が拡大されることにより，次世代産業は成長し，日本産業が世界をリードすることにもつながるのである。

したがって，国内での排出権取引市場を育成させる目的として，2008年10月に自主参加型排出量取引制度が開始された。エコビジネスネットワーク編[2009]によれば，この制度は，排出権取引と国内クレジット制度[50]で構成されており，参加申請者数は2009年3月19日現在で523社となっている[51]。中小企業は，エネルギー消費量が比較的少ないことや，技術や資金調達の手段が限られていることを理由に，排出削減が進まない場合が多い。したがって，この制度によって大企業の資金や技術を活用して排出削減を促進させることで，中小企業が温暖化対策に取組みやすくなることが期待されている。また，削減余地が少ない大企業は，中小企業への技術移転によって新たな削減余地が生まれるため，CO_2削減資金の海外流出を防ぐことが可能となる。例えば，公立大学法人横浜市立大学において，東京電力株式会社との共同実施による排出削減事業が承認されている。

排出権取引は，ほとんどの国で大企業が中心となっているため，中小企業を巻き込んだ制度が確立すれば，世界的なモデルとなりうるであろう[52]。

今後，CO_2 を含めた温室効果ガス削減に向けて，① 排出量に関する規制を遵守しているか否か，② 排出量の絶対量が同業他社に比べてどうか，という定性的・定量的両面の評価が重要となる[53]。現在，カーボンディスクロージャープロジェクト[54]による日本企業の評価は，欧米と比べてリスク分析や CO_2 マネジメント能力が低いとされている。したがって，企業を総合的に俯瞰し，地球温暖化問題に対して最適な対応策が選択できるような全社的な組織体制を整えることが重要となる。

第5節　ホンダのケーススタディ

❶　ケース

　本章では，一貫して企業を取り巻く法規制について考察した。繰り返しになるが，本書ではポーター仮説を支持しており，環境規制への積極的な取組みは，競争上の優位性をもたらす新たな事業機会になるという立場をとる。この考え方は，先述したホンダの取組みなどの事例に裏付けられている。
　そこで本節では，環境規制を機会として捉え，大きく成長することに成功したホンダ[55]をケースとして取り上げる。
　土屋勉男他［2007］によれば，世界の自動車産業を取り巻く環境は，地球温暖化問題への要請によって大きく変化しており，温室効果ガスの増加を大きく左右する輸送部門・産業部門に求められる役割は大きくなっている[56]。なかでも，自動車産業に対する環境規制は世界的に高まりつつある。
　先述したとおり，マスキー法の制定後，米国の自動車メーカーが対応は困難であると強く訴えた一方で，ホンダだけは「四輪車で最後発メーカーのホンダにとって，他社と技術的に同一ラインに立つ絶好の機会」として，排気ガス浄化の研究に果敢に挑んだ[57]。そして，1972年に世界初の低公害エンジンであるCVCCを期限前倒しで完成させ，米国でマスキー法をクリアした最初のエ

図表8－9　マスキー法成立までの流れとホンダの活動

年	内容
1963年	米連邦政府が大気清浄法を制定
1965年　夏	ホンダ，大気汚染研究グループを発足
1967年8月	日本で公害対策基本法施行
1970年12月	米で大気清浄法の大幅修正案（マスキー法）が成立
1971年2月	ホンダ，CVCCを73年に商品化すると宣言
1972年10月	ホンダ，CVCCエンジン発表
同年　12月	CVCCエンジン単体で米マスキー法の合格第一号に
1973年3月	米環境保護庁（EPA）の公聴会で75年規制達成は可能と証言
同年　12月	CVCCエンジン搭載の「シビックCVCC」を国内で発売
1974年11月	「シビックCVCC」として米マスキー法の合格第一号に
1975年	マスキー法施行

（出所）　日刊工業新聞社編[2002]153頁を一部修正。

ンジンに認定された。国内では，1972年に販売したシビックに1973年から搭載し，北米向けには1975年から搭載して「世界で初めてマスキー法をクリアしたシビック」は，ホンダの四輪者メーカーとしての地位を確立するクルマとなった[58]。さらに，ホンダのシビックは，1970年代の優秀技術車に選定され，世界の自動車業界からも大いに注目された。この時代の経験が，米国に強いホンダに育てあげたといえよう[59]。図表8－9は，マスキー法の流れとホンダの活動を簡略化したものである。

❷　問題点

御堀直嗣[2002]によれば，バブル崩壊直後のホンダは，国内販売で三菱自動車に続く4位であり，軽自動車を除けばマツダにも先を越される5位にとどまっていた。しかし，ホンダは1994年発売のミニバンであるオデッセイで挽回し，2001年には史上最高の売上高を記録するとともに，大企業病に陥っていたどん底の時代から抜け出したのである[60]。その背景にあるのは，現在も続く

ミニバンブームの到来と北米市場での業績の好調さであった。また，日経産業新聞編[2005]によれば，魔法のエンジンとも呼ばれたCVCCエンジンを搭載したシビックの開発は，ホンダが四輪車事業で飛躍するターニングポイントとなったのである。そして，ホンダに対する「環境先駆者」のイメージを確立する契機となり，国際競争力を高めた。

さらに，2000年モデル・アコードは，当時2004年から米国カリフォルニア州にて施行される新・自動車排出ガス規制「LEV II」の中で最も厳しい基準である極超低公害車（Super Ultra Low Emission Vehicle : SULEV）に認定される[61]など，環境規制のハードルを次々と乗り越えている。

以上のように，様々な困難を乗り越えてきた原動力を分析すると，ホンダのもつ技術力があげられる。ホンダには，技術力を維持するための知恵と工夫において他社にはないユニークさが2つある[62]。

① 研究開発費：毎年浮き沈みする利益に連動させるのではなく，比較的安定した売上高に研究開発費を比例させている。研究開発費の比率は5.5％とほぼ一定であり，トヨタ（04年度は3.9％）や日産（4.6％）を大きく上回っている。

② 独立した開発部門の存在：開発部門を「本田技研研究所」として独立させ，本社から切り離す独自の体制をもっている。ホンダ本社の方針にさえ左右されない独立性を保有することによって，画期的かつ独創的な技術を生み出すことが促進される。

ホンダは，他社よりも研究開発に力を注ぎ，失敗を恐れることなく挑戦を行ってきた。着実な進歩を後押ししているのは，適切な技術の理論に基づいた開発といえよう。しかし，CVCCの成功以来，北米市場への売上げに片寄っており，「北米一本足[63]」ともいわれている。

従来，世界の自動車メーカーの焦点は，米国や欧州，あるいは日本などの先進国に向けられていた。しかし，①昨今の経済成長によって需要がBRICsをはじめとする新興国へと変化していること，②2008年秋のリーマンショック以降の北米市場の大幅な落ち込みなどによって，対策が急務となっている。

3 課 題

今後の世界市場において、ホンダが従来のように環境規制に果敢に挑戦し、競争優位を構築するための課題は何であろうか。おそらく、以下の２つに集約

図表８-10 ホンダのCVCCにおける成功から課題抽出までのフローチャート

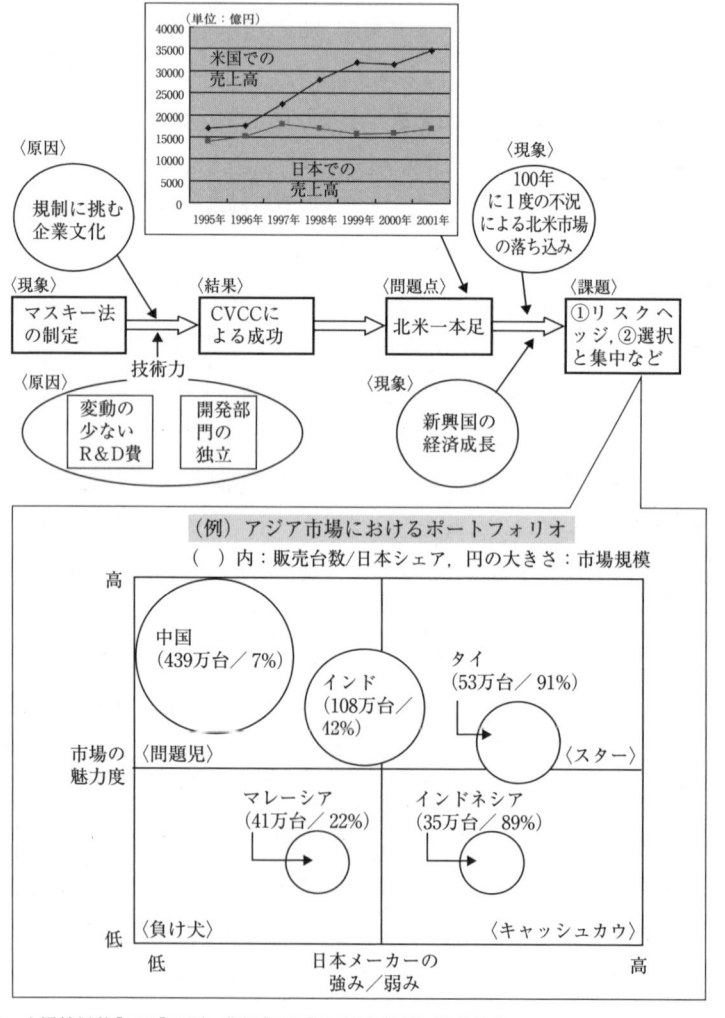

〈原因〉規制に挑む企業文化

〈現象〉マスキー法の制定

〈結果〉CVCCによる成功

技術力

〈原因〉変動の少ないR&D費／開発部門の独立

〈問題点〉北米一本足

〈現象〉新興国の経済成長

〈現象〉100年に1度の不況による北米市場の落ち込み

〈課題〉①リスクヘッジ，②選択と集中など

米国での売上高／日本での売上高（単位：億円）1995年〜2001年

（例）アジア市場におけるポートフォリオ
（　）内：販売台数／日本シェア，円の大きさ：市場規模

- 中国（439万台／7%）〈問題児〉
- インド（108万台／12%）
- タイ（53万台／91%）〈スター〉
- マレーシア（41万台／22%）〈負け犬〉
- インドネシア（35万台／89%）〈キャッシュカウ〉

縦軸：市場の魅力度（高／低）
横軸：日本メーカーの強み／弱み（低／高）

（出所）土屋勉男他[2006]31頁，御堀[2002]229頁を参考に筆者作成。

される。
① リスクヘッジ：先にあげた金融危機による北米市場の落ち込みや新興国の需要の伸びに対しては，販売先を分散し，ポートフォリオを組むことが望ましい。ホンダは，1998年にはすでにインドで生産を開始しており，1999年には中国での生産を開始しているなど，新興国に生産拠点を移している。市場規模についても，BRICsへの比重は増している[64]。
② 技術力を機軸とした選択と集中：藤本隆宏＝延岡健太郎[2006]は，自動車会社の企業間の実力差は組織能力にあるとし[65]，藤本隆宏[2003]は，生産リードタイムなどに着目し，20世紀後半の日本企業のもの造り能力は，創発的に形成され，組織学習にあると考察している[66]。かつてトヨタとGMが合弁会社NUMMIを保有していたにもかかわらず，GMがトヨタのやり方を容易に模倣できなかったのは，競争優位の源泉が可視化できない能力にあるためである。自動車業界は特にこの傾向が強いため，ホンダも将来的な環境規制に対応できるよう，継続的に技術開発に取組む必要があろう。

　また，事業の選択と集中も重要である。例えば，ブリヂストンがF1向けのタイヤ供給から撤退し，「速さ」ではなく「環境」に向けて経営資源を集中したように[67]，消費者ニーズを敏感に読み取り，どの分野に投資するかの意思決定については，今後の課題となるであろう。

　なお，図表8−10は，これまで考察したホンダのケースを，現象メカニズムを最大限考慮しながら示したものである。

注）
1）安藤＝鵜沼編[2004]30頁。
2）Porter, M. E. [1991] p.168，および Porter, M. E. = Linde, C. V. [1995] pp.97-118。国際市場において，厳格な環境規制は米国の競争力を弱めるかを考察した。
3）日本総合研究所[2008]103頁。
4）静学モデルと動学モデルの解説については，三橋規宏[2008]48-49頁を参照。
5）Porter, M. E. = Linde, C. V. [1995] p.98は，このことをイノベーション・オフセットと名づけている。
6）三橋規宏[2008]28頁は，Porter, M. E. = Linde, C. V. [1995]を邦訳した上で，

「環境と経済はトレードオフの関係であるため，規制コストの増加が企業利益の圧迫に結びき，イノベーション・オフセットを引き起こすことは不可能であるという主張」をあげている。しかし，このような批判は，法規制以外のものが不変なものと捉えがちであるため，イノベーションの可能性を見過ごしていると指摘した。法規制による圧力は，企業にイノベーションを起こさせるためのきっかけとなり，さらに，資源の非効率な利用を改善することで資源生産性を向上させることが可能となる。

7) 尾崎弘之[2009]89-92頁。
8) 市川[2004]序文 ii 頁。
9) EIC ネット〈http://www.eic.or.jp/〉や尾崎弘之[2009]によれば，VOC とは「常温常圧で空気中に容易に揮発する物質の総称」であり，塗料・インクなどに使用される化学物質で，トルエンやキシレンなど数百種類存在する。
10) 鹿島建設ホームページ〈http://www.kajima.co.jp/〉，および清水建設ホームページ〈http://www.shimz.co.jp/〉
11) 三菱総合研究所[2001]81頁，OECD[2002]訳書48-59頁を筆者が一部修正。
12) 尾崎[2009]89頁。
13) この見方については，ほかにも野村総合研究所[1991]56-57頁があげられる。
14) トヨタ自動車環境用語集〈http://www.toyota.co.jp/jp/environment/communication/glossary/glossary_01.html〉などをもとに筆者作成。
15) 木全[2004]55頁。
16) 三橋[2008]51-52頁。
17) 尾崎[2009]105-107頁では，厳密な法規制ではないが，リサイクル法の問題点として，①「後払い方式」が不法投棄につながっている家電リサイクル法や，②外食・食品小売業界でリサイクル率の悪い食品リサイクル法をあげている。
18) 三橋[2008]54頁。
19) 牧野昇[1998]95頁。
20) 同上書95頁を一部修正。
21) 三菱総合研究所[2001]125頁を一部修正。
22) 欧州については，勝田悟[2004]28-33頁。米国については，主に鈴木編[2001b]35-51頁，青木正光[2008]230-239頁。アジア圏については，野村好弘＝作本直行[1997]34-38頁および鈴木編[2001b]179-183頁。
23) 鈴木他[2001b]181頁。
24) NTT データ経営研究所編[2008]15-21頁。
25) WEEE 指令（廃電気電子機器リサイクル指令：Waste Electrical and Electronic Equipment）
26) EIC ネット環境用語集〈http://www.eic.or.jp/〉
27) 日本電子㈱応用研究センター編[2004]30-31頁。
28) RoHS 指令（電気電子機器に含まれる特定有害物質の使用制限に関する指令

: Restriction of the Use of Certain Hazardous Substances in Electrical and Electronic Equipment）
29) カドミウム，水銀，鉛，六価クロム，ポロ臭化ビフェニル，ポリ臭化ジフェニルエーテルの6種類。
30) NTTデータ経営研究所編［2008］167頁を一部修正。
31) 同上書　165-166頁。
32) REACH規制（化学物質の登録，評価，認可及び制限に関する規制：Registration,Evaluation,Authorisation,and Restriction of Chemicals）
33) 尾崎［2009］94-95頁。
34) Feyerherd, K.＝中野加都子［2006］55頁。
35) 岸川他［2003］78-81頁。
36) 市川［2004］45-58頁は，3つの課題を直接的にビジネスライセンスの文脈で考察しているわけではない。しかし，環境規制への対応はビジネスライセンスとなりつつあることから，筆者は関連性のある論点と判断している。
37) みずほ情報総研［2008］25頁。
38) 同上書　25頁を一部修正。
39) エコビジネスネットワーク編［2009］374頁。
40) ETS：Emission Trading Scheme
41) NTTデータ経営研究所編［2008］73頁。
42) 井熊＝足達［2008］73頁によれば，フェーズⅠは，比較的負担の少ない条件が設定され，続くフェーズⅡ・Ⅲでは，対象範囲を拡大したり，市場性を上げたりすることで，取引制度を成熟させている。
43) キャップ＆トレード方式，ベースライン＆クレジット方式ともに足立＝井熊［2008］71-73頁，みずほ情報総研［2008］。
44) 北村［2008］75頁。
45) 同上書　79頁。なお，新政権に移行した米国は，京都議定書への復帰をしないことを正式に発表している。
46) EICネット〈http://www.eic.or.jp/〉によれば，ホットエアとは，「京都議定書で定められた温室効果ガスの削減目標に対し，経済活動の低迷などにより二酸化炭素（CO_2）の排出量が大幅に減少していて，相当の余裕をもって目標が達成されることが見込まれる国々（旧ソ連や東欧諸国）の達成余剰分のこと」をさす。
47) 大串［2006］6頁を一部修正。
48) エコビジネスネットワーク編［2009］376頁を一部修正。
49) 井熊＝足達［2008］79頁。
50) エコビジネスネットワーク編［2009］378頁によれば，国内クレジット制度とは，「大手企業が中小企業に省エネなどの技術や資金を提供する見返りに，CO_2排出量の削減分を排出クレジットとして買い取ることができる仕組み」をさす。

51) 同上書　378頁を一部修正。
52) 井熊＝足達[2008]74頁。
53) 定性的・定量的評価の考え方については，日本総合研究所[2008]158頁を参照。
54) カーボンディスクロージャープロジェクト（Carbon Disclosure Project：CDP）とは，世界の主要上場企業約2,000社に対する気候変動リスクについての調査を実施しているNPO団体。詳しくは，CDPホームページ〈https://www.cdproject.net/en-US/Pages/HomePage.aspx〉を参照。
55) 設立は1948年。2009年3月期で，資本金：86,000百万円，売上高：10,011,241百万円，従業員数：26,471名となっている。
56) 土屋他[2007]5頁を一部修正。
57) 日刊工業新聞社編[2002]152頁を一部修正。
58) 同上書　152頁。
59) 土屋他[2007]11頁を一部修正。
60) 御堀[2002]12頁。
61) 本田技研工業ホームページ・PRESS記事情報〈http://www.honda.co.jp/news/1999/c991110.html〉
62) ①については，日経産業新聞編[2005]187頁。②については，日刊工業新聞社編[2002]14頁。
63) 日経産業新聞編[2005]60頁。
64) 小林英夫＝太田志乃編[2007]によれば，日本自動車工業会および株式会社FOURINのデータをもとに，中国市場は，1985年の31万台（16位）から，2005年には576万台（3位）に伸びていると指摘した。
65) 藤本＝延岡[2006]53頁（組織学会編[2006]，所収）。
66) 藤本[2003]193-194頁。
67) 『日本経済新聞』[2009/11/3朝刊] 9頁。

第9章
エコビジネスの国際比較

　本章では，エコビジネスの国際比較について考察する。下記に示す4つは，海外のなかでも，特にエコビジネスの取組みが注目されている代表的な国・地域である。エコビジネスは日本国内に限った事業ではないことからも，国際比較は不可欠である。

　第一に，ドイツのエコビジネスについて考察する。まず，ドイツが属するEUの動向を概観した上で，ドイツにおける現在の取組みについて，①政府・自治体，②企業，③消費者を中心に理解を深めた上で，今後の課題を考察する。

　第二に，米国のエコビジネスについて考察する。まず，エコビジネスの拡大背景について，3つの時代区分をもとに考察する。次いで，現在の取組みについて，①政府・自治体，②企業，③消費者を中心に理解を深めた上で，今後の課題を考察する。

　第三に，中国のエコビジネスについて考察する。まず，エコビジネスの拡大背景について，3つの時代区分をもとに考察する。次いで，現在の取組みについて，①政府・自治体，②企業，③消費者を中心に理解を深めた上で，今後の課題を3つ考察する。

　第四に，その他の環境先進国のエコビジネスについて考察する。①北欧諸国周辺，②ASEAN諸国，③中南米に特化し，それぞれの取組みについて理解を深める。

　最後に，海外のエコビジネスのケーススタディとして，サンテック（中国）について考察する。垂直統合理論と取引コスト理論に関するレビューを簡潔に行い，サンテックの事業展開に適用することによって，エコビジネスにおける理論と実践の融合が可能となろう。

第1節　ドイツのエコビジネス

❶ EUにおけるドイツ

　ドイツにおけるエコビジネスを考察する前提として，環境先進国が多く存在するEU全体の取組みを捉えることにしたい。

　近年のEUにおける動向として，CO_2排出削減目標を高く設定していることがあげられる。例えば，第8章で考察したキャップ＆トレード方式は，CO_2排出削減を達成する手段の一つである。また，代替エネルギーの導入に各国が先行投資していることも，有望な手段となっている。この背景には，もちろん環境意識の高さや，海抜上の地理的な要因を指摘できる。しかし，ロシアからの天然ガスや石油依存についても，看過できない背景の1つといえよう。

　今日，EUがエネルギー資源の安定供給をロシアから確保することは，国の安全保障上重要なテーマとなっている。したがって，各国が計画的に化石燃料依存時代から脱却し，再生可能エネルギー分野の市場を育成することによって依存度を下げることは，喫緊の課題となる。2009年4月に可決された「気候変動・エネルギー包括法案」は，代表的な具体策の1つである[1]。

　しかし，日本エネルギー経済研究所によれば，EUの地球温暖化対策は統一しておらず[2]，2000年以降に統一した取組みが策定されるようになった[3]。すなわち，環境分野で世界を牽引しているEUは，必ずしも環境政策において歴史のあるグループではない。

　このような状況のもと，ドイツはEU域内において非常に大きな役割を果たしてきた。例えば，ガブリエル環境相は，EUが今日までに実施したCO_2排出量削減のうち75％を，ドイツ一国が引き受けてきたと述べている。これは，ドイツが他国に先駆けて再生可能エネルギー法を制定し，風力発電や太陽光発電など再生可能エネルギーへ移行したことにも起因している。また，図表9－1に示されるように，2008年における世界の風力・太陽光発電導入量に着目す

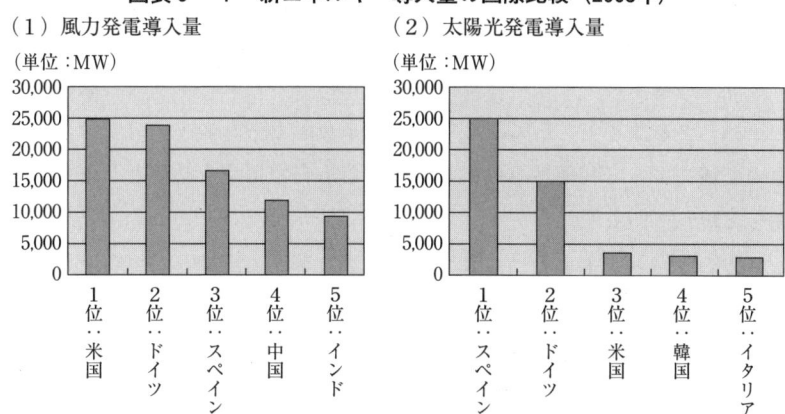

図表9－1　新エネルギー導入量の国際比較（2008年）
（１）風力発電導入量　　　　　　（２）太陽光発電導入量
（単位：MW）　　　　　　　　　　（単位：MW）

（１）1位：米国、2位：ドイツ、3位：スペイン、4位：中国、5位：インド
（２）1位：スペイン、2位：ドイツ、3位：米国、4位：韓国、5位：イタリア

（出所）　(1)は世界風力会議（Global Wind Energy Council）資料。(2)は，EPIA資料。

ると，ドイツを含めたEU各国の再生可能エネルギーへの取組みの実態を考察できる。

なお，風力発電用風車の世界シェアを企業別に比較すると，2006年現在ではベスタス（デンマーク）とガメサ（スペイン）の2社で約半分のシェアを占めており[4]，太陽電池の世界シェアではQセルズ社（ドイツ）が2位（10％）となっている[5]。このように，企業別にみてもEUの存在感は大きい。

❷　現在の取組み

それでは，先に述べたドイツの役割として，具体的にどのような取組みがなされてきたのであろうか。以下では，特に①政府・自治体，②企業，③国民の環境意識の3点を中心に考察する。

① 政府・自治体の取組み：ドイツは連邦制の国家であるため，連邦より州の政策が重視されている。したがって，州ごとに環境省に相当する行政機関・大臣が設置され，実効性の高い環境政策を具体的に立案している。州単位の政策のため，住民と政治家の心理的距離が近く，合意された政策へ挑戦しようという意識が高い。この各州の独自の環境政策により，連邦政府は，世界に先駆けた明確な目標を提示することが可能となる。

例えば，フライブルグ市は，1992年に環境首都コンテストで環境首都に選ばれ，交通政策やエネルギー政策が優れている環境の先進都市となった。なかでも交通政策については，1984年から市内への自動車乗り入れ制限を導入し，パーク＆ライド[6]を実施している。また，カールスーエ市では，路面電車の浸透によって利便性を提供し，必ずしも自家用車を必要としない生活空間を実現している[7]。

② 　企業の取組み：本書では，エコビジネスに関する事例としてQセルズを多用してきた。しかし，シーメンスやフォルクスワーゲンなど，フォーチュン500に選出される大企業についても，周知のとおり先進的な取組みを実施している。例えば，図表9－2に示されるように，シーメンスは，自社内の環境保護規格を定め，製品設計に適用している[8]。また，アリアンツ保険は，

図表9－2　シーメンスが取り組む拡大生産者責任

≪川上分野≫

① 環境調和型製品の設計と開発への配慮
　（例）　原材料の継続的なリサイクル可能性，部品の多様性回避，解体の容易性，処分時の環境汚染の度合いなど。

② 製品設計における環境保護基準の導入
　（例）　独自の環境保護規格。ブルーエンジェルの取得。

③ 生産工程における環境保護
　（例）　生産工程で投入する危険物質の使用を回避し，有価材のリサイクル，水と電力消費の削減を徹底。

④ 環境に配慮した製品
　（例）　物流では，極力 CO_2 排出量が多いトラックの使用を避ける。事務用品は，省エネタイプを使用。

⑤ 環境に配慮したリサイクル
　（例）　リサイクルコストを製品価格に含めるのではなく，顧客の意識に委ねる（＝実費でのリサイクル）。

≪川下分野≫
(出所)　林[2000]170-175頁に基づいて筆者作成。

創立100周年を機にアリアンツ環境財団を設立し、多様な環境保全プロジェクトを実施している[9]。

このほか、ドイツ銀行などの金融機関においても、積極的な活動を行っている。このように、業種を問わず取組みがなされている。

③ 国民の環境意識：緑の党を発足する発端に国民が大きく関与したように、ドイツ国民の環境問題に対する意識は非常に高い。市民は協力の原則により、ゴミの分別や包装ゴミの抑制、あるいは長距離でも収集コンテナまで持ち運ぶなど、幅広く行動が要求されている。

また、1970年代から80年代は、環境市民運動がさかんに行われ、様々な環境NGOやNPOが誕生した。この中には、約37万人もの会員数を有するドイツ環境自然保護連盟（BUND）[10]やドイツ自然環境保護連盟（NABU）などへ成長した団体も含まれる。大規模な環境団体の活動内容は、①イベントや書籍・雑誌による市民への啓蒙活動、②政府・自治体の環境政策への批判と提言、③環境教育の依頼など多岐にわたる[11]。

❸ 今後の課題

これまでドイツは、EUの一員として、あるいは独自に規定を策定することによって、政府や企業、あるいは国民の環境意識の高まりを誘発してきた。

取組みの成果として、例えば米国などと比較して遅れていたバイオディーゼルの国内生産能力は、2000年の25万トンから、2006年には440万トンに伸びている[12]。また、政府による政策は雇用も喚起し、2008年現在、再生可能エネルギー関連の職業に28万人が従事しており、2020年には40万人に拡大すると見込まれている。

一方、今後の課題としては、浅岡[2009]が指摘するように、排出権取引制度における排出権基準値の配分があげられる。ドイツは、2005年から排出権取引制度を導入したものの、導入前は、今日のわが国のように、産業界による反発が強く、CO_2の削減は自主的な取組みに委ねられていた[13]。すなわち、EU内での排出権取引制度導入の動きに従ったにすぎないのである。

このような状況のもと、個別施設に対する排出量の配分方法において、「配

分法2007」が策定された。そして，58通りの配分方法が盛り込まれたことによって，混乱を招いている。今日では，排出基準値による配分方法が変更され，事後的な調整が撤廃された。しかし，① 排出基準値を定める際に基準となる「利用可能な最善技術」の定義の不明確性，② 各国の排出基準値の整合性をどのように図るのか，などの課題が山積している[14]。

ドイツは，環境先進国である一方で，以上のような課題も抱えている。わが国と関連性の高い課題といえることからも，看過できない内容である。

第2節　米国のエコビジネス

１　エコビジネスの拡大背景

様々な人種を抱えながらも，これまで世界を牽引してきた米国は，過去の歴史をひも解くと，環境対策は後手にみえる。しかし今日では，オバマ (Obama, B.) 大統領が掲げるグリーンニューディール政策などが本格的に開始され，周知のとおり世界から注目を集めている。したがって，以下では，環境問題に対する米国の取組み姿勢を，3つの段階に分けて考察することにしたい。

① 経済優先・環境配慮不足の時代：1700年代まで，米国は自然環境が比較的守られていた。1880年代末から1900年代は，英国の産業革命を背景として，鉄鋼業などが台頭し，大量生産・大量消費・大量廃棄型の社会が形成されている。そして，第2次世界大戦以降は，海外展開を加速させ，特に途上国の自然破壊は深刻なものとなった[15]。

国内では，鈴木他[2001b]が考察するように，1950年代〜1960年代に公害被害が発生し，ロサンゼルスなど大都市における大気汚染や，工場排水に起因するエリー湖の汚染などが問題視された[16]。また，『沈黙の春』に示されるように，殺虫剤として使用されたDDTは，生態系に大量の被害をもたらした[17]。しかし，第2章で考察したように，ラブ・キャナル事件を契機と

して，1980年代以降，国民に環境保護の意識が浸透し，徐々にエコビジネス市場の基盤が形成されたのである。

② バリ会議による意識変化の時代：2007年に開催された本会議では，2013年以降の地球温暖化対策が焦点となり，結果として，環境に対して積極的ではなかった米国政府が態度を変えた会議となった。例えば，米国を含む国際社会は，今後2年以内に京都議定書以降の温暖化ガス削減協定を締結し，2020年までにCO_2排出量を25～40％削減することを明記している[18]。

京都議定書から離脱した米国ではあるものの，国際社会の一員として，環境対策に踏み出した一歩といえよう。

③ 政権交代による本格化の時代：2009年1月に新大統領が誕生し，世界同時不況を克服するための打開策として，グリーンニューディール政策を発表した。この政策によって，雇用確保や，エネルギー依存からの脱却など，多くの経済効果が期待されている。

以上のように，米国におけるエコビジネスは，3つの潮流を中心として拡大した背景がある。

❷ 現在の取組み

米国におけるエコビジネスの動向を，① 政府，② 企業，③ 消費者，の3つの立場から考察する。

① 政府の取組み：先に述べたように，世界同時不況を克服するための打開策として，新政権はグリーンニューディール政策を実行している。取組む分野は，再生可能エネルギーやハイブリッド車の普及など様々である。しかし，図表9－3に示されるように，米国だけが環境分野に尽力しているわけではなく，似たような政策はわが国を含めて多くの国において行われているため，重要なのは効果であろう。

また，米国は州ごとの取組みに大きな差がある[20]。例えば，太田［2009］が指摘するように，カリフォルニア州は，2050年までに1990年比80％にGHGの排出量を削減することを発表し[21]，国際社会から幅広く評価されている。

② 企業の取組み：今日では，規制強化や消費者の変化など，外部環境の変化

図表9-3　各国のグリーンニューディール政策

国名	政策	雇用創出数
日本	2009年4月の「経済危機対策」「緑の経済と社会の変革」「未来開拓戦略」で，太陽光発電，低燃費車，省エネ製品，交通機関，インフラ，資源などに1.6兆円程度を投資。 ※なお，民主党に政権が移行してからは，住宅分野にエコポイント制度を適用するなど，追加的な取組みも散見される。	280万人
米国	2009年1月に発表。太陽や風力などクリーンエネルギーに今後10年で1,500億ドルを投資，プラグインハイブリッド車などを2015年までに100万台導入する目標などを掲げる。次世代バイオ燃料などの開発。	500万人
韓国	2009年1月，太陽光発電や蓄電池などに2012年までに約50兆ウォンの投資計画を発表。	96万人
中国	2008年11月，2年間で総額4兆元の景気対策を発表した。2008年に投資した1,000億元のうち，環境・省エネルギー投資は12%。	―
英国	2008年6月，2020年までに洋上風力に1,000億ポンド以上の投資，16万人の新規雇用を目指すことを発表した。2009年4月発表の予算案において，今後3年間で500億ポンド規模の投資促進策を提示。	16万人（新規）
ドイツ	2008年11月，2009年1月発表の景気対策で，排出基準を満たす新車購入者へ奨励金および税免除，省エネ改修支援や研究開発支援など盛り込む。	―
フランス	2008年12月，景気対策において，CO_2排出量の少ない新車への買い替え促進に1,000ユーロ支給など。	―

(出所)　『エコノミスト』[2009/5/26特大号]23頁[19]，『外交フォーラム』[2009/3]52頁を一部加筆・修正し，筆者作成。

に伴い，業種を問わず多くの企業が環境対策に取組んでいる。例えば，ウォルマートは，年間5億ドルを投じて，エネルギー消費量30%削減や，使用するエネルギーを100%再生可能エネルギーに切り替えることなどを表明している[22]。また，ハーマンミラーでは，毎年25万ドルを投資し，オフィス家具を対象とした汚染物質摘出テストを行っている[23]。

このほか，環境問題への配慮が昇進するための最低条件となっている企業

もあるなど，社外だけでなく社内においても，環境への取組みは不可欠となっている[24]。

③ 消費者・市民団体の取組み：日本貿易振興会編[1996]によれば，1980年代後半に消費者の環境意識は高揚し，グリーンコンシューマーが台頭している。このことは，先に述べたとおりである。また，市民団体においても，日本との会員数や資金規模の差は歴然としており，大規模・広範な活動を展開している[25]。

以上のことから，米国の取組みは，企業や消費者の環境意識の高さを追うように，政府においても着実に対策が導入されてきたといえよう。

❸ 今後の課題

政権が移行したことによって，エネルギー転換などを目標とした政策は，今後ますます加速するであろう。例えば，州単位で考察すると，先にあげたカリフォルニア州以外にも，ワシントン州やモンタナ州，あるいはマサチューセッツ州などでは，自主的に京都議定書以上のCO_2排出削減目標を掲げている。しかし，州レベルで策定されている様々な規制を1つに集約し，さらに国際会議で参加国に対してリーダーシップをとるのは容易ではない。連邦議会に提出

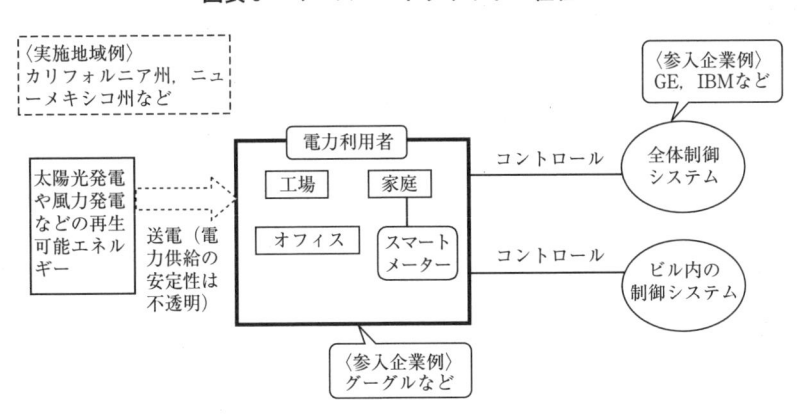

図表9－4　スマートグリッドの仕組み

〈実施地域例〉
カリフォルニア州，ニューメキシコ州など

〈参入企業例〉
GE，IBMなど

太陽光発電や風力発電などの再生可能エネルギー

送電（電力供給の安定性は不透明）

電力利用者
- 工場
- 家庭
- オフィス
- スマートメーター

コントロール → 全体制御システム

コントロール → ビル内の制御システム

〈参入企業例〉
グーグルなど

（出所）『日本経済新聞』[2009/7/2朝刊]11頁，『日本経済新聞』[2009/7/3朝刊]11頁を参考に筆者作成。

された気候変動問題と GHG 排出に関連する法案の数は増加傾向にあるものの，環境保護規制に強く警戒している共和党や，経済成長への影響を懸念している中道派の民主党議員グループの理解を得ることが，今後の課題となるであろう[26]。

また，図表9－4に示されるように，スマートグリッドに対する期待が高まっている。山家公雄[2009]によれば，スマートグリッドには多様な側面があり，多くの関係者が参入しているものを例にあげると，情報・通信技術を駆使して，エネルギー利用の効率化を図ることを指す[27]。米国は，①エネルギー価格の高騰，②不況にともなう国民のコスト削減意識の高まり，③電力保安の向上などを理由に，スマートグリッドを1つの手段とした省エネ対策に，本格的に取組む必要がある[28]。

第3節　中国のエコビジネス

❶ エコビジネスの拡大背景

近年の中国経済は，非常に早い速度で成長している。中国の GDP は，2008年にドイツを抜き，世界3位となった。環境問題への対応に関しても，2009年11月に開催された米中首脳会議において，クリーンエネルギー研究センターの設立や電気自動車の不急に向けた対策など，広範囲での協力を合意している[29]。

中国は，二酸化炭素の排出量が2008年現在世界第1位であることからも，今後，積極的な取組みをさらに導入することが国際的に期待されている。以下では，エコビジネス拡大の背景を3つに分け，簡潔に考察する。

① 経済優先・環境配慮不足：1960年代～70年代から，すでに環境問題は顕在化していた。そして，1980年代から経済成長が起こり，環境保全よりも経済開発を優先した経緯がある。例えば，エネルギー消費量は，改革開放が始

まった1978年には6億2,770万トンであったが，1996年には13億2,616万トンとなっている[30]。

② バリ会議：米国と同様，本会議は，従来と比較して大きな前進を裏付けることができる。具体的には，気候変動に配慮した発展を遂げることを確約している[31]。

③ 北京オリンピック：2008年に開催された北京オリンピックを契機として，環境対策への投資が増えた時期である。例えば，「グリーンオリンピック」を掲げ，自動車の排出ガス削減対策などのプロジェクトを実施するために，1998年から2007年までの10年間で，約1,000億元（≒1兆6,000億円）を投入した[32]。

❷ 現在の取組み

図表9-5に示されるように，環境クズネッツ曲線に基づけば[33]，今日の中国は「所得が向上して環境負荷が急増している状態から懸命にピークアウトさせようとしている段階にある[34]」。そこで以下では，中国におけるエコビジネスの動向を，①政府，②企業，③消費者，の3つの立場から考察する。

① 政府の取組み：中国は，1979年に試行された環境保護法以来，廃棄物関連やエネルギー汚染，あるいは砂漠化などに特化した環境エネルギー法案を多数成立させている。近年では，小柳秀明[2008]が考察するように，第11次5カ年計画（2006年～2010年）において，GDP原単位あたりのエネルギー省比率を20％低下させ，かつ主要汚染物質排出総量の10％削減に拘束性をもたせている[35]。また，温家宝首相は，2006年4月の環境保護会議において，経済成長と環境保護の双方に重点を置くことを表明している[36]。

また，自治体での取組みとして，例えば武漢市は，GDPを着実に伸ばしながらも，都市建設や住民の生活水準向上に向けて成果を残している。棍根勇編[2008]によれば，背景に行政管理体制の改善や国有企業改革，あるいは国内外に対する開放の規模拡大があげられる[37]。第8章で考察したように，国土面積が広く多民族国家である中国では，中央政府のみならず，各地で主体的に環境問題への対策を実施している。

図表9－5　環境クズネッツ曲線

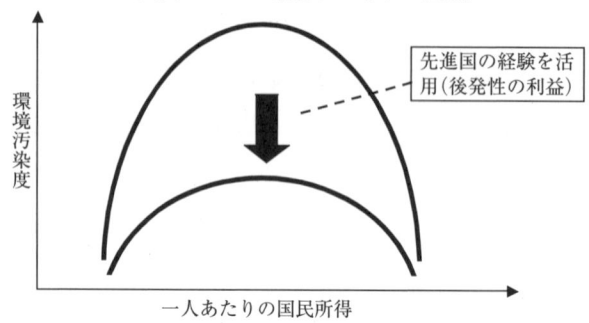

　　　　　　　　　　　　　　先進国の経験を活用（後発性の利益）

環境汚染度

一人あたりの国民所得

（出所）　環境省編[2002]87頁。

②　企業の取組み：今日では，多くの企業で環境保全への取組みがなされている。例えば，ペトロチャイナは，環境にやさしい企業になることを宣言し，2008年に開催された北京オリンピックにおいても，グリーン・オリンピックのコンセプトに貢献している[38]。また，チャイナ・テレコムは，環境に配慮した材料を使用し，経済の発展と環境保護を両立させた経営を実現することを，社会的責任として掲げている[39]。このほか，第5節で考察するサンテックパワー（Suntech Power：以下，サンテック）も，中国のエコビジネスを牽引している代表的な企業の1つである。

③　消費者・市民団体の取組み：藤野彰編[2007]によれば，環境NGOの数は，増加傾向にある。活動範囲は，自然保護や青少年への環境教育，あるいは食品公害防止など幅広く，2005年末で2,768団体に達している。なかでも中国の最優秀NGO賞を受賞した「北京地球村環境文化センター」は，ゴミのリサイクルやレジ袋削減キャンペーンに従事している[40]。

❸　今後の課題

中国が今後克服すべき課題として，以下の3つを指摘できよう。

第一に，業界による環境保全への取組みの差を緩和することがあげられる。例えば，ISO14001の登録件数に着目すると，2006年現在，日本（19,400件）に次ぐ世界第2位である。しかし，藤野編[2007]によれば，2001年業種別分布

第 9 章　エコビジネスの国際比較

では，電気・通信設備関係が71％と圧倒的に多く，一方で化学，非金属，石炭関連は5％に満たない[41]。また，環境保護に積極的な外資企業が全体の4分の3を占めている現状である。エネルギー多消費型の産業においては特に，環境対策を早急に取り入れる必要がある。

　第二に，政府と企業の癒着を撤廃することがあげられる。具体的な方策としては，NGOがすでに行っている情報公開を積極的に行い，住民参加型の仕組みを構築することで，透明性を確保し，可視化することが必要である。

　第三に，国際社会における役割を自覚することがあげられる。2009年7月に開催されたラクイラサミットでも明らかなように，中国は「自国は途上国である」という姿勢を一貫している。しかし，世界の20％を占めていることを加味すれば，今後の取組みは国際社会にとって非常に重要なものとなる。

図表9－6に示されるように，中国政府の優先事項は明確に分かれている。し

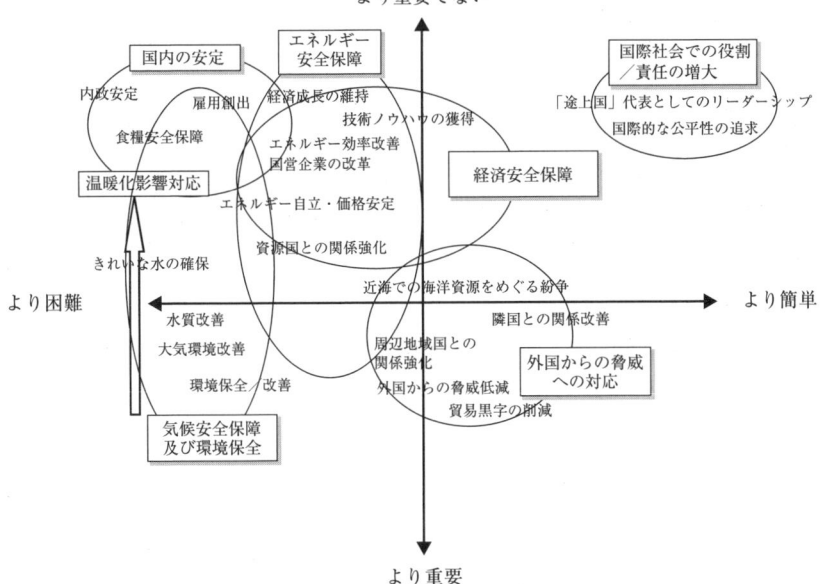

図表9－6　中国政府からみたエネルギーと気候変動をめぐるイシュー・マップ

（出所）　明日香壽川[2008]36頁（『環境研究』[2008/8]，所収）を一部抜粋・修正し，筆者作成[43]。

かし，NHK「未来への提言」取材班編[2008]が指摘するように[42]，① 都市部の河川の9割が汚染され，1億7,000万人が引用に適さない水を飲んでいる現状や，② 大気汚染が原因で呼吸器系，循環器系の病気にかかり死亡する人が毎年30万人いることを踏まえれば，早急の対応策が必要となろう。

第4節　その他の環境先進国のエコビジネス

❶　北欧諸国周辺のエコビジネス

　本項では，北欧諸国とその周辺に位置する環境先進国のなかでも，特にスウェーデンとオランダの取組みについて簡潔に考察する。

①　スウェーデンのエコビジネス：日本貿易振興会編[1996]は，スウェーデンの消費者の環境意識が高い理由として，充実した環境教育をあげている[44]。例えば，小・中学生に対しても授業で環境問題が扱われ，学習指導要綱の改訂のたびに，その比重が高くなっている。このような教育のもと，消費者の意識が高まり，1994年の1年間で，「環境にやさしい」洗剤の市場占有率が25％〜80％へと大幅に拡大した経緯をもつ[45]。

　また，阿部絢子[2004]は，スウェーデンの人々の生活について，① 暖房を可能な限り抑えるために，屋外に温度計を設置して寒暖差を最小限に抑えていることや，② 省包装，省パッケージを徹底している購買行動，などをもとに，環境意識の高さを考察している[46]。

②　オランダのエコビジネス：オランダは，九州ほどの狭い面積に人口約1,600万人を抱えており，その国土の4分の1が干拓地であるため，6割の人々は，海抜0ｍ以下の地域で暮らしている[47]。したがって，地球温暖化による海面上昇を懸念し，オランダ政府は，EUの中でもいち早く環境対策に取組み，法令化も着々と進めてきた。1996年に導入された環境税は，1つの事例である。そして，多くの企業はこうした政府の動きに対応し，環境負

荷を低減させたエコ商品の開発を推進させてきた。このように，オランダ政府と産業界は世界に先駆け，環境保全という同じ目的のもとに環境協定を締結しているのである[48]。

企業の取組みとしては，例えば，廃棄物・リサイクル関連分野では，欧州5位のリサイクル率となっており，2007年には年間80％以上のガラスボトルがリサイクルされている[49]。

また，天然ガス開発分野では，国内ガス生産の7割を占めているNAM社は，地域社会の一員としての役割を考え，地盤沈下や生態系の維持などへの取組みを進めている[50]。

第1節で考察したように，EUは環境への取組みが世界的に進展している。このことは，ポーター（Porter, M. E.）[1990]の「国の競争優位」に適用することもできる。すなわち，フランスにおいて美術が盛んになれば，国民が美術に対する感度が高まり，周辺産業も成長するように，北欧諸国とその周辺においても，エコビジネスが盛んになれば，国民の態度は変化し，相乗効果が創出されるのである。今日のヨーロッパの環境政策に関する動向を加味すれば，この傾向はさらに加速するであろう。

❷　ASEAN諸国のエコビジネス

図表9－7に示されるように，ASEAN諸国は，早期からさまざまな環境政策を導入している。以下では，アジア開発途上国のなかでも，比較的経済発展と環境対策の両立を牽引しているタイとシンガポールについて考察する。

① 　タイのエコビジネス：タイ政府は，急激な工業化により生じた環境汚染に対応するため，1973年に国家環境保全法を制定した[51]。この法体系が不十分で環境汚染が遂行したため，1992年に国家環境保全促進法，工業法，有害物質法の環境関連基本3法を改訂公布し，科学技術環境省を新たに設置し環境対策を強化している[52]。

鈴木他[2001b]によれば，コメのモノカルチャー経済に頼っていた，タイの農業のGDPの比率は，1960年代の40％から，2001年10％までに低下し，これに伴い製造業は13％から30％へと拡大している。そして，1人あたりの

GDPは平均わずか100ドルから，3,000ドルに上昇した[53]。しかし，この急速な産業の発展によって，首都バンコクの過剰都市化や，バンコク周辺4県を含む首都圏には，人口の約2割の1,100万人が居住し，全工場数の半数が集中し，環境劣化を招いている[54]。

なかでも，国内における最大の環境問題は，深刻な大気汚染問題であろう。首都バンコクでは，排気ガスによる大気汚染が顕著である。例えば，バンコクにおける自動車登録台数は，1980年の約60万台から2007年には約570万台となっている[55]。これにともなって，政府は，91年に無鉛ガソリンが安価となるように税制を改定し，93年には，1,600cc以上の新車について排ガス浄化装置の装着を義務づけている[56]。今日では，さらに経済発展が進行しているため，ますますこのような環境政策は必要となっている。

② シンガポールのエコビジネス：鈴木他[2001b]によれば，シンガポールの環境政策は，ASEANの中では比較的早い対応がなされていた。特に，企業の取組みに着目すると，岩上勝一[2005]が指摘するように，ハイフラックス社の水処理ビジネスがあげられる[57]。国内の水需要は，半分をマレーシアからの輸入に依存している。しかし，水供給に関する協定は，2011年と2061年に失効するため，再処理水や海水の利用などに尽力し，水の自給率向上に努めている。世界では人口増加や工業化に伴い，河川や地下水など天然水資源が枯渇しつつあり，水不足は顕著に現れている。巨大な人口を抱える中国やインドでは，水不足と水質汚染に直面しており，世界の政府や産業界は新たな水資源を求めている。このような状況のもと，ハイフラックス社の2004年度の売上高の8割以上は中国事業となっており，2005年度上半期には，中東市場での売上高が半分を占めている[58]。水不足に直面するインドや中国では，中期的に水処理市場の潜在的な発展が期待できるため，顧客ニーズに応じたサービスを，迅速かつ競争力のある価格で，ワンストップで提供できることが強みとなっている[59]。

また，武石礼司[2006]によれば，ASEANは，環境負荷の低減策として，自由貿易協定（FTA）の締結が多くの国との間で検討されている。国家間の垣根を低くし，関税の引き下げなどの自由な貿易が相互に行えることによっ

第9章　エコビジネスの国際比較

図表9－7　ASEAN諸国の環境制度

	インドネシア	マレーシア	フィリピン	シンガポール	タイ
環境関係省庁	人口環境省(KLH)環境影響管理庁(BAPEDAL)	科学技術環境省(MSTE)環境庁(MSTE内)	環境天然資源省(DENR)	環境省(MOE)	科学技術環境省
環境基本法	環境保全基本法(1982年)	環境質法(1974年)環境質(修正)法(1985年)	大統領令No.1152包括的環境法(1977年)	環境公衆衛生法(1969年)	国家環境保全法(1922年)
産業公害関連法					
大気汚染	環境保全基本法(1982年)第15条に基づき、人口環境大臣令(1988年)で大気基準が定められる。大気環境基準排出基準	環境質(クリーンエア)法(1978年)環境質(ガソリン中鉛濃度規制)法(1985年)	共和国No.3931大統領令984(1976年)大気・水汚染防止令	大気清浄法第45章とその規制(1971年)	公衆保健法2535(1992年)工場法2535(1992年)
水質汚濁	環境保全基本法(1982年)第15条に基づき、人口環境大臣令で水質基準が定められる。水源(河川等)の水質環境基準のみ「水質汚濁防止に係わる政令」(1990年)で規定。	環境質(下水と工業排水)法(1978年)	共和国No.3931大統領令984(1976年)大統領令1067(1976年)Water Code	水質汚濁管理・排水法374章とその規制(1975年)業務排水規制(1976年)	公衆保健法2484(1941年)工場法2512(1969年)
産業廃棄物	保健大臣令(1983年)有害物質に関する規制工業大臣令(1985年)工場における有毒有害物質の安全対策	環境質(指定廃棄物)法(1989年)環境質(土地・建物)(指定された廃棄物処理処分施設)法(1989年)	大統領令No.825大統領令No.984(1976年)産業廃棄物について規定共和国法No.6969毒物,危険及び核廃棄物防止を目的	環境公衆衛生法第95章24条	公衆保健法2484(1941年)工場法2512(1969年)

(出所)　通商産業省[1993]303頁を筆者が一部加筆。

て，FTA締結国間，ASEAN等の自由貿易圏構想を持つ地域内で，一律に環境負荷を提言する試みが必要視されてきた[60]。例えば，日本とシンガポールの間では，貿易自由化だけではなく，より包括的な協定として，サービス貿易や紛争解決手続き，あるいは知的財産権の保護に関する条項が含まれている。

このように，タイやシンガポールをはじめとして，ASEAN 諸国では環境への取組みが進んでいる。しかし，中国と同様，CO_2排出削減に関しては，「先進国責任論」が完全に払拭されていないため，世界レベルの合意形成に向けて，予断は許さない状況である。

3 中南米のエコビジネス

中南米の各地域では，国によって様々な取組みがなされている。なかでも，図表9-8に示されるように，二酸化炭素など温室効果ガス削減のための新たなスキームとして，CDM による効果が期待されており，中南米は，世界的に先行している地域といえる。代表的なものとしては，先進国企業・政府などが出資して世界銀行が運営する PCF などがあげられ，中南米は CDM のホスト国となっている[61]。

以下では，中南米のなかでも新たな取組みを実施しているチリとブラジルについて考察する。

① チリのエコビジネス：チリ政府は，CDM を通じた経済成長と環境保護の両立を目指している。長大なアンデス山脈を東に控え，水力資源や風力資源が豊富にあるチリは，再生可能エネルギーへの潜在性は高い。さらに，各国と積極的に租税制度や FTA を締結している。また，カントリーリスクが低いことから，外資が安心して事業を推進している。

企業の取組みに着目すると，例えば大久保敦[2005]は，チリのアグロスペール社を取り上げ，養豚場の糞尿から発生する悪臭やメタンガスの回収に必要な設備投資を，温室効果ガスの排出権売却費で賄う事業システムを考察している[62]。この事業は，CDM として政府の認定を受け，2004年8月に東京電力などへの排出権売却契約を締結している。他にも同社は，メタンガス回収プロジェクトを展開しており，同年に CDM 理事会によって畜産分野で世界初のプロジェクト方法論を承認された[63]。

② ブラジルのエコビジネス：ブラジルにおいても，CDM 案件は活発である。ブラジルでの CDM 登録プロジェクトは，インド，中国に続く3位となっており，2009年2月現在，150件のプロジェクトが登録されている。有力分野

第9章　エコビジネスの国際比較

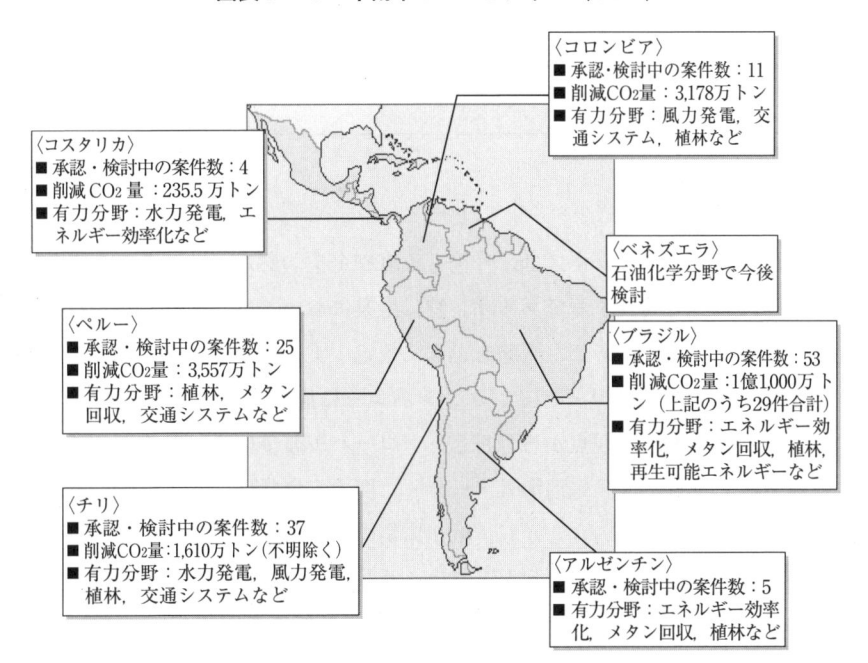

図表9-8　中南米のエコビジネス（CDM）

〈コロンビア〉
- 承認・検討中の案件数：11
- 削減CO_2量：3,178万トン
- 有力分野：風力発電，交通システム，植林など

〈コスタリカ〉
- 承認・検討中の案件数：4
- 削減CO_2量：235.5万トン
- 有力分野：水力発電，エネルギー効率化など

〈ベネズエラ〉
石油化学分野で今後検討

〈ペルー〉
- 承認・検討中の案件数：25
- 削減CO_2量：3,557万トン
- 有力分野：植林，メタン回収，交通システムなど

〈ブラジル〉
- 承認・検討中の案件数：53
- 削減CO_2量：1億1,000万トン（上記のうち29件合計）
- 有力分野：エネルギー効率化，メタン回収，植林，再生可能エネルギーなど

〈チリ〉
- 承認・検討中の案件数：37
- 削減CO_2量：1,610万トン（不明除く）
- 有力分野：水力発電，風力発電，植林，交通システムなど

〈アルゼンチン〉
- 承認・検討中の案件数：5
- 有力分野：エネルギー効率化，メタン回収，植林など

(出所)　『ジェトロセンサー』［2003/10］8頁を一部抜粋し，筆者作成。なお，地図は外務省ホームページより引用。

として，エネルギー効率化，メタン回収，植林，再生可能エネルギー，化石燃料の代替エネルギーがあげられ，代表的なものはアルコールの燃料利用である。またサンパウロ州政府環境局は，企業に対する環境規制を厳格化している。全27州あるなかで，最も厳しい規制にしたことによって，企業は技術力向上などによって対応している。

このほか，西沢利栄［1999］が指摘するように，アマゾン熱帯雨林の保護などが喫緊の課題となっている。

第5節 サンテックのケーススタディ

❶ ケース

　海外におけるエコビジネスは，今後も政府や企業，あるいは消費者の主体的な取組みによって成長するであろう。特に企業においては，グローバルな競争が激化し，環境変化に応じた戦略を迅速に策定・実行することが不可欠となる。
　以下では，世界的なリーディングカンパニーに成長したサンテック[64]について，垂直統合理論の観点から分析し，グローバル競争に勝ち残るための対策を考察する。今日，太陽電池海外メーカーに関する資料は，ドイツのQセルズを取り上げたものが多い。しかし，欧州市場の低迷によって需要が日本や米国，あるいは中国に移行している状況下では，サンテックを分析する意義は十分にある。分析の手順としては，①サンテックの事業展開を概観し，②垂直統合理論を整理したうえで，③問題点と課題を提示する。
　サンテックは，中国最大手の太陽電池メーカーであり，セルとモジュールの設計や製造，あるいは販売を行っている。完成品は，北京オリンピックの国家体育場（通称：鳥の巣スタジアム）やサンフランシスコ国際空港など，さまざまな場所で使用されている。2005年には，中国本土の非国有ハイテク企業として初めてニューヨーク証券取引所に上場し，4億ドルを調達している。
　図表9－9に示されるように，サンテックは，Qセルズと事業モデルが似ており，シャープや京セラとは異なる。また，専業メーカーであるため，太陽電池事業に特化している。

❷ 問題点

　今日の太陽電池メーカーが抱える問題点は，新規産業であることに起因する不確実性である。したがって，以下では，サンテックが太陽電池事業において成功した要因として，特に垂直統合理論に着目し，学術的な考察を試みること

図表9-9　ビジネスモデルの異同点（国際比較）

	シャープ，京セラ	Qセルズ	サンテック
事業モデル	インゴット製造から太陽電池システムの設置まで担当。	セルに特化。	セルとモジュールに特化（日本法人は太陽電池システムの設置まで担当）。
発電材料と今後の計画	シリコンを主な原料としているが，薄膜系の研究も積極的にしている。	シリコンを主な材料としている。原材料メーカーREC（ノルウェー）との長期契約で調達難を回避。薄膜系の研究もしている。	シリコンを主な材料としている。複数の原材料メーカーと長期契約で調達難を回避。
専業性	あくまで自社の一事業部門として存在。	専業メーカー。	専業メーカー。
海外工場	シャープ：英国と米国。京セラ：チェコとメキシコと中国。	マレーシア。	米国での工場設立を計画中。
国家の補助金	2004年に打ち切られた後，2009年に復活。	2004年より，FIT制度開始。	発電事業者への支援策がある。内容は，発電事業者に総投資額の50%を補助するといったもの。

（出所）宮崎智彦[2008]210頁，『週刊東洋経済』[2008/3/22]63頁，各社ホームページに基づいて筆者作成。

にしたい。

　まず，垂直統合（vertical integration）とは，価値連鎖のなかの活動範囲を拡張することである。ポーター[1980]によれば，「垂直統合とは，技術的には別々の生産，流通，販売，その他の経済行為をひとつの企業内にまとめることである」。また，バーニー（Barney, J. B.）[2002]は，垂直統合を前方垂直統合と後方垂直統合の2つに分類し，概念を細分化している[65]。図表9-10は，垂直統合理論をもとに，企業の範囲の判断基準について示したものであり，サンテックが成功した要因は2つに集約される。

　第一に，水平分業型の事業モデルがあげられる。ラングロワ＝ロバートソン

図表 9-10　企業の範囲の決定

(1) 業界の成熟度に応じた各種指標の変化

	特異性の程度	取引コスト	特定のケイパビリティの入手可能性	特定のケイパビリティの利用の仕方	垂直統合度
短期	高い	高い	まばらに分布	少ない	高い
長期	低い	低い	広範に分布	多い	低い

(2) 垂直統合と市場取引の判断基準

垂直関係の特徴	適切な事業モデルとその根拠	サンテックの事業モデル
市場需要の安定性が低い	垂直統合ではなく，外部調達 ⇒急な需要減に対応できず，サンクコストを発生させることもあるため。特に太陽電池事業では，補助金制度の有無などによって，需要の起伏が激しい。このことは，日本とドイツを比較すれば明らかである。	水平分業 ⇒適合

(3) 取引コストを決定付ける各要因と主な具体例

要因	取引コスト	具体例	サンテックの事業モデル
資産特殊性が低いとき	低い。 ⇒したがって，交渉力において不利になることはないため，アウトソーシングで対応可能	コモディティ化した半導体，液晶関連。あるいは太陽電池	水平分業 ⇒適合

(4) 太陽電池がコモディティ化している根拠

三要素	太陽電池への適用可能性	根　拠
モジュラー化	○	統合・組み合わせの必要性がなくなり，太陽電池製造装置さえ購入すれば，一定の品質は確保できる。このことは，フルターンキー方式の普及により裏づけられている。
中間財の市場化	○	特に部品（例えば太陽電池セル）の市場が形成され，調達は容易になった。
顧客価値の頭打ち	○	太陽電池は装置産業であるため，顧客にとって自己表現価値や意味的価値は働かない。屋根の上に設置する製品であることからもデザイン性は問われにくい。すなわち，発電しさえすればよく，他の機能を付加する必要は比較的存在しない。

(出所)　(1)は，Langlois, R. N. = Robertson, P. L. [1995]訳書75頁を一部修正し，筆者作成。(2)は，Grant, R. M. [2008]訳書493頁を筆者が一部加筆・修正。(3)は，菊澤研宗編[2006] 8 頁，27頁，143頁を参考に筆者作成。(4)は，榊原清則＝香山晋編[2006]26頁を参考に，筆者作成。

(Langlois, R. N. = Robertson, P. L.)［1995］やスティグラー（Stigler, G. J.）［1951］によれば，市場の成長にともない，自社で生産から販売まで手がける体制から水平分業に転換し，自社のコアコンピタンスをいかした特定のアクティビティに特化することが有効な手段となっている。

第二に，太陽電池のコモディティ化[66]（commoditization）にともなう取引コスト[67]の低下があげられる。すなわち，①モジュラー化，②中間財の市場化，③顧客価値の頭打ちの3要素が，太陽電池に適用可能なため，資産特殊性が低下し，取引コストは低くなる状況下では，垂直統合するインセンティブは生まれない。また，需要の起伏を最小限に抑え，サンクコストを回避する手段として外部調達が適切であることからも，サンテックの事業モデルの正当性は明らかである。

今後，サンテックが持続的に太陽電池メーカーとして優位性を保有するためには，不確実性の高い外部環境への適応が不可欠となる。

❸ 課　題

設立以来，サンテックは，専業メーカーであるからこそ，外部環境の変化に柔軟な対応が可能とした。シリコン不足への迅速な対応は好例である[68]。しかし，今後の課題として，以下の3つがあげられる[69]。

① 技術競争への対応：シリコン系や化合物系，あるいは有機色素など，太陽電池の技術競争は日々激化している。特に，サンテックの場合は，Qセルズとの技術競争をいかに乗り越えるかが重要な課題となろう。

② 太陽電池市場の脆弱性への対応：日本や欧州の優遇政策をみても明らかなように，太陽電池の需要は一定ではなく，不安定である。したがって，販売先の適切なポートフォリオや，他社との提携関係強化などを手段として，業界特有の不確実性に対処することが不可欠となる。

③ 発電コストへの対応：中国では，太陽電池の発電コストは1 kWあたり約57円であり，一般の家庭用電力料金である10円と比較して高価格である。

以上，ケース分析として，サンテックを例に垂直統合理論を中心に考察した。もちろん，海外のエコビジネスは太陽電池市場だけではない。各地のエコビジ

ネスの進展に合わせて，理論的なフレームワークに沿って現象を分析することは，今後も必要となるであろう。

注）
1) 同法案では，具体的には2020年までの目標として，①温室効果ガスを1990年比で少なくとも20％削減すること，②再生可能エネルギーの比率を20％に増加させること，を目指している。詳しくは，〈http://www.nedo.go.jp/kankobutsu/report/1045/1045-12.pdf〉を参照。
2) 〈http://www.meti.go.jp/policy/global_environment/report/chapter9.pdf〉
3) 〈http://www.ndl.go.jp/jp/data/publication/document/2008/20080308.pdf〉
4) PV news 資料
5) BTM コンサルタント資料。なお，2007年以降はシャープを抜き，世界トップシェアとなっている。
6) 端的にいえば，「自動車を駅周辺に駐車（Park）し，そこから電車やバスなどの公共交通機関に乗り換える（Ride）ことによって，可能な限り自動車の利用を減らすことを目的とした取組み」を指す。
7) カールスルーエ市の取組みについては，詳しくは松田雅央[2004]を参照。
8) 林哲裕[2000]170-171頁。
9) 同上書 199-201頁。
10) 1975年に，自然保護の活動をしていた4つの団体が連合して結成された。詳しくは，所[2005]86-89頁を参照。
11) 今泉みね子[2008]191頁。
12) 浅岡美恵[2009]76-77頁。
13) 同上書116頁。
14) 同上書121, 127頁。
15) 鈴木他[2001b]40頁。
16) 同上書 36-37頁。
17) 三浦永光編[2004]166頁。
18) 福島清彦[2009]172頁。
19) なお，『エコノミスト』[2009/5/26特大号]は，図表作成時に，大和総研が作成した資料を引用している。
20) 太田宏[2009]によれば，テキサス州のCO_2排出量は，世界第7位であり，カリフォルニア州は世界13位となっている。したがって，各州による差は，このことが背景にあるともいえよう。
21) 同上書 55頁（『外交フォーラム』[2009/3]，所収）。
22) Esty, D. C. = Winston, A. S. [2006]訳書31頁。
23) 同上書 95頁。
24) 同上書 338頁。
25) 例えば，グリーンピースやWWFなどと比較しても明らかである。

26) 『News week 日本版』[2009/3/18] 44頁。
27) 山家[2009] 135-136頁を一部修正。
28) 同上書　137頁。
29) 『日本経済新聞』[2009/11/18朝刊] 8頁。なお，国民一人あたり GDP は，2,000ドルとなっている。
30) 鈴木他[2001b] 55頁。
31) 福島[2009] 173頁。
32) 北京オリンピックと環境ビジネス〈http://www.pref.aichi.jp/ricchitsusho/gaikoku/report_letter/report/h19/report1906sha.pdf〉
33) 環境クズネッツ曲線（environmental Kuznets curve）：上田豊甫＝赤間美文編[2005]によれば，1992年に世界銀行が発表した考え方で，横軸に経済的な規模をとり，縦軸に環境負荷をとってプロットすると，逆U字型になる場合があり，この曲線を環境クズネッツ曲線という。しかし，適用範囲は限定的で，松岡俊二らによれば，産業公害型汚染の SO_X の排出量の場合には適用できるが，交通公害の NO_X や消費型環境負荷の CO_2 排出量，あるいは森林減少率などには適用できない。
34) 青山周[2008] 266頁。
35) 小柳[2008] 10頁（『環境研究』[2008/5]，所収）。
36) 同上書。
37) 榧根編[2008] 150頁。
38) ペトロチャイナ・社会環境ページ〈http://www.petrochina.com.cn/Ptr/Society_and_Environment07/〉
39) チャイナ・テレコム〈http://en.chinatelecom.com.cn/corp/sore/index.html〉
40) 藤野編[2007] 264-270頁。しかし，NGO団体のほとんどは政府機関や共産党が組織したものであり，民間は7.3％にすぎない。
41) 同上書　254頁。
43) なお，明日香[2008]は，図表作成時に Bernice, L.[2008], *The China Factor : Major EU Trade Partners' Policies to Adress Leakage* 〈http://www.climatestrategies.org/〉を参考にしている。
42) NHK「未来への提言」取材班編[2008] 78頁。
44) 日本貿易振興会編[1996] 10頁，および91頁。
45) 同上書　92頁。
46) 阿部[2004] 33-52頁。
47) 片野優[2008] 109頁。
48) 日本貿易振興会編[1996] 73-74頁。
49) 片野[2008] 112-113頁。
50) 『環境管理』[2006/6] 22頁。
51) 『ジェトロセンサー』[1998/8] 10頁。
52) 同上書。
53) 鈴木他[2001b] 76頁。

54) 同上書。
55) 『ジェトロセンサー』[1998/8]10頁を一部修正。
56) 同上書　11頁。
57) 『ジェトロセンサー』[2005/12]64頁。
58) 同上書　64-65頁。
59) 同上書　65頁。
60) 武石[2006]312頁。
61) 『ジェトロセンサー』[2003/10]13頁。中南米は，47％のシェアとなっている。
62) 『ジェトロセンサー』[2005/6]60頁。
63) 同上書　60頁。
64) 江蘇省無錫市に本社をもつ。設立：2001年9月，創設者（現CEO）：施正栄，資本金：800万ドル。なお，売上高は，13.4億ドル（2007年12月期）。
65) Barney, J. B.[2002]訳書6頁。なお，前方垂直統合とは，自社を基準として，エンドユーザーにより近い活動を統合することをさす。後方垂直統合とは，自社を基準として，エンドユーザーから遠ざかる活動を統合することをさす。
66) 榊原＝香山編[2006]によれば「参入企業が増加し，商品の差別化が困難になり，価格競争の結果，企業が利益を上げられないほどに価格低下すること」としている。コモディティ化している商品とは，例えばスポット価格で取引されている原油や穀物，あるいは液晶などがあげられる。
67) 取引コスト理論（Transaction cost theory）とは，コース（Coase, R. H.）[1937]によって開発され，ウィリアムソン（Williamson, O. E.）によって展開された理論である。そして，取引コストとは取引をめぐる一連のコストのことであり，大きく分けて①市場取引で発生するコスト，②組織内取引で発生するコストの2つがある。もちろん取引に関するコストはその2つに限らない。Collis, D. J.＝Montgomery, C. A.[1997]は，取引コストを①生産コスト（財とサービスの生産に関わる直接費）と②ガバナンスコスト（契約条項の交渉，執行に費やすコスト）の2つに分けている。
68) 『週刊東洋経済』[2008/3/22]62-63頁。
69) 松尾篤[2009]60頁を一部修正（『PHPビジネスレビュー』[2009/1・2]，所収）。

第10章
エコビジネスの今日的課題

　本章では，エコビジネスの今日的課題について考察する。紙幅の都合もあり，本書では独立した章として扱うことはできなかったものの，テキストの独立した章として記述されるかもしれない重要課題を5つ選択した。なお，一部については，すでに独立した文献ないしは章として周知されており，将来的な期待が寄せられつつある。

　第一に，環境ベンチャーについて考察する。まず，環境ベンチャーが台頭している背景を踏まえた上で，現状について理解する。次いで，今後の課題について，いくつかの観点をもとに考察する。

　第二に，環境教育について考察する。まず，環境教育の主体と役割を理解する。次いで，企業が取組む環境教育の手段と目的を考察し，その重要性を理解する。

　第三に，グリーン・サービサイジングについて考察する。まず，グリーン・サービサイジングの拡大背景について考察し，成立要件と分類を理解する。次いで，3つの課題を明らかにし，事業の定着に向けた方向性を考察する。

　第四に，ESCO事業・PFI事業について考察する。グリーン・サービサイジングの代表例でもあるESCO事業・PFI事業は，将来的に成長が期待されている。まず，契約方式や事業形態について理解を深めた後で，今後の課題について考察する。

　第五に，環境先進国日本の復権について考察する。まず，省エネ技術などにおける日本の優位性を，データをもとに理解する。次いで，一部においては，海外企業にエコビジネスにおける優位性を奪われていることを明らかにした上で，今後の課題を考察する。

第1節　環境ベンチャーの台頭

1　環境ベンチャー台頭の背景

　エコビジネスの勃興に伴い，当該産業に参入する企業は増加傾向にある。エコビジネスネットワーク編[2007]によれば，環境関連産業に4,000社以上が参入している[1]。なかでも，新たな企業の参加は雇用を生み出し，産業内の技術開発が活発化する契機ともなる。事実，ドイツやスウェーデンでは，環境関連のビジネスで数万人規模の雇用を生み出している。

　しかし，ベンチャー企業が順調に成長するのは容易なことではなく[2]，環境ベンチャーについても例外ではない。そこで本節では，エコビジネスの成長エンジンの一つである環境ベンチャーについて取り上げ，その方向性を探ることにする。

　岸川善光編[2008]は，ベンチャー・ビジネスを「起業家の活動により起こされた事業もしくは事業体」と定義している[3]。また，環境ベンチャーとは，鈴木他[2001a]によれば「環境保全や環境改善に資する製品やサービスの提供をもって事業とするベンチャービジネスを意味する」としている[4]。すなわち，一定の利潤を追求しながら，環境問題の解決を継続的に図る目的で設立された企業・団体のことを指す。

　以上の定義を踏まえた上で，昨今の環境ベンチャーの動向を俯瞰してみると，日本よりも海外で盛んな様子が確認できる。例えば，Ｑセルズ（独）やサンテック（中）は，2000年以降に設立され，わずか数年のうちに競合他社を抜き去り，世界的にトップレベルの企業となっている。たしかに，このような短期間での成功例は数少ない。しかし，環境ベンチャーが勢いをつけている背景にはいくつかの理由が存在する。

　第一に，ベンチャー・キャピタル（以下，ＶＣ）の支援があげられる。例えば，米国の最有力ＶＣであるクライナー・パーキンズ・コーフィールド・バイ

ヤーズ（以下，KPCB）は，2006年に6億ドルのうち2億ドルをクリーン技術に投資すると発表し，投資先を探すためにブラジルに出向いている[5]。

第二に，日本ほど高い技術力が求められない点があげられる[6]。すなわち，産業自体が成熟しておらず，技術による蓄積が発達していないところであれば，十分に競争できる機会があるということである。新興国においては，特にこの点に起因する傾向が強い。

❷ 現　状

環境ベンチャーには，先述したように，継続的な成長を維持している企業もあれば，競争に敗れて倒産した企業もある。環境にやさしいからといって，消費者や取引先が極端に特別視するわけではない。利益獲得も追及している以上，ターゲットとなるセグメントの特定や販売チャネル，あるいは商品計画やコスト管理に至るまでの経営学的な視点でのマネジメントがなければ，持続的に事業を展開することはできない。

例えば，根来産業のように倒産するケースが頻繁に発生している。具体的には，主な破たん要因はカーペットの販売単価下落であった。これは海外からの廉価な競合品の流入に起因するもので，2期連続で最終赤字を計上した。これによって，過去の設備投資に伴う借入金の返済に行き詰まり，負債総額約85億円をもって2008年7月18日に大阪地裁に民事再生法を申請した。このほかにも，一般廃棄物のリサイクル機械製造を事業としていたトヨシステムプラント（負債総額100億円）や，産業廃棄物処分業者の小形運輸（負債総額11億円）などがあげられる[7]。

また，環境ベンチャーのタイプも多様なため，自社の特徴をよく吟味した上で事業の方向性を見出すことが重要である。図表10－1は，環境ベンチャーの類型を示したものである。すなわち，大別すると，①独立系の環境ベンチャー，②大学発の環境ベンチャー，③大企業からの共同出資を受けて設立された環境ベンチャーの3つがある。もちろん，他にも社内起業による環境ベンチャーなどもある。社内起業の場合には，資金調達が独立系に比べて容易であることや，特定分野での技術力の蓄積があるといった強みがある。しかし，

図表10－1　環境ベンチャーの類型

環境ベンチャー のタイプ	強み	弱み	具体例
①独立系の環境ベンチャー	・経営の自由度が高い ・環境変化への対応が早い	・資金調達は比較的困難。 ・販売チャネルが経営者の力に依存される。	Qセルズ社(独)，ゼファー(日)
②大学発環境ベンチャー	・TLOが契機であれば，移転先企業のノウハウも活用できる。	・資金調達は比較的限定的。 ・販売チャネルの確保。	慶應義塾大学のSTAC
③大企業からの共同出資を受けて設立された環境ベンチャー	・販路開拓は比較的容易。（＝ルート営業が可能） ・技術力の蓄積がある。	・出資会社間の企業文化の差があからさまに出るため，経営方針の統一が困難。	ISVジャパン(日)，JHADS(日)

（出所）　筆者作成。

まだ大きな潮流ではないため本章では割愛した。

　例えば，Qセルズは，日本の国内メーカーとは違い専業の太陽電池メーカーであるため，市場環境の変化を敏感に察知し，経営方針をシフトできる利点をもつ。また，ISVジャパンは，設立当初は，出資会社間の経営方針を擦り合わせるのに多くの時間を費やした経緯がある。

3　今後の課題

　環境ベンチャーが継続的に事業を展開し，サスティナビリティ社会の構築に寄与するには，どのような課題を克服しなければならないのか。これについては，まだ確立した見解はない。例えば，船井総合研究所環境ビジネスコンサルティンググループ編[2008]は，産業ライフサイクルの見極めを指摘している。鈴木他[2001a]は，経営資源の確保と企業家精神を指摘している。筆者は上記に加え，さらにパートナーシップの構築を重要な克服すべき課題と捉え，以下ではこれを含めた4点について考察する。

①　産業ライフサイクルの見極め：製品にライフサイクルがあるのと同様に，産業にも導入期，成長期，成熟期，衰退期といったライフサイクルがある[8]。したがって，現時点で自社の産業がどの時期に位置しているのかを見極め，適切な戦略策定をしなければ競合他社に勝つことはできない。このことは，これから参入しようとする新規企業にとっても重要なことであるのはいうまでもない。

　船井総合研究所環境ビジネスコンサルティンググループ編[2008]は，エコビジネスにもライフサイクルがあることを指摘している。例えば，エネルギー分野や排出権取引は導入期にあり，廃棄物・リサイクル関連分野は成熟期にある[9]。

②　経営資源の確保：特に独立系の環境ベンチャーが該当する。創業したばかりで信頼や知名度が低い状況下では，必要な経営資源の獲得は容易ではない。

　必要な経営資源とは，第一に，有能な人材の確保と育成があげられる。特にケイパビリティの開発は極めて重要である。第二に，専門的な技術力の開発と活用があげられる。第三に，資金調達があげられる。例えば，銀行からの借入れをするために現実的な事業計画書を作成したり，あるいは株主から投資を受けるための工夫が欠かせない。第四に，情報の整備があげられる。顧客ニーズを継続的に追跡する幅広い情報網などの獲得は容易ではないため，地元市民団体などをうまく活用して常にアンテナを張っておくことが不可欠である。

③　企業家の精神：鈴木他[2001a]によれば，企業家精神は，社会問題および社会的ニーズに対する高い意識，探求心・好奇心，ビジネスマインドの3つで構成される。すなわち，これら3つがバランスよく機能することによって，環境ベンチャーは持続的に成長し，環境問題の解決に取組むことができるのである[10]。

④　パートナーシップの構築：これについては大企業や中小企業と同様であり，やはり外部資源の積極的な活用は欠かせない。パートナーシップを結んでいくことによって，既存のニーズだけでなく潜在ニーズを探ることが可能となり，新たな事業機会を得ることができるのである。

図表10－2　環境ベンチャーの成長に不可欠な要素

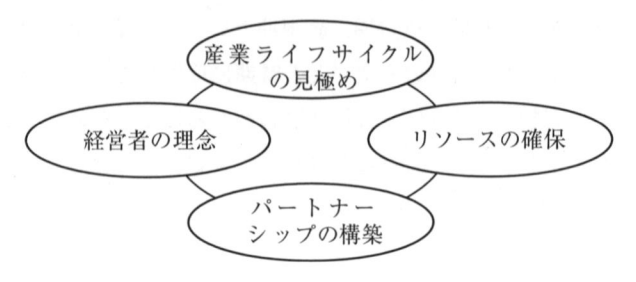

- 産業ライフサイクルの見極め
- 経営者の理念
- リソースの確保
- パートナーシップの構築

（出所）　筆者作成。

なお，図表10－2は，以上で確認した環境ベンチャーの成長に不可欠な要素を示したものである。

第2節　環境教育への期待

❶　環境教育の主体と役割

近年，地球温暖化や廃棄物リサイクルなど，環境問題の解決に向けて，環境教育への期待が高まっている。また，ドイツや北欧諸国をみれば明らかなように，環境意識の高い国は，エコビジネスが普及していることが多い。したがって，環境教育を充実させ，環境リテラシーの向上を図ることは，エコビジネスを促進させる上で基盤となる重要なテーマの1つといえよう。

環境教育推進法[11]によれば，環境教育とは「環境の保全についての理解を深めるために行われる環境の保全に関する教育及び学習[12]」である。そして，環境教育の目的は，本質的にはトリプルボトムラインを追求し，サスティナビリティ社会を構築することにある[13]。

環境教育の目的を円滑に達成するためには，環境教育の主体や手段，あるいは効果を明確にすることが欠かせない。九里徳泰[2008]は，環境教育の主な担

い手として，①学校，②社会，③企業や産業，の3者をあげている[14]。
① 学校における環境教育：教育機関における環境教育を指す。学習指導要領によって，小学校から中学校まで各教科に組み込まれている。義務教育以外にも，例えば高等学校や大学では環境教育が盛んに行われている。
② 社会における環境教育：行政や研究者，あるいは市民団体が実施する環境教育を指す。また，メディアが取り上げる環境関連の情報発信も，緊急御問題への意識啓発を図る意味から，環境教育の一環といえよう。
③ 企業や産業で行われる環境教育：企業内においては，組織所属者に環境教育の実施がISO14001を根拠に定められている。もちろん，ISO14001取得をしていない企業においても環境教育の促進は重要であり，従業員のモチベーション向上につながる。

上述した考え方は，同法第一条や第十条の視点とも共通していることからも，妥当性があるとみて相違ない。以下では，特に企業が行う環境教育の手段や効果に着目し，今後の課題について考察することにしよう。

❷ 社内・社外への環境教育

企業が行う環境教育には，第一に，社員に対する対内的な取組みがあげられる。今日では，①階層ごと（新人，中堅社員，管理職など），あるいは②部門ごと（研究＆開発部門，製造部門，販売部門など）といった，対象者に応じた環境教育が定着しつつある。環境教育に取組んでいない企業の方が少ないといっても過言ではなく[15]，集合研修やeラーニングなど様々なツールが活用されている。藤村コノエ[2003]は，社内の環境教育の効果として以下の4点をあげている[16]。

① 21世紀に生きる企業人・生活者として，環境についての意識が高まり，暮らしや企業活動そのものが環境度の高いものに移行する。
② 持続可能な社会の姿を明確にし，企業人として，将来の企業戦略の中で活かすことができる。
③ 環境リスクや社会的リスクを未然に防ぎ，企業の社会的責任を果たすことが可能となる。

④ 外部からの投資が得やすくなり,企業の発展につながる。

また,木俣美樹男＝藤村コノヱ編［2005］は,財務諸表に表れない企業最大の資産は,従業員であると指摘した上で,環境経営を推進する際には,従業員への環境意識の徹底こそが重要であり,同時に困難なテーマでもあると述べている[17]。

以上のように,環境教育は企業の利益に直結していることからも,取組み効果を把握し,積極的に改善を試みることが不可欠となろう。

企業が行う環境教育は,第二に,対外的な取組みがあげられる。図表10－3に示されるように,企業が対外的に行う環境教育は,いくつかに分類される。

例えば,一方的に企業が環境配慮をしたとしても,生活者・社会の環境意識が向上していなければ,サスティナビリティ社会は確立しない。したがって,生活者・社会に対する環境教育は,重要な評価軸の1つとなる[19]。イオンは,

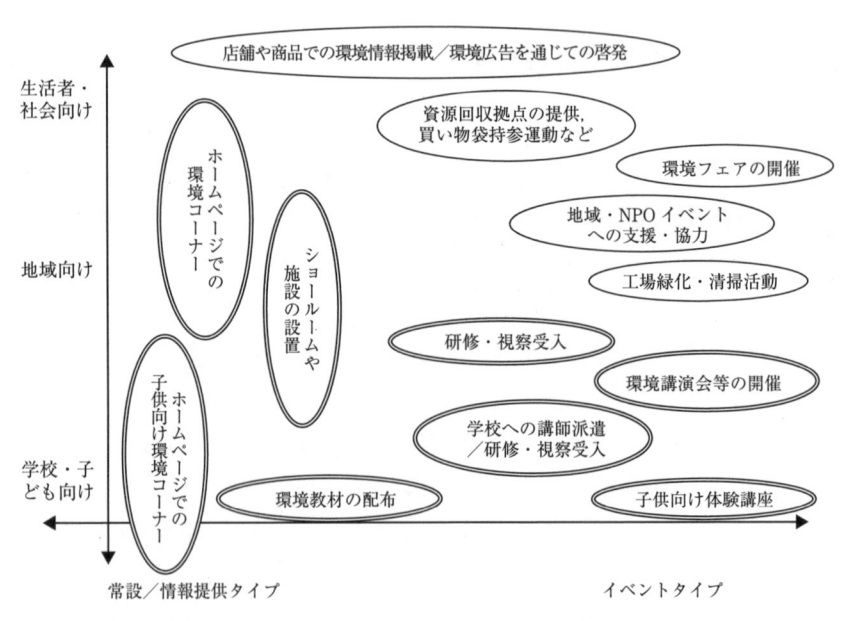

図表10－3　企業が行う環境教育

縦軸：生活者・社会向け／地域向け／学校・子ども向け
横軸：常設／情報提供タイプ　　イベントタイプ

- 店舗や商品での環境情報掲載／環境広告を通じての啓発
- 資源回収拠点の提供,買い物袋持参運動など
- 環境フェアの開催
- ホームページでの環境コーナー
- ショールームや施設の設置
- 地域・NPOイベントへの支援・協力
- 工場緑化・清掃活動
- 研修・視察受入
- 環境講演会等の開催
- ホームページでの子供向け環境コーナー
- 学校への講師派遣／研修・視察受入
- 環境教材の配布
- 子供向け体験講座

※一重線のものは,地域協力やコミュニケーションの目的もあわせもつ。
（出所）経済産業省環境政策課環境調和産業推進室編［2003］215頁[18]。

「イオンチアーズクラブ」やエコツアーなど，市民に対する環境教育を行うことによって，子どもと地域の人々がともに環境について考える契機を提供している。

　以上のように，企業が行う環境教育には2つのアプローチがあるため，双方を充実させることが欠かせない。

❸　今後の課題

　木俣＝藤村編[2005]は，環境教育を推進する際の留意点として，① 科学的分析やデータを駆使しながら，なぜ環境問題に取組まなければならないのかを理論的に納得させる，② 理屈では足りない部分を，情や感性に訴えること，③ リーダーの強い意志表示により，組織内の人間にプレッシャーを与えること，の3点をあげている[20]。なかでも③は，経済産業省環境政策課環境調和産業推進室編[2003]やエスティ＝ウィンストン[2006]が指摘するように，エコ・アドバンテージを確立している企業の多くが，トップである社長が自ら率先して，会社の経営方針の中で環境対応の考えを明確に示している[21]ことからも，社内の環境教育を行う際には特に重要であろう。

　また，坪井千香子[2009]は，一通りの基礎教育を終えた従業員に対して，毎年同じようなプログラムを受講してもらうのではなく，「実践編」の研修が必要であると述べている[22]。実際に体験・参画することの意義は，岡本編[2007]も指摘している[23]ことからも，座学だけに頼らない経験知を育むことが求められている。図表10-6に示されるように，環境教育は，段階的なプロセスを踏むことによって深化するため，最終段階にある「行動」を促し，評価・改善を繰り返すことによって，成果が上がるのである。

　このほか，外部のステークホルダーを活用することも有効な手段の一つであろう。第7章において，パートナーシップの構築が重要なことを考察したように，この考え方は，環境教育においても適用できる。例えば，ケース分析で取り上げた損保ジャパンの取組みは，木俣＝藤村編[2005]も考察している[24]。今後の環境教育は，複数の担い手が連携することにより，それぞれの長所を活かし，支え合いながら実施することが重要となる。

図表10−4　環境教育のプロセスと課題（温暖化対策を例に）

① 関心	② 知識	③ 考える	④ 行動する
1．狙い 　日常の活動の中で，いかにムダが多いか気づかせる。 2．具体的展開・考えさせる 　IN：事務所での電力や紙などの使用実態を掴む 　OUT：排出物などの実態を掴む。	1．狙い 　日常の活動の中で，いかにムダが多いか気づかせる。 2．具体的展開 　①温暖化の勉強，認識 　　⇒現象，実態，原因など 　②エネルギー・資源の負荷を知る 　　⇒自社では，どのような資源・エネルギーが使用されているか。 　IN：電機や水はどのようにして作られているか。 　OUT：排出物の種類と量を情報として教える。	1．狙い 　社会への影響や会社への影響を考えさせ，ムダを減らすにはどうすべきかを考える。 2．具体的展開 　① IN，OUTの物質，量の情報を元に，環境影響を考え，その原因・対策を考えさせる 　②自らの業務で何ができるか考えさせる。 　③会社として，何ができるか考えさせる。 　※実施に際しては，顕在化した課題とその改善策も考えさせる。	1．狙い 　温暖化対策につながる行動を誘発するために，施策とその目標を設定させ，行動させる。 2．具体的展開 　施策・目標設定・行動に際しては，個人・会社を対象に提案・行動する。 　①会社に対してすべきことを提案する。 　②個人として行動し，目標達成の進捗を管理する。 　③目標達成が困難な場合は，上司やチームリーダー，あるいは経営トップに働きかける。

　　　　　　　　　　　　　　　　　　　　　　　　　　　環境教育における最も大きな課題

（出所）　NEC環境フォーラム2003・藤村コノエ（NPO法人環境文明21専務理事）公開資料〈http://www.it-eco.net/forum/seminar/down/fujimura_panel.pdf〉に基づいて筆者作成。

第3節　グリーン・サービサイジングとエコビジネス

❶　グリーン・サービサイジングの拡大背景と成立要件

　今日では，サスティナビリティ社会の構築に向けた新たなエコビジネスの形態として，グリーン・サービサイジング（Green Servicizing）が期待されている。

第10章　エコビジネスの今日的課題

　サービサイジング[25]とは，経済産業省グリーン・サービサイジング研究会によれば，「これまで製品として販売していたものをサービス化して提供する」ことである[26]。換言すれば，製品そのものを販売するのではなく，製品がもつ機能に着目してサービスを提供することをさす。第5章のケーススタディで事業ドメインの観点から分析したパナソニックグループのあかり安心サービスは，サービサイジングの好例といえよう。類似概念としては，中村[2007]やX conscious編集部[2007]が指摘するように，欧州で普及している，PSS (Product service System) があげられる[27]。

　以上，サービサイジングについて概観したことを踏まえ，グリーン・サービサイジングについて考察する。グリーン・サービサイジングとは，「サービサイジングのうち，環境面で特に優れたパフォーマンスを示す（製品の生産・流通・消費に要する資源・エネルギーの削減，使用済み製品の発生抑制）もの」を指す[28]。郡嶌孝[2008]は，グリーン・サービサイジングのメリットについて，モノを共有化することで，顧客に経済的メリットを生み出すと同時に，資源の無駄遣いをなくし，さらに製品の長寿命化や耐久性向上が図られることをあげている[29]。

　従来，環境への負荷低減は，サービサイジングの成立要件に含まれる一要素に過ぎなかった[30]。地球環境問題が浸透し，大量生産・大量消費・大量廃棄の経済システムが見直されることによって，改めて環境面への考慮が強調されるようになったのである。

　図表10-5は，グリーン・サービサイジング・ビジネスを展開する際に，どのような視点を加味する必要があるのかを示している。そして，同図表10-5に示されるように，グリーン・サービサイジングを展開する際には，①利用者側のメリット，②提供者側のメリット，③環境面でのメリットを供与できることが望ましい。例えば，ウェブ上での音楽配信の場合には，利用者側は利便性などの面で利点があり，提供者側は店舗を持つ必要がないため，人件費や維持費などの面でコストを削減できる。環境面では資源節約や省エネルギーが可能となる。

図表10－5　グリーン・サービサイジングを展開する際の視座

視点		視点の持つ意味
利用者側の価値	利便性	・省労力化 ・便利 ・包括的なサービス
	経済性	・費用削減（経費削減，初期投資軽減）
	信頼性・安心感	・信頼性の向上（適切な保証による安心感）
提供者側の価値	市場性	・現状の市場規模 ・市場としての将来性
	収益性	・事業採算性 ・利益率
	初期投資額	・事業を開始する際の初期投資（初期投資が大きいと，小さな事業者は負担になり，取組むことが困難）
	規制との関係	・障害となっている規制 ・促進効果のある規制
	従来型ビジネスとの関係	・従来型ビジネスに取組む業者との調整
	専門性（技術，ノウハウ）	・従来型ビジネスの施策・ノウハウとの差別化 ・他社による追随可能性 ・新規技術・ノウハウの開発の可能性
	コミュニケーション	・利用者の価値の定量化 ・潜在的な利用者に対するアピールの可能性
	利用者の社会的受容性	・所有・共有に対する利用者の意識
環境面での価値		・省エネルギー効果／CO_2排出量削減効果 ・資源節約効果 ・有害物質の適正管理によるリスク削減効果

（出所）　経済産業省産業技術環境局環境政策課環境調和産業推進室編[2007]5頁を筆者が一部加筆・修正。

❷　分類とその現状

　グリーン・サービサイジングは，まだ新しい概念ではあるものの，企業規模を問わず多くの事業が展開されてきた。例えば，栗田工業株式会社（以下，栗田工業）は，水処理・リサイクル装置などのレンタル・リースを行っており，株式会社INAX（以下，INAX）は，水に関するESCO事業を実施している。

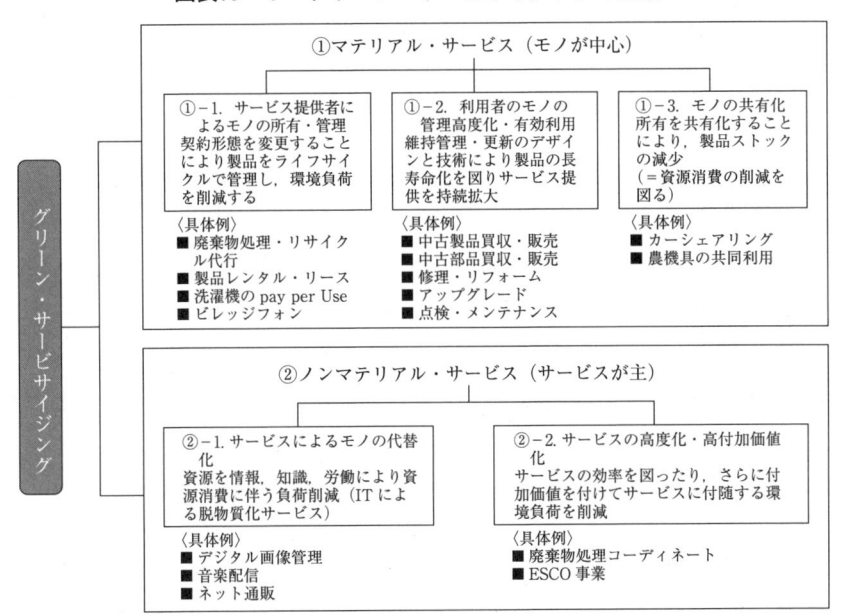

第10章　エコビジネスの今日的課題

図表10－6　グリーン・サービサイジングの分類

グリーン・サービサイジング
- ① マテリアル・サービス（モノが中心）
  - ①-1. サービス提供者によるモノの所有・管理契約形態を変更することにより製品をライフサイクルで管理し、環境負荷を削減する
    〈具体例〉
    ■ 廃棄物処理・リサイクル代行
    ■ 製品レンタル・リース
    ■ 洗濯機の pay per Use
    ■ ビレッジフォン
  - ①-2. 利用者のモノの管理高度化・有効利用維持管理・更新のデザインと技術により製品の長寿命化を図りサービス提供を持続拡大
    〈具体例〉
    ■ 中古製品買収・販売
    ■ 中古部品買収・販売
    ■ 修理・リフォーム
    ■ アップグレード
    ■ 点検・メンテナンス
  - ①-3. モノの共有化所有を共有化することにより、製品ストックの減少（＝資源消費の削減を図る）
    〈具体例〉
    ■ カーシェアリング
    ■ 農機具の共同利用
- ② ノンマテリアル・サービス（サービスが主）
  - ②-1. サービスによるモノの代替化
    資源を情報、知識、労働により資源消費に伴う負荷削減（ITによる脱物質化サービス）
    〈具体例〉
    ■ デジタル画像管理
    ■ 音楽配信
    ■ ネット通販
  - ②-2. サービスの高度化・高付加価値化
    サービスの効率を図ったり、さらに付加価値を付けてサービスに付随する環境負荷を削減
    〈具体例〉
    ■ 廃棄物処理コーディネート
    ■ ESCO事業

（出所）今掘洋子＝盛岡通［2003］260頁（環境情報科学センター［2003］，所収），第三回グリーン・サービサイジング研究会吉田登委員発表内容に基づいて筆者作成。

このほか，エコビズ株式会社（以下，エコビズ）は，リユース可能な梱包用荷崩れ防止バンドを供給し，物流コスト削減などを目指した環境負荷低減に尽力している[31]。

ところで，グリーン・サービサイジングを分類すると，図表10－6に示されるように，「製品を中心とした事業」と，「サービスを中心とした事業」の2つに大別される。

① 製品を中心とした事業：第5章で考察したあかり安心サービスや，グラミンフォンが実施しているビレッジフォンがあげられる。これは，携帯電話を所有する代わりに，毎回の通話料のみを支払うことによって，初期投資や維持コストを回避することが可能となるサービスである[32]。このほか，カーシェアリング事業も，利用者側は初期コストやメンテナンスコストを大幅に削減でき，規模の経済が働きやすいサービスである。

② サービスを中心とした事業：先にあげた音楽配信を含めたネット通販[33]があげられる。昨今のライフスタイルの変化やインターネット操作性の簡素化などにより，店舗を持たないネット通販市場は右肩上がりに成長している[34]。

リアル店舗での購買に伴う制約が排除され，都合のよい時間帯に口コミなどを参考にしながらワンストップで購買できるため，利用者側にとっては大きな魅力である。また，提供側は店舗管理の効率化や人件費の削減が可能となり，環境面においても省エネルギーにつながる。

また，グリーン・サービサイジング事業の本質は，機能を提供するだけでなく，サプライチェーンの幅を広げることによって，付加価値を高めることにある。経済産業省グリーン・サービサイジング研究会が指摘するように，ゼオテックは，従来の事業領域に加え，使用済み油のリサイクルを行うことで，事業活動の幅を広げている[35]。

❸ 今後の課題

先に述べたように，グリーン・サービサイジングのメリットは，多数指摘できるものの，普及のためにはいくつかの課題を克服しなければならず楽観視できないのが現状である。

例えば，経済産業省産業技術環境局環境政策課環境調和産業推進室編[2007]，小林哲晃[2008]，中村[2007]，吉田登[2008]をまとめると，以下の3点に集約される[36]。

① 環境負荷低減効果を明らかにする：取組んでいること自体を対外的に情報発信するのではなく，どの程度成果を得られたのかを，定量的なデータで示すことが重要である。類似事業との比較検討を実施し，環境負荷低減に貢献していることを裏付ける必要があると指摘している。
② 利用者側の負担を減らす：モノの購入から機能の利用に転換することによって，税制上の取り扱いや契約の変更などが生じ，追加業務が増える。スイッチングコストが高ければ，グリーン・サービサイジングを利用するインセンティブは比較的働きにくいのである。これを克服するための手段として，

顧客組織との連携や，段階的な導入策が考えられる。
③ コンセプトの普及：グリーン・サービサイジングの概念そのものがまだ認知段階にあるため，普及に向けた第一歩として，行政が先導的に導入し，支援策を講じることがあげられる。

　サスティナビリティ社会の構築に向けて，今後グリーン・サービサイジングが新たな形態として一役を担うのに相違ない。しかし，普及に向けた仕組みを効果的に運用できなければ，定着させることは困難であろう。

第4節　新たな事業展開

❶ ESCO事業

　第4章で簡潔にふれたとおり，ESCO事業は米国では市場規模が1,000億円であるものの，わが国では400億円程度である。しかし，京都議定書や法制度による規制強化の影響を受け，省エネ対策への重要性が増大し，当該事業への関心は高まっている。なお，ESCO事業は，後述するPFI事業と合わせて，前節で取り上げたグリーン・サービサイジングの一領域でもあることからも，考察する意義は十分にあろう。ESCO事業の契約方式は，図表10-7に示されるように2つあり，資金調達方法やメリットが異なる。
① ギャランティード・セイビングス契約（民間資金調達型）：顧客が資金を調達して設備・機器を購入する。この場合は，ESCO事業者が資金調達の支援を行う[37]。
② シェアード・セイビングス契約（自己資金型）：ESCO事業者が資金を調達して設備を購入し，顧客サイドに設置する[38]。
　また，顧客に対する利点としては，以下の4つがあげられる[39]。
① 経費の削減分により，すべての費用を賄う：省エネルギー改修に要した投資・金利返済などの経費はすべて，省エネルギーによる利益の一部で賄われ

図表10-7　ESCO事業のスキーム

	ギャランティード・セイビングス契約	シェアード・セイビングス契約
資金フロー	ユーザー／ESCO事業者／銀行・リース間の関係図（設計施工効果保証、費用支払、融資・リース、費用はユーザー調達、返済）	ユーザー／ESCO事業者／銀行・リース間の関係図（設計施工効果保証、ESCOサービス料、融資・リース、費用はESCO事業者調達、返済、リース与信は顧客）
省エネルギー改修工事の資金調達者	顧客	ESCO事業者
省エネルギー設備の所有者	顧客	ESCO事業者
サービス料の支払	省エネルギー効果（光熱水費の削減分）の中から一定額または一定の割合を支払う。	
契約期間終了後の利益の分配	省エネルギー効果（光熱水費の削減分）は全て顧客の取り分となる。	
キャッシュフロー	初期投資が必要	初期投資が不要
顧客の利点	①省エネルギー量が保証されるため、確実に省エネルギーを図ることができる。 ②初期投資に関する資金調達を顧客側で行うため、省エネルギー設備は自己資産となる。	①省エネルギー量が保証されるために、確実に省エネルギーを図ることができる。 ②初期投資に関する資金調達をESCO事業者側で行うため、顧客側は金融上のリスクを負わない。 ③省エネ設備のオフバランス化を図ることが可能。

(出所)　株式会社エスコ〈http://www.esco-co.jp/business/〉を一部修正し、筆者作成。

るため、顧客は負担なく省エネルギーを進めることが可能となる。

② 省エネ効果をESCO事業者が保証：例外を除き、契約した省エネ量を達成できない場合は、ESCO事業者が顧客の利益を保証する。

③ 包括的なサービスの提供：省エネルギー診断から改修計画立案、設計・施工管理までの、工事に直接関わるサービス、改修工事後の運転管理、資金調達・会計分析などの包括的なサービスを受けることが可能となる。

④ 省エネ効果の計測・検証：省エネルギー改修による省エネルギー効果を正

確に把握することは，最適な運転管理を行うのに必要であり，省エネ効果を長期間にわたり維持することを可能にする。

なお，住友信託銀行調査月報によれば，ESCO事業スキームのうち，受注の9割はシェアード・セイビングス契約となっている[40]。サービス内容に違いはないものの，顧客側が資金調達を容易にできるか否かが，契約を選ぶ際の大きな基準の1つとなっている。

❷ PFI事業

ESCO事業と並び，今後のエコビジネスとして注目されているのがPFI事業である。第2章において考察したとおり，近年，市民ニーズの多様化などに伴い，PFI事業を通じた良質な公共サービスの提供や，民間事業者の事業機会創出による経済の活性化が期待されている。また，エコビジネスネットワーク編[2007]によれば，民間の資金やノウハウを使って公共サービスを提供するため，自治体の財政負担を軽減するメリットがある[41]。

PFI事業は，「国民が支払う税金に対し，最も高い価値のサービスを提供[42]」しようとする考え方（VFM）を最も重要な概念と位置づけており，計算式によって定量的に評価している。

わが国におけるPFI事業は，2008年現在，事業数は339事業に増大し，事業費は約3兆円に達している[43]。また，地域によって事業実施状況に差があり，東京都（48件）や千葉県（23件）など多い地区もあれば，四国や九州，あるいは北陸地方など少ない地域もある。

図表10－8に示されるように，PFIの事業形態は3つに大別され，個々のPFI事業対象の特徴に合わせた事業形態が取り入れられている。また，事業形態を具体的に実施する手法として，例えば以下の3つがあげられる[44]。

① BOT（Build-Operate-Transfer）：PFI事業者が自ら資金調達をして施設を建設し，一定の事業期間運営を行って資金を回収した後，施設の所有権を公共に移転する。

② BLO（Build-Lease-Operate）：PFI事業者が自ら資金調達をして施設を建設した後，公共が施設を買い取り，PFI事業者にその施設をリースし，

図表10－8　PFIの事業形態

類型	サービス購入型(提供型)	ジョイントベンチャー型	独立投資型
内容	民間が施設の建設・運営を行い，公共に対しサービスを提供すること等により，コストは主として公共からの収入により回収する。	官民双方の資金を用いて施設の整備を行い，運営は民間が主導する。権利調整等のプロセスを要するものに適用されることが多く，他の2類型よりもリードタイムや投資回収期間が長い。	公共から事業許可を受けた民間が施設の整備・運営を行うという期限付きの民営化事業。民間がリスクを全面的に負い，事業コストについては利用料金等により回収する。公共は事業許可を与えるのみで，事業執行に係る権利は留保している。
公共の投資	公共がサービス提供の対価としてサービス料金を支払う	補助金等の付与を中心とした公的支援措置	公共の負担は基本的にはない
英国での事例[45]	刑務所，病院，道路，スポーツ施設，情報システムなど	鉄道など	有料橋など
モデル図	公共 →サービス料支払い→ PFI事業者 →サービス提供→ 利用者	公共 →補助金等→ PFI事業者 →サービス提供→ 利用者　利用者→利用料金支払い→PFI事業者	公共 ⇢事業許可⇢ PFI事業者 →サービス提供→ 利用者　利用者→利用料金支払い→PFI事業者

（出所）　有岡正樹他[2001]40頁を一部修正し，筆者作成。

PFI事業者が運営を行う。

③　DBO (Design-Build-Operate)：PFI事業者に設計，建設，運営を一括して委ね，施設の所有，資金の調達については公共が行う。

PFI事業は，複数の環境主体が連携して高次のサービスを提供することによって，例えば廃棄物関連分野において，事業の効率化による資源使用量の削減などが期待されている。

❸　今後の課題

第一に，ESCO事業の課題について考察する。近年の実施件数における伸

び悩みについては，第4章において指摘したとおりである。このほか，住友信託銀行は，入札方法など手続きの標準化が図られていないことを理由に，地方自治体へのESCO事業導入が少ないことを懸念している。特に，自治体が保有する公共施設へのESCO事業導入は潜在的な投資規模が大きいことからも，手続きの標準化は喫緊の課題であろう。

このほか，第3節で取り上げたINAXの節水ESCOでは，事業成立への課題として「前例・実績がすくないことから顧客が導入を見送る」ことをあげている。導入が進んでいないことに起因するデメリットを克服するためにも，まずは政府が試験的に受注し，対外的に効果を公表することも有効な手段の1つとして考えられる。

第二に，PFI事業の課題について考察する。今後，PFI事業が普及・定着するためには，「プロジェクトファイナンス」の導入が不可欠であろう。プロジェクトファイナンスとは，PFIビジネス研究会編[2002]によれば，プロジェクト（事業）自体を担保にして，完成後の施設の稼動による収益によって借り入れの元本を返済する「事業融資方式」を指す。適切なリスク分散や事業の長期安定性を加味しても，プロジェクトファイナンスはPFI事業を推進する上で有効な手段である。

ESCO事業とPFI事業は，市場規模や参入業者数の伸びを根拠として成長している分野である。しかし，発展途上にある事業形態であるため，上述した課題を念頭に置き，継続的に改善を図ることが不可欠となる。

第5節　環境先進国日本の復権

① 過去の状況と背景

1970年代のオイルショック以降，日本は省エネ対策に本格的に取組んできた。例えば，小竹忠[2005]や中島康雄[2005]が考察するように[46]，①ハイブリッ

ド車やディーゼル代替LPG車などのクリーンエネルギー自動車販売車種数は，2000年から2003年までに2倍近く増加し，②冷蔵庫やエアコンなどの家電製品の省エネ性能は世界トップクラスとなっている。

また，長谷川慶太郎[2000]は，「日本式の産業活動，生活様式を世界全体が導入すれば，現在でもエネルギーの消費量，特に一次エネルギーの消費量がほぼ三分の一に低下する[48]」と考察したほか，日本の林業や建築業などに関する技術力の高さも取り上げ，環境技術の幅広さを裏付けている[49]。

図表10－9　エネルギー効率の国際比較

(1) 火力発電所の熱効率

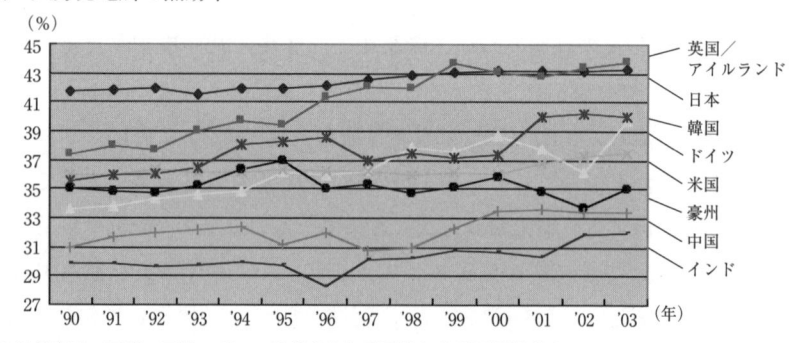

※熱効率は，石炭，石油，ガスの熱効率を加重平均した発電端熱効率
※外国では，低位発熱量基準が一般的であり，日本のデータ（高位発熱量基準）を低位発熱量基準に換算し比較。なお，低位発熱量基準は高位発熱量基準よりも5～10％程度高い値となる
※自家発電などは対象外

(2) 化学，セメント分野におけるエネルギー効率

化学：電解苛性ソーダの製造に関わる電力消費量の比較（2004年）

日本	台湾	韓国	中国	米国	西欧	東欧
100	100	100	104	110	119	115

セメント：クリンカt当たりエネルギー消費量比較（2000年）

日本	西欧	韓国	中南米	中国	米国	ロシア
100	130	131	145	152	177	178

(出所) (1)は Graus, W. H. J. = Voogt, M. = Worrell, E. [2007] 3942頁，および『日経ビジネス』[2007/12/10特別版] 53頁に基づいて筆者作成，(2)は，Feyerherd, K. = 中野加都子 [2008] 216頁を一部抜粋[47]。

原油や天然ガスの依存率は高いながらも，最先端の省エネ・環境技術を保有し，世界を代表する環境立国となった要因は，行政府が循環型社会の構築に必要な法整備を実施しただけでなく，各分野において各社が地道に積み重ねてきたことにあるといえよう。

図表10-9は，火力発電所や化学，およびセメント製造時のエネルギー効率を国際的に比較したものであり，3つの分野では最高水準に達していることがわかる。図表のほかにも，例えば鉄鋼業では，世界の鉄鋼業がすべて日本の省エネ水準を達成すれば，年間でCO_2排出量を3億トン（オーストラリア1国分の年間排出量に相当）削減することが可能となることから，国内の技術を海外に移転することの重要性は高い[50]。また，製紙の分野においてもエネルギー効率は他国と比較して高水準にある[51]。

以上のように，わが国は幅広い分野において，環境保全に役立つ技術を有しているのである。

❷ 現　状

省エネ・環境技術では高水準を保有しているものの，今日では，いまだに製品の製造に使用する多くの資源を他国からの輸入に依存している状況に変化はない。また，第4章で考察したように，長年に渡り世界市場を牽引した太陽電池事業では，他国に抜かれている。このことからも，長期的に日本がエコビジネスの分野においてリードするとは断言できない。

図表10-10に示されるように，一部インジウムの生産を除いては，環境技術に必要なニッケルやコバルトなどは，海外から依存している。そして，平沼光［2009］が指摘するように，海外依存が著しいだけでなく，レアアースやプラチナなど，鉱種によっては特定国に依存していることからも，① 現在の供給国との関係強化，② 供給国の多元化，③ 海底鉱物資源開発などの新たな資源の開拓，といった対策が喫緊の課題となっている[52]。

また，第4章でも考察したように，1950年代から研究開発を促進した太陽電池事業においては，導入量に限らず，生産量や企業単位でみても他国に優位性を奪われているのが現状である。

図表10－10　資源の依存状況と太陽電池事業における逆転現象
(1) 資源の所在と調達状況

鉱種名	環境技術での主な用途		埋蔵量，生産，日本の輸入のシェア（2006年）
レアアース	高性能効率モーター（次世代自動車，風力発電など），次世代自動車などの電池材，省エネディスプレー，蛍光体，原子炉材	埋蔵量	①中国30.7%，②CIS21.6%，③米国14.8%
		生産	①中国97.6%，②インド2.2%，③マレーシア0.2%
		輸入	①中国87.7%，②エストニア5.3%，③フランス4%
ニッケル	次世代自動車等の電池材	埋蔵量	①豪州37.5%，②ロシア10.3%，③キューバ8.8%
		生産	①ロシア20.5%，②カナダ16.5%，③豪州12.6%
		輸入	①インドネシア44.8%，②フィリピン13.6%，③ニューカレドニア12%
コバルト	次世代自動車等の電池材	埋蔵量	①コンゴ48.6%，②豪州20%，③キューバ14.3%
		生産	①中国24.1%，②フィンランド16.3%，③カナダ9.5%
		輸入	①フィンランド30.9%，②豪州17.4%，③カナダ13.9%
リチウム	次世代自動車等の電池材	埋蔵量	①ボリビア40.2%，②チリ22.3%，③中国8.2%
		生産	①チリ39.3%，②豪州18%，③中国14.2%
		輸入	①チリ63%，②米国18.6%，③中国11.1%
インジウム	非シリコン系太陽電池材，省エネディスプレー，蛍光体，原子炉材	埋蔵量	①カナダ35.7%，②米国10.7%，③中国10%
		生産	①中国62.5%，②日本11.5%，③カナダ10.2%
		輸入	①中国55.3%，②韓国10.2%，③カナダ10.2%
プラチナ	燃料電池用触媒	埋蔵量	①南ア88.7%，②ロシア8.7%，③米国1.3%
		生産	①南ア80.2%，②ロシア11.2%，③カナダ3.2%
		輸入	①南ア82.9%，②米国5.1%，③ドイツ4.8%
クロム	次世代自動車体鋼板材，原子炉，原子力プラント材	埋蔵量	①カザフスタン61.1%，②南ア33.7%，③インド5.3%
		生産	①南ア40.5%，②インド23.4%，③カザフスタン19.6%
		輸入	①南ア48.9%，②カザフスタン28.1%，③インド11.1%

(2) 太陽電池導入量の国際比較

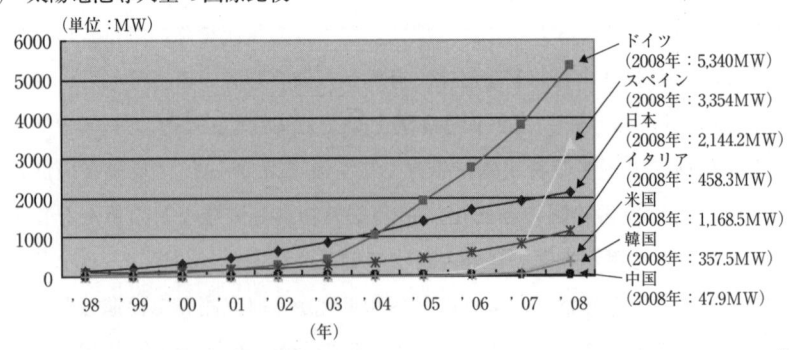

（単位：MW）

ドイツ（2008年：5,340MW）
スペイン（2008年：3,354MW）
日本（2008年：2,144.2MW）
イタリア（2008年：458.3MW）
米国（2008年：1,168.5MW）
韓国（2008年：357.5MW）
中国（2008年：47.9MW）

（出所）(1)は，平沼[2009]27頁（『週刊エコノミスト』[2009/5/26特大号]，所収）を一部修正[53]。
(2)は，IEA PPSP 統計データ〈http://www.iea-pvps.org/trends/download/2008/Table_Seite_02.pdf〉。

すなわち，上述したエネルギー効率の高さや省エネ技術において世界をリードしている一方で，根幹となる原材料については，自国内で調達することができていないのである。

❸　今後の課題

　天然資源などが希少な日本において，今日の競争力を維持できたのは，モノづくりに起因しているといっても過言ではない。第4章のケーススタディで考察した池内タオルや，第8章のケーススタディで考察したホンダなどの成功例は，このことを端的に示している。また，石黒昭弘[2008]は，水質を浄化する「組ひも」技術で活躍しているTBR株式会社[54]（以下，TBR）を取り上げ，日本の技術水準の高さを紹介している[55]。モノづくりを担っているのはヒトであり，「もたざる国」である日本においては，ヒューマン・リソースが，今後のエコビジネス分野における成長のポイントとなるのである。

　また，中村[2007]は，収益性と環境性を両立させることによって，環境立国が実現されるとの立場をとっている[56]。しかし，本質的には，収益性と環境性を両立させることがサスティナビリティ社会につながることを念頭に置かなければ，継続的に日本が環境立国として認められることはないであろう。すなわち，収益性と環境性の両立は手段であって，最終的な目的や目標そのものではない。

　エコビジネス市場を成長させ，日本を環境先進国の一角にすることは，経済政策としても有効である。三橋規宏[2009]は，今日世界が直面している100年に一度といわれる大不況を打開する1つの突破口として，グリーン・リカバリー[57]を提唱し，将来的な人口減少などを踏まえた上で，①バックキャスティングを前提としたグリーン・リカバリーの工程表，②有効需要対策，③環境に配慮した住環境の整備，④省エネ・新エネ技術の開発と普及，⑤ポーター仮説に基づいたイノベーションを誘発させる新しい制度設計，⑥財源の調達，⑦政界・経済界・市民社会における多様なリーダーの必要性を強調している[58]。

　エコビジネスが抱える今日的課題は，企業だけでなく，政府・自治体や市民，

あるいは国際社会に対しても密接にかかわるものである。その意味でも，エコビジネスを取り巻く全ての主体が，サスティナビリティ社会への道筋を共有し，着実に取組むことが求められているのである。

注）
1）エコビジネスネットワーク編［2007］13頁。
2）例えば，製造業の経過年別残存率については中小企業庁編［2002］66頁を参照。
3）岸川編［2008］3頁。
4）鈴木他［2001a］83頁。
5）『News week 日本版』［2006/12/6］48-51頁。
6）『週刊エコノミスト』［2009/5/26特大号］31頁。
7）帝国データバンクホームページ〈http://www.tdb.co.jp/〉を参照。
8）詳しくは，Grant, R. M.［2008］訳書367-393頁を参照。
9）船井総合研究所環境ビジネスコンサルティンググループ編［2008］65-66頁。
10）鈴木他［2001a］86頁。
11）正式名称は「環境の保全のための意欲の増進及び環境教育の推進に関する法律」。2003年より施行。
12）環境教育推進法　〈http://www.env.go.jp/policy/suishin _ho/03.pdf〉
13）正確には，国際環境教育会議（1975年）や環境教育政府間会議（1977年）において，環境教育の目的は，①環境問題に関心を持つ，②環境に対する人間の責任と役割を理解する，③環境保全に参加する態度と環境問題解決のための能力を育成すること，とされている。本書では，この国際的な合意を考慮したうえで，環境教育の目的を端的に提示した。
14）九里［2008］116-117頁（鈴木＝所編［2008］，所収）。
15）事実，環境省が実施する「環境にやさしい企業行動調査」では，従業員向け環境教育の実施状況は年々増加傾向にあり，2007年度は80%程度（回答社数2,819社）となっている。
16）詳しくはNEC環境フォーラム2003・藤村コノエ（NPO法人環境文明21専務理事）公開資料〈http://www.it-eco.net/forum/seminar/down/fujimura _panel.pdf〉
17）木俣＝藤村編［2005］128頁。
18）なお，経済産業省環境政策課環境調和産業推進室編［2003］は，図表作成時に，UFJ総合研究所の資料を引用している。
19）市民一人ひとりの環境問題への意識向上の重要性については，例えば，高達他［2003］356頁を参照。すべての企業が市民に対して環境教育を行うことで，市民の環境教養は大きく高まり，環境保全の世論が湧き起こり，行政や法規制が促進され，さらに企業の環境活動が活発するという「グリーン化メカニズム」

が構築されると述べている。
20) 木俣＝藤村編［2005］128頁。
21) 経済産業省環境政策課環境調和産業推進室編［2003］62頁，Esty, D. C.＝Winston, A. S.［2006］訳書228頁を一部修正。
22) 坪井［2009］11-12頁（『グリーン・エージ』［2009/7］，所収）。
23) 岡本編［2007］26頁。
24) 木俣＝藤村編［2005］130頁をもとに一部加筆修正。
25) サービサイジングとは，米国のテラス研究所が始めて使用した概念である。
26) 経済産業省グリーン・サービサイジング研究会報告書〈http://www.meti.go.jp/policy/eco_business/servicizing/html/report.html〉
27) X conscious 編集部［2007］5頁（『X conscious』［2007/11］，所収），および中村［2007］67頁。なお，PSSの定義については，Goedkoop, M. J.＝Halen, C. J. G.＝Riele, H. R. M.＝Rommens, P. J. M.［1997］18頁を参照。
28) 経済産業省産業技術環境局環境政策課環境調和産業推進室編［2007］2頁。
29) 郡嶌孝［2008］59頁（『アース・ガーディアン』［2008/5］，所収）を一部修正。
30) X conscious 編集部［2007］は，需要側のメリットとして，①コストダウンが可能，②省労力化が可能であることをあげ，一方，供給側のメリットとして，①新たな収益源になる，②顧客個囲い込みを図ることができる，③環境への負荷低減が可能となることをあげている。このことからも明らかなように，環境への負荷低減は，サービサイジングの成立要件に含まれる一要素に過ぎなかった。
31) 栗田工業，INAX，エコビズの事例については，「産業機械」［2008/8］16頁，『資源環境対策』［2008/1］103頁を参照。
32) Sullivan, N. P.［2007］訳書32-177頁。
33) 矢野経済研究所編［2005］によれば，ネット通販とは，①物販型（モノの移動を伴う），②コンテンツ（音楽配信，電子書籍，動画など），③サービス（ネットバンキング，コンサートや航空券などのチケット予約，ホテルの宿泊予約，ゴルフ場予約，レストラン予約など），の3つに分類される。
34) 日本通信販売協会統計データ〈http://www.jadma.org/data/index.html〉
35) 経済産業省グリーン・サービサイジング研究会報告書〈http://www.meti.go.jp/policy/eco_business/servicizing/html/report.html〉
36) 経済産業省産業技術環境局環境政策課環境調和産業推進室編［2007］88-89頁，小林［2008］102-104頁（『資源環境対策』［2008/1］，所収），中村［2007］76-77頁，吉田［2008］98-99頁（『資源環境対策』［2008/1］，所収）。
37) エコビジネスネットワーク編［2007］189頁。なお，2つの契約方式の解説については，上記以外にも非常に多く紹介されている。
38) 同上書。
39) 『OHM』［2004/2］26頁を一部修正。
40) 住友信託銀行調査月報［2005/1］〈http://www.sumitomotrust.co.jp/RES/

research/PDF2/645 _4.pdf〉
41) エコビジネスネットワーク編[2007]37頁。
42) 有岡正樹[2001]346頁。VFM は Value for Money の略称。
43) 内閣府・PFI アニュアルレポート2008〈http://www8.cao.go.jp/PFI/pdf/annual.html〉
44) PFI ビジネス研究会編[2002]30-31頁。本書で取り上げた以外にも，BTO，BOO，BLT がある。
45) PFI 事業は，もともと英国で発祥された事業形態であるため，英国における先進事例が数多い。
46) 小竹[2005]17頁(『エネルギーレビュー』[2005/7]，所収)，中島[2005]20-23頁(『エネルギーレビュー』[2005/7]，所収)
47) なお，Feyerherd, K.＝中野加都子[2008]は，図表作成時に，① SRI Chemical Economic Handbook およびソーダハンドブック，② Battelle [2002], Toward Sustainable Cement Industry Substudy 8 : CLIMATE CHANGE 〈http://www.wbcsdcement.org/pdf/battelle/final _report8.pdf〉を参考にしている。
48) 長谷川[2000]79頁。
49) 林業や建築業については，同上書160，172頁。
50) 関澤秀哲[2007]20頁(『日経ビジネス』[2007/7/30特別版]，所収)。
51) Feyerherd, K.＝中野[2008]216頁。
52) 平沼[2009]27頁(『週刊エコノミスト』[2009/5/26特大号]，所収)。
53) なお，平沼[2009]は，図表作成時に独立行政法人石油天然ガス・金属鉱物資源機構の資料を参考にしている。また，一部推定値を含む。
54) 本社：愛知県，創業：1960年，資本金：30百万円，従業員：30名。
55) 『潮』[2008/3]82-87頁によれば，TBR は，漁業用ロープで国内シェア50％を有しており，1996年にはニュー・ビジネス大賞・環境賞を受賞している。創業時から保有していた漁業用ロープの技術を，テントシートやスポーツ用にも応用させることによって，事業の幅を広げている。
56) 中村[2007]16頁。
57) 三橋[2009]19-20頁によれば，グリーン・リカバリーとは「環境という視点から内需依存経済を支える公共投資や住宅，農林水産業の活性化を図るため，ヒト，モノ，カネをこの分野に集中的に投入し，経済回復を目指すための総合政策」であり，グリーンニューディール政策のような政府主導の取組みではなく，国民が一丸となって日本を再生するプロジェクトをさす。
58) 同上書　157-218頁。

参考文献

<欧文文献>

Aldrich, H. [1979], *Organization & Environments*, Printice Hall.

Baden-Fuller, C. = Stopford, M. J. [1992], *Rejuvenating the Mature Business : The Competitive Challenge*, Thomson Learning. (石倉洋子訳[1996]『成熟企業の復活』文眞堂)

Barney, J. B. [2002], *Gaining and sustaining competitive advantage* Second Edition, Pearson Education Inc. (岡田正大訳[2003]『企業戦略論【中】』ダイヤモンド社)

Carroll, A. B. [1979], "A three-dimensional conceptual model of corporate performance", *Academy Management Review*, Vol. 4, No. 4, 497–505.

Coase, R. H. [1937], "The Nature of the Firm", *Economica*, Vol. 4, pp. 386–405.

Collis, D. J. = Montgomery, C. A. [1997], *Coporate Strategy : A Resourse-Based Approach*, Irwin/McGraw-Hill. (根来龍之=蛭田啓=久保亮一訳[2004]『資源ベースの経営戦略論』東洋経済新報社)

DeSimone, L. = Popoff, F. [1997], *Eco-Efficiency : The Business Link to Sustainable Development*, Mit Press. (山本良一訳[1998]『エコ・エフィシエンシーへの挑戦』日科技連出版社)

Dill, W. [1958], "Environment as an influence on Managerial Autonomy", *A. S. Q.*, 2, pp. 409–443.

Drucker, P. F. [1954], *The practice of Management*, Harper&Low. (現代経営研究会訳[1956]『現代の経営』自由国民社)

Elizabeth C. Economy [2004], *The River Runs Black : The Environmental Challenge to China's Future*, Cornell University Pr. (片岡夏実訳[2005]『中国環境リポート』築地書館)

Esty, D. C. = Winston, A. S. [2006], *Green to Gold : How Smart Companies Use Environmental Strategy to Innovate, Create Value, and Build Competitive Advantage*, Yale University Press. (村井章子訳[2008]『グリーントゥゴールド』アスペクト)

Flavin, C. [2007], *State of the world 2008-2009*, World watch Institute. (大和田和美他訳[2008]『地球白書2008－2009』ワールドウォッチジャパン)

Freeman, R = Pierce, J = Dodd, R. [2000], *Environmentalism and the New Logic of Business: How Firms Can Be Profitable and Leave Our Children a Living Planet*, Oxford University Press.

Ghemawat, P. [2007], *Redefining Global Strategy: Crossing Borders in A World Where Differences Still Matter*, Harvard Business School Press. (望月衛訳[2009]『コークの味は国ごとに違うべきか』文藝春秋)

Grant, R. M. [2008], *Contemporary Strategy Analysis* : 6th Edition, Blackwell. (加瀬公夫監訳[2008]『現代戦略分析　第6版』中央経済社)

Graus, W. H. J. = Voogt, M. = Worrell, E. [2007], "International comparison of energy efficiency of fossil power generation". *Energy Policy*, pp. 3936-3951

Hamel, G. = Prahalad, C. K. [1994], *Competing for the Future*, Harvard Business School Press. (一條和生訳[1995]『コア・コンピタンス経営』日本経済新聞社)

Hart, S. L. [1997] , "Beyond Greening : Strategies for a Sustainable World", *Harvard Business Review*, Vol. 75, No. 1, January-February, pp. 66-77.

IPCC [2007], *Climate change 2007:Impacts, adaptation and vulnerability*, Cambridge University Press. (文部科学省他訳[2009]『IPCC 地球温暖化第四次レポート』中央法規出版)

Langlois, R. N. = Robertson, P. L. [1995], *FIRMS, MARKETS AND ECONOMIC CHANGE:A Dynamic Theory of Business Institutions*, Routledge. (谷口和弘訳[2004]『企業制度の理論』NTT 出版)

Levitt, T. [1960], "Marketing Myopia", *Harvard Business Review*, Vol. 38, No. 4, July-August, pp. 45-56.

Levitt, T. [1991], *Levitt on Marketing*, Harvard Business School Press. (有賀裕子訳[2007]『T．レビット　マーケティング論』ダイヤモンド社)

Meffert, H. = Kirchgeorg, M. [1998], *Marktorientiertes Umweltmanagement*, Schaffer Poeschel, Munchen.

Mol, A. P. J. [1995], *The refinement of production : Ecological modernization theory and the chemical industry*, Utrecht.

OECD [1999], *The Environmental Goods and Services Industry*, Organization for Economic.

OECD [2002], *Environmental Performance Reviews: Japan 2002*, Organization for Economic. (環境省総合環境政策局環境計画課訳[2002]『OECD レポート：日本の環境政策』中央法規)

Pfeffer, J. = Salancik, G. R. [1978], *The External Control of Organizations*, Harper & Row.

Porter, M. E. [1980], *Coporate strategy*, The Free Press. (土岐坤＝中辻萬治＝服部照夫訳[1982]『競争の戦略』ダイヤモンド社)

Porter, M. E. [1985], *Competitive Advantage*, The Free Press. (土岐坤＝中辻萬治＝小野寺武夫訳[1985]『競争優位の戦略』ダイヤモンド社)

Porter, M. E. [1990], *The Competitive Advantage of Nations*, The Free Press. (土岐坤＝中辻萬治＝小野寺武夫＝戸成富美子訳[1992]『国の競争優位』ダイヤモンド社)

Porter, M. E. [1991] "America's Green Strategy," *Scientific American 264*, p. 168.

Porter, M. E. = Linde, C. V. [1995], "Toward a New Conception of the Environment-Competitiveness Relationship", *Journal of Economic Perspective*, 9(4), 97-118.

Rumelt, R. P. [1991], "How Much Does Industry Matter?", *Strategic Management Journal*. Vol. 12, pp. 167-185.

Savitz, A. W. = Weber, K. [2006], *THE TRIPLE BOTTOM LINE:How Today's Best-Run Companies Are Achieving Economic, Social and Environmental Success and How You Can Too*, Jossey-Bass. (中島早苗訳[2008]『サステナビリティ』アスペクト)

Schmidheiny, S. = Zorraquin, F. J. L. = World Business Council Sustainable Development [1996], *Financing Change: The Financial Community, Eco-Efficiency, and Sustainable Development*, Mit Pr. (環境と金融に関する研究会訳[1997]『金融市場と地球環境』ダイヤモンド社)

Spaargaren, G. = Mol, A. P. J. [1992], Sociology, Environment, and Modernity : Ecological Modernisation as a Theory of Social Change, *"Society and Natural Resources"*. Vol. 5, No. 4, pp. 323-344.

Steger, U. [1993], *Umweltmanagement*, Gabler, Betriebswirt. -Vlg. (飯田雅美訳[1997]『企業の環境戦略』日経BP社)

Stigler, G. J. [1951], "The division of labor is limited by the extent of the market", *Journal of political economy*. Vol. 59, No. 3, pp. 185-193.

Sullivan, N. P. [2007], *You can hear me now*, Jossey-Bass. (東方雅美=渡部典子訳[2007]『グラミンフォンという奇跡』英治出版)

The Canadian Institute of Chartered Accountants [1994], *Reporting on Environmental Performance*, International Institute of Sustainable Development. (グリーンリポーティング・フォーラム訳[1997]『環境パフォーマンス報告』中央経済社)

Thompson, J. D. [1967], *organizations in action:Social Science Bases of Administrative Theory*, McGraw-HILL. (鎌田伸一他訳[1987]『オーガニゼーション・イン・アクション:管理理論の社会科学的基礎』同文舘出版)

Thompson, J. D. = McEvan, W. J. [1958], "Organizational Goals and Environment", *A. S. Q.*, 23, pp. 23-31.

＜和文文献＞

アーサーアンダーセン[2000]『環境会計導入の実務』東洋経済新報社
アーサー・D・リトル社環境ビジネス・プラクティス[1997]『環境ビジネスの成長戦略』ダイヤモンド社
相川泰[2008]『中国汚染:「公害大陸」の環境報告』ソフトバンククリエイティブ
ITproグリーンIT取材班[2008]『グリーンIT完全理解!』日経BP社
青山周[2008]『中国環境ビジネス』蒼蒼社

青木正光[2008]『環境規制 Q&A　555』工業調査会
秋山義継＝中村陽一＝桜井武典[2008]『環境経営論』創世社
浅岡美恵[2009]『世界の地球温暖化対策　再生可能エネルギーと排出取引』学芸出版
朝日監査法人編[2002]『環境会計のしくみと導入ノウハウ』中央経済社
足立辰雄[2006]『環境経営を学ぶ』日科技連
足立辰雄＝所伸之編[2009]『サステナビリティと経営学』ミネルヴァ書房
阿部絢子[2004]『「やさしくて小さな暮らし」を自分でつくる』家の光協会
天野一哉[2003]『ITが地球環境を救う』ダイヤモンド社
荒川進[1988]『安田火災が疾る』講談社
有岡正樹他[2001]『日本版PFI』山海堂
安藤眞＝鵜沼伸一郎編[2004]『環境ビジネスを本気で成功させる』日本プラントメンテナンス協会
安藤眞＝中山信二[2002]『環境マネジメントシステムの導入と実践』かんき出版
飯島伸子[1993]『環境社会学』有斐閣
飯島伸子[2000]『環境問題の社会史』有斐閣
生野正剛＝早瀬隆司＝姫野順一[2003]『地球環境問題と環境政策』ミネルヴァ書房
井熊均編[1999]『環境倒産』日刊工業新聞社
井熊均[2000]『私はこうして社内起業家（イントラプレナー）になった』生産性出版
井熊均編[2003]『企業のための環境問題　第2版』東洋経済新報社
井熊均＝足達英一郎[2008]『企業のための環境問題　第3版』東洋経済新報社
池内計司[2008]『「つらぬく」経営』エクスナレッジ
伊丹敬之[2003]『経営戦略の論理　第3版』日本経済新聞社
市川芳明[2004]『新たな規制をビジネスチャンスに変える環境経営戦略』中央法規出版
稲永弘＝浦出陽子編[2000]『ひとめでわかる環境経営』東洋経済新報社
井上嘉則[2001]『環境基本用語辞典』オーム社
今泉みね子[2008]『ここが違う，ドイツの環境政策』白水社
井村秀文[2007]『中国の環境問題　今なにが起きているのか』化学同人
岩本俊彦[2004]『環境マーケティング概論』創成社
WEEE&RoHS研究会編[2005]『図解よくわかるWEEE&RoHS指令とグリーン調達』日刊工業新聞社
植田和弘＝落合仁司＝北畠佳房＝寺西俊一[1991]『環境経済学』有斐閣ブックス
上田豊甫＝赤間美文編[2005]『環境用語辞典』共立出版
エコビジネスネットワーク編[1999]『新・地球環境ビジネス2000-2001』産学社
エコビジネスネットワーク編[2000]『環境経営実例集』産学社
エコビジネスネットワーク編[2003a]『新・地球環境ビジネス2003-2004』産学社

エコビジネスネットワーク編[2003b]『リサイクルのことがわかる事典』日本実業出版社
エコビジネスネットワーク編[2005]『新・地球環境ビジネス2005-2006』産学社
エコビジネスネットワーク編[2007]『新・地球環境ビジネス2007-2008』産学社
エコビジネスネットワーク編[2009]『新・地球環境ビジネス2009-2011』産学社
NHK「未来への提言」取材班編[2008]『地球温暖化に挑む』日本放送出版協会
NTTデータ経営研究所編[2008]『環境ビジネスのいま』NTT出版
大串卓矢[2006]『なるほど図解　排出権のしくみ』中央経済社
大阪中小企業診断士会環境経営研究会編[2006]『中小企業のための「環境ビジネス」7つの成功法則』日刊工業新聞社
大島義貞[2005]『中小企業の環境マネジメントシステム』日科技連
大滝精一＝金井一頼＝山田英夫＝岩田智[1997]『経営戦略　論理性・創造性・社会性の追求』有斐閣
大橋照枝[2002]『環境マーケティング大全』麗澤大学出版会
大橋照枝[2007]『ヨーロッパの環境都市のヒューマンウェア』学芸出版
大浜庄司編[2002]『ISO14000環境マネジメントシステムと監査の実務』オーム社
大浜庄司[2007]『これだけは知っておきたい完全図解ISO14001の基礎知識130』日刊工業新聞社
大平浩二[2009]『ステークホルダーの経営学』中央経済社
大和田滝惠[2006]『中国環境政策講義』駿河台出版社
岡本眞一編[2007]『環境経営入門』日科技連出版社
小方昌勝[2000]『国際観光とエコツーリズム』文理閣
尾崎弘之[2009]『次世代環境ビジネス』日本経済新聞出版社
小田康徳[2008]『公害・環境問題史を学ぶ人のために』世界思想社
小田切力[2004]『ものづくりと地球環境』化学工業日報社
加護野忠男[1999]『＜競争優位＞のシステム』PHP研究所
片野優[2008]『ヨーロッパ環境対策最前線』白水社
片山又一郎[2000]『環境経営の基本知識』評言社
勝田悟[2003]『持続可能な事業にするための環境ビジネス学』中央経済社
勝田悟[2004]『環境保護制度の基礎』法律文化社
勝田悟[2005]『シンクタンクとコンサルタントの仕事』中央経済社
勝田悟[2007]『環境戦略』中央経済社
勝山進編[2006]『環境会計の理論と実態　第2版』中央経済社
蟹江憲史[2004]『環境政治学入門』丸善
金原達夫＝金子慎治[2005]『環境経営の分析』白桃書房
椛根勇編[2008]『中国の環境問題』日本評論社
唐住尚司編[2000]『図解ISO14000早わかり』中経出版
河内俊英[1998]『環境先進国と日本』自治体研究社

河野正男［2001］『環境会計　理論と実践』中央経済社
河野正男［2006］『環境会計の構築と国際的展開』森山書店
川名英之［2005］『世界の環境問題ドイツと北欧』緑風出版
環境格付プロジェクト［2002］『環境格付の考え方』税務経理協会
環境庁企画調整局調査企画室編［2000］『環境白書　平成12年版　総説』ぎょうせい
環境省編［2002］『環境白書　平成14年版』ぎょうせい
環境省総合環境政策局環境計画課編［2004］『環境と経済の好循環ビジョン』ぎょうせい
環境省編［2005］『平成17年版　環境白書』ぎょうせい
環境省編［2006］『平成18年版　環境白書』ぎょうせい
環境省編［2008］『環境・循環型社会白書平成20年版』日経印刷
環境省編［2009］『環境白書　循環型社会白書　生物多様性白書　平成21年版』日経印刷
環境省総合環境政策局環境計画課［2009］『環境統計集』環境省総合環境政策局環境計画課
環境文明21編［2001］『これからの環境NGO』環境文明21
菊澤研宗編［2006］『組織の経済学』中央経済社
岸川善光［1999］『経営管理入門』同文舘出版
岸川善光他［2003］『環境問題と経営診断』同文舘出版
岸川善光編［2004］『イノベーション要論』同文舘出版
岸川善光［2006］『経営戦略要論』同文舘出版
岸川善光［2007a］『経営診断要論』同文舘出版
岸川善光編［2007b］『ケースブック経営診断要論』同文舘出版
岸川善光編［2008］『ベンチャー・ビジネス要論（改訂版）』同文舘出版
岸川善光［2009a］『図説経営学演習』同文舘出版
岸川善光編［2009b］『ケースブック経営管理要論』同文舘出版
北村慶［2008］『排出権取引とは何か』PHP研究所
木全晃［2004］『グリーンファクトリー』日本経済新聞社
木俣美樹男＝藤村コノヱ編［2005］『持続可能な社会のための環境学習』培風館
金融機関の環境戦略研究会編［2005］『金融機関の環境戦略』金融財政事情研究会
功刀達朗＝野村彰男編［2008］『社会的責任の時代─企業・市民社会・国連のシナジー』東心堂
倉阪秀史［2004］『環境政策論』信山社
倉田健児［2006］『環境経営のルーツを求めて』産業環境管理協会
経済産業省編［2004］『エネルギー白書　2004年版』ぎょうせい
経済産業省編［2007］『エネルギー白書　2007年版』山浦印刷出版部
経済産業省編［2009］『エネルギー白書　2009年版』エネルギーフォーラム
経済産業省環境政策課環境調和産業推進室編［2003］『環境立国宣言　環境と両立し

た企業経営と環境ビジネスのあり方』ケイブン出版
経済産業省環境政策課環境調和産業推進室編[2004]『検証！日本の環境経営　環境立国戦略研究会中間報告』ケイブン出版
経済産業省産業技術環境局環境政策課環境調和産業推進室編[2007]『グリーン・サービサイジング・ビジネス』経済産業省産業技術環境局環境政策課環境調和産業推進室
経済産業省編[2004]『エネルギー白書2004年版』ぎょうせい
経済界「ポケット社史」編集委員会編[1990]『安田火災：新しい視点と発想で新世紀のトライ』経済界
経済界「ポケット社史」編集委員会編[1995]『安田火災：革新そして飛躍，21世紀へチャレンジ　改訂版』経済界
経済同友会[1991]『地球温暖化問題への取組み』経済同友会
髙達秋良＝山田朗＝下垣彰＝清水孝行[2003]『環境経営への挑戦』日本工業新聞社
國部克彦編[2000]『環境報告書の理論と実際』省エネルギーセンター
國部克彦[2001]『環境会計の理論と実践』ぎょうせい
國部克彦編[2004]『環境管理会計入門　理論と実践』産業環境管理協会
國部克彦編[2008]『実践マテリアルフローコスト会計』産業環境管理協会
國部克彦＝伊坪徳宏＝水口剛[2007]『環境経営・会計』有斐閣
小林英夫＝大野陽男＝湊清之編[2008]『環境対応　進化する自動車技術』日刊工業新聞社
小林英夫＝太田志乃編[2007]『図解早わかり　BRICs自動車産業』日刊工業新聞社
小宮山宏編[2007]『サステイナビリティ学への挑戦』岩波書店
榊原清則[1992]『企業ドメインの戦略論』中央公論社
榊原清則＝香山晋編[2006]『イノベーションと競争優位』NTT出版
笹徹[2007]『エコアクション21』第一法規
産業環境管理協会編[1999]『エコプロダクツの時代到来』日科技連出版社
産業環境管理協会編[2002]『20世紀の日本環境史』産業環境管理協会
柴田秀樹＝梨岡英理子[2006]『進化する環境会計』中央経済社
柴田弘文[2002]『環境経済学』東洋経済新報社
清水浩[1991]『地球を救うエコ・ビジネス100のチャンス』にっかん書房
下村恭民他[2009]『国際協力—その新しい潮流—』有斐閣
清水孝行[2003]『ゼロエミッション工場』日刊工業新聞社
JMAC日本能率協会コンサルティング[2003]『環境経営への挑戦』日本工業新聞社
新QC七つ道具研究会編[1984]『やさしい新QC 7つ道具』日科技連
杉本育生[2006]『グリーンコンシューマー』昭和堂
鈴木幸毅[1999]『環境経営学の確立に向けて』税務経理協会

鈴木幸毅他[2001a]『環境ビジネスの展開』税務経理協会
鈴木幸毅他[2001b]『地球環境問題と各国・企業の環境対応』税務経理協会
鈴木幸毅＝所伸之編[2008]『環境経営学の扉』文眞堂
鈴木邦成[2009]『産業廃棄物処理と静脈物流』日刊工業新聞社
鈴木崇弘[2007]『日本に「民主主義」を起業する』第一林書
鈴木敏夫[2008]『新・よくわかるISO環境マネジメントシステムと内部監査　第2版』ダイヤモンド社
鈴木嘉彦[2006]『持続可能性社会のつくり方』日科技連出版社
関谷直也[2009]『環境広告の心理と戦略』同友館
総理府編[1971]『公害白書　昭和46年版』大蔵省印刷局
高橋由明＝鈴木幸毅編[2005]『環境問題の経営学』ミネルヴァ書房
田北廣道[2004]『日欧エネルギー・環境政策の現状と展望』九州大学出版会
武石礼司[2006]『アジアの産業発展と環境』幸書房
竹内恒夫[2004]『環境構造改革—ドイツの経験から—』リサイクル文化社
武田浩美[2009]『環境経営宣言』エフビー
武末高裕[2001]『新・環境技術で生き残る1000企業』ウェッジ
武末高裕[2002]『環境リサイクル技術のしくみ』日本実業出版社
谷村賢治＝齋藤寛編[2006]『環境知を育む』税務経理協会
谷本寛治編[2003]『SRI社会的責任投資入門　市場が企業に迫る新たな規律』日本経済新聞社
谷本寛治編[2004]『CSR経営』中央経済社
谷本寛治編[2006a]『ソーシャル・エンタープライズ』中央経済社
谷本寛治[2006b]『CSR：企業と社会を考える』NTT出版
谷本寛治編[2007]『SRIと新しい企業・金融』東洋経済新報社
丹下博文[2005]『企業経営の社会性研究　社会貢献・地球環境・高齢化への対応　第2版』
地球環境戦略研究機関編[2001]『環境メディア論』中央法規
地球環境戦略研究機関編[2006]『持続可能なアジア：2005年以降の展望』技報堂出版
地球環境戦略研究機関（IGES）関西研究センター編[2003]『環境会計最前線』省エネルギーセンター
中央青山監査法人＝中央青山PwCサステナビリティ研究所編[2003]『環境経営なるほどQ&A』中央経済社
中小企業研究センター編[2002]『中小企業の環境経営戦略』同友館
中小企業国際センター編[1998]『これからの10年加速的に成長する4大市場を読む』中経出版
中小企業庁[2002]『中小企業白書　2002年版』ぎょうせい
通商産業省[1993]『ASEAN産業高度化ビジョン』通商産業調査会

通商産業省環境立地局編[1994]『産業環境ビジョン』通産資料調査会
土屋勉男＝大鹿隆＝井上隆一郎[2006]『アジア自動車産業の実力』ダイヤモンド社
土屋勉男＝大鹿隆＝井上隆一郎[2007]『世界自動車メーカーどこが一番強いのか？』ダイヤモンド社
坪郷實[2009]『環境政策の政治学－ドイツと日本－』早稲田大学出版部
帝国地方行政学会編[1971]『公害国会成立法律の政省令特集』帝国地方行政学会
寺尾忠能＝大塚健司[2005]『アジアにおける環境政策と社会変動』アジア経済研究所
寺西俊一＝大島堅一＝井上真[2006]『地球環境保全への途』有斐閣
寺本義也＝原田保[2000]『環境経営』同友館
所伸之[2005]『進化する環境経営』税務経理協会
豊澄智己[2007]『戦略的環境経営』中央経済社
豊田謙二[2004]『質を保証する時代の公共性－ドイツの環境政策と福祉政策－』ナカニシア出版
鳥越皓之[2000]『環境ボランティア・NPOの社会学』新曜社
仲上健一＝小幡範雄[1995]『エコビジネス論』法律文化社
中嶌道靖＝國部克彦[2008]『マテリアルフローコスト会計　第2版』日本経済新聞出版社
中津孝司[2009]『日本のエネルギー戦略』創世社
中村吉明[2007]『環境ビジネス入門』産業環境管理協会
長岡正[2002]『環境経営論の構築』成文堂
西井正弘[2005]『地球環境条約』有斐閣
西川唯一[2002]『環境ビジネスがわかる』全日出版
西沢利栄[1999]『熱帯ブラジルフィールドノート』国際協力出版会
日刊工業新聞環境特別取材班編[2008]『環境問題に技術で挑むイノベーション企業』日刊工業新聞社
日刊工業新聞社編[2002]『目で見てわかるホンダの大常識』日刊工業新聞社
日刊工業出版プロダクション編[2008]『環境ソリューション企業総覧2008年度版』日刊工業新聞社
日経BP社[2009]『日経エコロジー特別編集版　環境経営事典2009』日経BP社
日経産業新聞編[2005]『ホンダ「らしさ」の革新』日経産業新聞社
日本エコライフセンター＝電通EYE編[1997]『環境コミュニケーション入門』日本経済新聞社
日本環境倶楽部編[2000]『環境経営最前線』大成出版社
日本経済団体連合会自然保護協議会[2008]『環境CSR宣言』同文舘出版
日本経団連自然保護基金・日本経団連自然保護協議会15周年記念号編集委員会編[2007]『BEYOND THE BORDER　企業とNGOのパートナーシップを築く地球環境の未来』日本経団連自然保護基金

日本工業新聞社地球環境室編[2000]『環境エクセレント企業』日本工業新聞社
日本コンサルタントグループ[2008]『環境経営・ビジネス促進調査報告書』地域経営研究所＝日本コンサルタントグループ
日本総合研究所[2008]『地球温暖化で伸びるビジネス』東洋経済新聞社
日本総合研究所＝井熊均[1999]『企業のための環境問題』東洋経済新報社
日本地域社会研究所編[2004]『サステナブル経営』日本地域社会研究所
日本電子㈱応用研究センター編[2004]『図解よくわかる WEEE & RoHS 指令』日刊工業新聞社
日本能率協会総合研究所編[2006]『ごみ・リサイクル統計データ集　2006年版』生活情報センター
日本貿易振興会編[1996]『世界のエコビジネス』日本貿易振興会
「NEDO books」編集委員会編[2007]『なぜ，日本が太陽光発電で世界一になれたのか』新エネルギー・産業技術総合開発機構
沼上幹[2000]『わかりやすいマーケティング戦略』有斐閣
野中郁次郎＝竹内弘高[1996]『知識創造企業』東洋経済新報社
信夫隆司[2000]『地球環境レジームの形成と発展』国際書院
野村総合研究所[1991]『環境主義経営と環境ビジネス』野村総合研究所
排出権取引ビジネス研究会[2007]『排出権取引ビジネスの実践』東洋経済新報社
花木啓祐[2004]『都市環境論』岩波書店
長谷川慶太郎[2000]『環境先進国日本』東洋経済新報社
林哲裕[2000]『ドイツ企業の環境マネジメント戦略』三修社
原剛[2005]『中国は持続可能な社会か』同友館
原田勝広＝塚本一郎[2006]『ボーダレス化するCSR』同文舘出版
早渕百合子[2008]『環境教育の波及効果』ナカニシヤ出版
馬場靖憲＝後藤晃編[2007]『産学連携の実証研究』東京大学出版会
阪智香[2001]『環境会計論』東京経済情報出版
東アジア環境情報発伝所編[2006]『環境共同体としての日中韓』集英社
PFIビジネス研究会編[2002]『図解でわかるPFIビジネス』日本能率協会マネジメントセンター
Feyerherd, K.＝中野加都子[2006]『企業戦略と環境コミュニケーション』技報堂出版
Feyerherd, K.＝中野加都子[2008]『先進国の環境ミッション』技報堂出版
Feyerherd, K.＝中野加都子[2009]『企業戦略と環境コミュニケーション』技報堂出版
福岡克也[1990]『エコビジネスのすすめ』時事通信社
福島清彦[2009]『環境問題を経済から見る』亜紀書房
藤井照重編[2007]『環境にやさしい新エネルギーの基礎』森北出版
富士総合研究所編[2000]『環境支援ビジネス最前線』工業調査会

富士総合研究所＝みずほ証券［2002］『排出権取引ビジネス』日刊工業新聞社
藤野彰編［2007］『中国環境報告』日中出版
藤本隆宏［2003］『能力構築競争』中央公論新社
船井総合研究所環境ビジネスコンサルティンググループ編［2008］『中小企業は環境ビジネスで儲けなさい』中経出版
星野智［2009］『環境政治とガバナンス』中央大学出版部
堀内行蔵＝向井常雄［2006］『実践環境経営論』東洋経済新報社
牧野昇［1998］『環境ビッグ・ビジネス』PHP研究所
牧野昇［2001］『環境ビジネス新時代』経済界
牧野昇＝三菱総合研究所・循環システム研究チーム［2001］『環境ビジネス新時代』経済界
舛添要一［1999］『完全図解　日本のエネルギーの危機』共立出版株式会社
松下和夫［2002］『環境ガバナンス』岩波書店
松下和夫［2007］『環境政策学のすすめ』丸善株式会社
松下潤＝黒澤俊雄＝君島真仁［2005］『これからのエネルギーと環境』東洋経済新報社
松田雅央［2004］『環境先進国ドイツの今』学芸出版社
真船洋之助他編［2005］『環境マネジメントハンドブック』日本工業新聞社
満田久義［2005］『環境社会学への招待』朝日新聞社
みずほ情報総研［2008］『図解よくわかる排出権取引ビジネス　第4版』日刊工業新聞社
水村典弘［2004］『現代企業とステークホルダー』文眞堂
三井情報開発総合研究所編［2000］『産業のグリーン変革』東洋経済新報社
三浦永光編［2004］『国際関係の中の環境問題』有信堂
三橋規宏［1998］『環境経済入門』日本経済新聞社
三橋規宏［2001］『ゼロエミッションガイドライン』海象社
三橋規宏編［2001］『地球環境と企業経営』東洋経済新報社
三橋規宏［2006］『サステナビリティ経営』講談社
三橋規宏［2008］『よい環境規制は企業を強くする』海象社
三橋規宏［2009］『グリーンリカバリー』日本経済新聞出版社
三菱総合研究所［2001］『全予測環境＆ビジネス』ダイヤモンド社
三菱総合研究所［2002］『手にとるように環境問題がわかる本』かんき出版
三菱UFJリサーチ＆コンサルティングCSR研究プロジェクト編［2006］『決定版わかるCSR』同文舘出版
南博方＝大久保規子［2006］『要説　環境法』有斐閣
御堀直嗣［2002］『ホンダトップトークス』アーク出版
宮崎智彦［2008］『ガラパゴス化する日本の製造業』東洋経済新報社
御代川貴久夫＝関啓子［2008］『環境教育を学ぶ人のために』世界思想社教学社

諸富徹他[2008]『環境経済学講義』有斐閣
森本三男[1994]『企業社会責任の経営学的研究』白桃書房
八木信一[2004]『廃棄物の行財政システム』有斐閣
矢澤秀雄=湯田雅夫編[2004]『環境管理会計概論』税務経理協会
矢島洋一=磯辺志津子[2002]『環境・グリーンビジネス最前線』工業調査会
柳憲一郎[2001]『環境法政策』亜紀書房
矢野経済研究所編[2005]『ネット通販市場の現状分析と将来予測 2006年版』矢野経済研究所
矢野昌彦他[2004]『経営に活かす環境戦略の進め方』オーム社
山家公雄[2009]『オバマのグリーン・ニューディール』日本経済新聞出版社
山倉健嗣[1993]『組織間関係』有斐閣
山口光恒[2000]『地球環境問題と企業』岩波書店
山口光恒[2002]『環境マネジメント』日本放送出版協会
山谷修作編[2000]『廃棄物とリサイクルの公共政策』中央経済社
山田賢次[2005]『ISO14001：これでわかった2004年度版改定の要点と環境マネジメントシステム構築術』中央法規
山本和夫=國部克彦[2001]『IBMの環境経営』東洋経済新報社
山本正[2000]『企業とNPOのパートナーシップ』アルク
山本良一編[1994]『エコマテリアルのすべて』日本実業出版社
山本良一[1995]『地球を救うエコマテリアル革命』株式会社徳間書店
山本良一[1999]『戦略環境経営エコデザイン』ダイヤモンド社
山本良一[2001]『サステナブル・カンパニー』ダイヤモンド社
山本良一編[2005]『サスティナブル経済のビジョンと戦略』日科技連出版社
山本良一=山口光恒[2001]『環境ラベル』産業環境管理協会
山本良一=鈴木淳史編[2008]『エコイノベーション』生産性出版
行本正雄=西哲生=立田真文[2006]『ごみゼロ社会は実現できるか』コロナ社
吉野定治[2002]『環境会計「7つの道具」』日本法令
寄本勝美編[2002]『地球時代の自治体環境政策』ぎょうせい
和気洋子=早見均編[2004]『地球温暖化と東アジアの国際協調』慶應義塾大学出版会
渡辺孝編[2008]『アカデミック・イノベーション』白桃書房
和田木哲哉[2008]『爆発する太陽電池産業』東洋経済新報社

＜雑誌・論文＞

蟻生俊夫「CSRとステークホルダー・エンゲージメント」『白鴎ビジネスレビュー』 Vol.18, No.1, 白鴎大学ビジネス開発研究所, 11-21頁
安藤眞「環境ビジネスの現状と中堅・中小企業の役割」『あさひ銀総研レポート』2000年9月号, あさひ銀総合研究所

参考文献

五十嵐修「中小企業の環境ビジネスの現状と課題」『あさひ銀総研レポート』2000年9月号, あさひ銀総合研究所

石黒昭弘「水質浄化"組ひも"技術に世界が注目」『潮』2008年3月号, 潮出版社

今掘洋子＝盛岡通[2003]「家電におけるサービサイジングの可能性に関する研究」『環境情報論文集17』環境情報センター, 別冊, 259-264頁

岩上勝一「環境ビジネス最前線　シンガポール　新たな水資源をつくるハイフラックス」『ジェトロセンサー』2005年12月号, 日本貿易振興機構

X conscious 編集部「Conscious レポート　米国で誕生したビジネスモデル」『X conscious』2007年11月号, 日本能率協会総合研究所

大江宏「環境マーケティングの現在とこれから」『企業診断』同友館, 2001年9月号

大久保敦「環境ビジネス最前線　チリ　畜産CDMでリードするアグロスーペル」『ジェトロセンサー』2005年6月号, 日本貿易振興機構

太田宏「環境政策の舵は切られるのか　グリーン・ニューディールの実現性」『外交フォーラム』2009年3月号, 都市出版

環境庁エコビジネス研究会「環境にやさしい産業」『環境研究』1990年6月号, 日立環境財団

郡嶌孝「グリーンサービサイジングとは？」『アース・ガーディアン』日報アイ・ビー

小竹忠「燃費向上, 物流効率化進む　運輸部門のCO_2, 2年連続減少」『エネルギーレビュー』2005年7月号, エネルギーレビューセンター

古明地正俊「グリーンITロードマップ」『知的資産創造』野村総合研究所コーポレートコミュニケーション部, 2009年2月号

小林哲晃「グリーン・サービサイジング・ビジネスの普及に向けた施策の現状と展望」『資源環境対策』2008年1月号, 環境コミュニケーションズ

小柳秀明「最近の中国の環境政策動向」『環境研究』2008年5月号, 日立環境財団

関澤秀哲「省エネ技術を世界へ移転しよう」『日経ビジネス』2007年7月30日号特別版, 日経BP社

坪井千香子「企業の環境教育の現状と課題」『グリーン・エージ』2009年7月号, 日本緑化センター

中島康雄「世界をリード, 家電省エネ技術　日本のトップランナー方式の成果」『エネルギーレビュー』2005年7月号, エネルギーレビューセンター

明日香壽川「中国の温暖化対策国際枠組み"参加"問題を考える」『環境研究』2008年5月号, 日立環境財団

原田幸明「持続可能な社会に向けてのエコマテリアル」『応用物理』Vol.76, No.9, 応用物理学会, 1020-1025頁

平沼光「環境技術を支えるレアメタル　安定確保のための3つの戦略」『週刊エコノミスト』2009年5月26日特大号, 毎日新聞社

藤本隆宏＝延岡健太郎[2006]「競争力分析における継続の力：製品開発と組織能力の進化」『組織科学』Vol.39, No.4, 組織学会編, 43-55頁
松尾篤「グローバル化する中国企業(4)サンテック・パワー」『PHPビジネスレビュー』2009年1・2月号, PHP総合研究所
宮地晃輔「アジアにおける環境会計の発展過程と今日的論点」『アジア共生学会年報』アジア共生学会, 2007年5月号
宮地晃輔「中国の環境問題解決のための環境会計技術移転問題に関する一考察」『東Asia企業経営研究』日本企業経営学会, 2007年11月号
山倉健嗣[1981]「組織間関係論の生成と展開」『組織科学』Vol.15, No.4, 組織学会編, 24-34頁
山倉健嗣[1995]「組織間関係と組織間関係論」『横浜経営研究』Vol.16, No.2, 横浜経営学会, 56-68頁
吉田登「グリーン・サービサイジングがめざすもの」『資源環境対策』2008年1月号, 環境コミュニケーションズ
『アジア共生学会年報』2007年5月号, アジア共生学会編
『アース・ガーディアン』2008年5月号, 日報アイ・ビー
『EG』2001年9月号, 経済産業調査会編
『潮』2008年3月号, 潮出版社
『エネルギーレビュー』2005年7月号, エネルギーレビューセンター
『X conscious』2007年11月号, 日本能率協会総合研究所
『OHM』2004年2月号, オーム社
『応用物理』2007年9月号, 応用物理学会
『外交フォーラム』2009年3月号, 都市出版
『環境会議』2009年秋号, 宣伝会議
『環境管理』2004年12月号, 産業環境管理
『環境管理』2006年6月号, 産業環境管理
『環境研究』2008年5月号, 日立環境財団
『環境研究』2008年8月号, 日立環境財団
『官公庁公害専門資料』2002年9月号, 公害研究対策センター
『官公庁環境専門資料』2008年7月号, 公害研究対策センター
『企業診断』2001年9月号, 同友館
『企業診断』2006年9月号, 同友館
『グリーン・エージ』2009年7月号, 日本緑化センター
『経営システム』2006年10月号, 日本経営工学会
『経済界』2007年11月13日, 経済界
『経済産業公報』2005年9月2日号, 経済産業調査会編
『月刊政府資料』2003年6月25日, 社団法人政府資料等普及調査会
『産業機械』2008年8月号, 日本産業機械

参考文献

『資源環境対策』2006年9月号，環境コミュニケーションズ
『資源環境対策』2008年1月号，環境コミュニケーションズ
『資源環境対策』2009年3月号，環境コミュニケーションズ
『資源環境対策』2009年4月号，環境コミュニケーションズ
『週刊エコノミスト』2009年5月26日特大号，毎日新聞社
『週刊エコノミスト』2009年7月7日号，毎日新聞社
『週刊東洋経済』2008年3月22日号，東洋経済新報社
『ジェトロセンサー』1998年8月号，日本貿易振興機構
『ジェトロセンサー』2003年10月号，日本貿易振興機構
『ジェトロセンサー』2005年6月号，日本貿易振興機構
『ジェトロセンサー』2005年12月号，日本貿易振興機構
『ジェトロセンサー』2008年9月号，日本貿易振興機構
『ジェトロセンサー』2008年7月号，日本貿易振興機構
『スタッフアドバイザー』2007年10月号，税務研究会
『地球環境』2009年5月号，日本工業新聞社
『知的資産創造』2009年2月号，野村総合研究所コーポレートコミュニケーション部
『日経エコロジー』2009年8月号，日経BP社
『日経ビジネス』2007年7月30日号特別版，日経BP社
『日経ビジネス』2007年12月10日号特別版，日経BP社
『日経ビジネス』2009年6月8日号，日経BP社
『日経ビジネス』2009年7月13日号，日経BP社
『日本経済新聞』2009年4月21日朝刊，日本経済新聞社
『日本経済新聞』2009年5月1日朝刊，日本経済新聞社
『日本経済新聞』2009年5月26日朝刊，日本経済新聞社
『日本経済新聞』2009年7月2日朝刊，日本経済新聞社
『日本経済新聞』2009年7月3日朝刊，日本経済新聞社
『日本経済新聞』2009年8月7日朝刊，日本経済新聞社
『日本経済新聞』2009年11月3日朝刊，日本経済新聞社
『日本経済新聞』2009年11月18日朝刊，日本経済新聞社
『News week 日本版』2006年12月6日号，阪急コミュニケーションズ
『News week 日本版』2009年3月18日号，阪急コミュニケーションズ
『白鴎ビジネスレビュー』2008年9月号，白鴎大学ビジネス開発研究所編
『PHPビジネスレビュー』2009年1・2月号，PHP総合研究所
『東Asia企業経営研究』2007年11月，日本企業学会

＜URL等＞

イオンホームページ〈http://www.aeon.info/〉
Bernice, L. [2008], *The China Factor : Major EU Trade Partners' Policies to*

Address Leakage〈http://www.climatestrategies.org/〉
バイオマス白書2007〈http://www.npobin.net/hakusho/2007/〉
キヤノンホームページ〈http://canon.jp/〉
CDP ホームページ〈https://www.cdproject.net/en-US/Pages/HomePage.aspx〉
チャイナ・テレコム〈http://en.chinatelecom.com.cn/corp/sore/index.html〉
週刊ダイヤモンドホームページ〈http://diamond.jp/〉
大建ホームページ〈http://www.daiken.jp/〉
電通リサーチ・グリーンコンシューマー環境意識調査1998（日本消費経済年報〈http://www.zeikei.co.jp/syouhi_g/PDF/s22-7.pdf〉）
エコプロダクツ概要〈http://www.meti.go.jp/press/20050815001/2-ecoproset.pdf〉
エコプロダクツ2009〈http://www.eco-pro.info/eco2009/index.html〉
エコプロダクツと経営戦略研究会［2005］〈http://www.meti.go.jp/press/20050815001/2-ecopro-set.pdf〉
EIC ネット〈http://www.eic.or.jp/〉
エコツーリズム推進法第2条〈http://www.env.go.jp/nature/ecotourism/law/law.pdf〉
エスコ〈http://www.esco-co.jp/business/〉
EU の地球温暖化への取組み〈http://www.ndl.go.jp/jp/data/publication/document/2008/20080308.pdf〉
富士通 HP〈http://jp.fujitsu.com/〉
外務省ホームページ〈http://www.mofa.go.jp/mofaj/〉
グローバルテクノ ISO 情報用語集〈http://www.gtc.co.jp/glossary/index.html〉
Goedkoop, M. J. = Halen, C. J. G. = Riele, H. R. M. = Rommens, P. J. M. [1997], *Product Service systems, Ecological and Economic Basics.*〈http://www.pre.nl/pss/〉
GRI サステナビリティリポーティングガイドライン 2002〈http://www.globalreporting.org/NR/rdonlyres/86CE751C-0716-483C-A660-C1649BDD60DE/0/2002_Guidelines_JPN.pdf〉
日立グループ・環境報告書2002〈http://www.hitachi.co.jp/csr/csr_images/khoukoku2002.pdf〉
ホンダホームページ〈http://www.honda.co.jp/〉
ホンダ環境への取組み〈http://www.honda.co.jp/environment/steps/green_factory/fg030700.html〉
ホンダホームページ・PRESS 記事情報〈http://www.honda.co.jp/news/1999/c991110.html〉
IEAPPSP 統計データ〈http://www.iea-pvps.org/trends/download/2008/Table_Seite_02.pdf〉
ISO/SR 国内委員会・ISO26000照会原案（DIS）邦訳〈http://iso26000.jsa.or.jp/_

files/doc/2009/iso26000 _disjr.pdf〉

ITpro〈http://itpro.nikkeibp.co.jp/〉

加賀田和弘[2007]「環境問題と企業経営：その歴史的展開と企業戦略の観点から」〈http://barrel.ih.otaru-uc.ac.jp/bitstream/10252/1203/〉

環境 goo〈http://eco.goo.ne.jp/〉

環境教育推進法〈http://www.env.go.jp/policy/suishin _ho/03.pdf〉

環境省ホームページ〈http://www.env.go.jp/〉

環境と開発に関するリオ宣言〈http://www.env.go.jp/council/21kankyo-k/y210-02/ref _05 _1.pdf〉

鹿島建設ホームページ〈http://www.kajima.co.jp/〉

経済産業省資源エネルギー庁ホームページ〈http://www.enecho.meti.go.jp/〉

経済産業省グリーン・サービサイジング研究会報告書〈http://www.meti.go.jp/policy/eco _business/servicizing/html/report.html〉

経済産業省ホームページ〈http://www.meti.go.jp/〉

国際連合グローバルコンパクトホームページ〈http://www.unic.or.jp/globalcomp/index.htm〉

LOHAS project〈http://lohasproject.jp/magazine/081218/index.html〉

三井住友海上火災ホームページ〈http://www.ms-ins.com/〉

文部科学省ホームページ〈http://www.mext.go.jp/〉

文部科学省技術・研究基盤部会産学官連携推進委員会〈http://www.mext.go.jp/b _menu/shingi/gijyutu/gijyutu8/toushin/010701.htm〉

内閣府 NPO ホームページ・都道府県別申請数と認証数〈http:// www.npo-homepage.go.jp/data/pref.html〉

内閣府・PFI アニュアルレポート 2008〈http://www8.cao.go.jp/pfi/pdf/annual.html〉

NEC 環境アニュアルレポート2009〈http://www.nec.co.jp/csr/ja/report2009/〉

NEC 環境フォーラム2003・藤村コノエ（NPO法人環境文明21専務理事）公開資料〈http://www.it-eco.net/forum/seminar/down/fujimura _panel.pdf〉

NEC・環境ソリューション〈http://www.nec.co.jp/ecosol/feature/feature04.html〉

NEDO 海外レポート〈http://www.nedo.go.jp/kankobutsu/report/1045/1045-12.pdf〉

日経ネット〈http://www.nikkei.co.jp/〉

日経ビジネス〈http://business.nikkeibp.co.jp/〉

日経 WOMAN〈http:// woman. nikkei. co. jp / news / article. aspx?id = 20090129ax030n1〉

日本エネルギー経済研究所〈http://www.meti.go.jp/policy/global _environment/report/chapter9.pdf〉

日本環境認証機構〈https://www.jaco.co.jp/jaconet _info/img/1105.pdf〉

日本工業標準調査会(JISC)〈http://www.jisc.go.jp/newstopics/2000/i14_025.pdf〉
日本産業廃棄物処理振興センターホームページ〈http://www.jwnet.or.jp/〉
日本通信販売協会統計データ〈http://www.jadma.org/data/index.html〉
農林水産省ホームページ〈http://www.maff.go.jp/〉
NPO法人環境文明〈21http://www.neting.or.jp/eco/kanbun/〉
パナソニックホームページ〈http://panasonic.co.jp/〉
北京オリンピックと環境ビジネス〈http://www.pref.aichi.jp/ricchitsusho/gaikoku/report_letter/report/h19/report1906sha.pdf〉
ペトロチャイナ・社会環境ページ〈http://www.petrochina.com.cn/Ptr/Society_and_Environment07/〉
Q-CELLSホームページ〈http://www.q-cells.com/en/index.html〉
産業構造審議会環境部会廃棄物・リサイクル小委員会第4回基本政策WG〈http://www.meti.go.jp/policy/recycle/main/admin_info/committee/j/04/j04_3-1.pdf〉
西友ホームページ〈http://www.seiyu.co.jp/〉
世界地図白地図〈http://www.sekaichizu.jp/atlas/worldatlas/p800_worldatlas.html〉
シャープホームページ〈http://www.sharp.co.jp/〉
四国タオル工業組合ホームページ〈http://www.Stia.jp/〉
省エネルギーセンター〈http://www.eccj.or.jp/〉
清水建設ホームページ〈http://www.shimz.co.jp/〉
新エネルギーの現状と平成20年度新エネルギー対策予算案等の概要について〈http://www.meti.go.jp/committee/materials/downloadfiles/g80201b02j.pdf〉
損保ジャパンホームページ〈http://www.sompo-japan.co.jp/〉
損保ジャパンCSRコミュニケーションレポート〈http://www.sompo-japan.co.jp/about/csr/report/index.html〉
住友信託銀行調査月報[2005/1]〈http://www.sumitomotrust.co.jp/RES/research/PDF2/645_4.pdf〉
サンテックホームページ〈http://www.suntech-power.com/〉
サントリーホームページ〈http://www.suntory.co.jp/〉
證券新報〈http://www.syokenshimpo.co.jp/index.html〉
帝国データバンクホームページ〈http://www.tdb.co.jp/〉
ザ・ボディショップホームページ〈http://www.the-body-shop.co.jp/index.html〉
東京電力ホームページ〈http://www.tepco.co.jp/〉
東京電力環境行動レポート〈http://www.tepco.co.jp/eco/report/lcl/01_2-j.html〉
東京海上日動火災ホームページ〈http://www.tokiomarine-nichido.co.jp/〉
トヨタ Environmental&SocialReport2003〈http://www.toyota.co.jp/jp/environmental_rep/03/pdf/kankyouohoukoku2003.pdf〉

トヨタ自動車環境用語集〈http://www.toyota.co.jp/jp/environment/communication/glossary/glossary_01.html〉
トヨタ SustainabilityReport2008〈http://www.toyota.co.jp/jp/csr/report/08/download/index.html〉
WIREDVISION〈http://wiredvision.jp/〉
WWEA（世界風力エネルギー協会）〈http://www.wwindea.org/home/index.php〉
税務経理協会ホームページ〈http://www.zeikei.co.jp/〉

索　引

あ 行

ISO（国際標準化機構）　136
ISO14001　136
IPCC　2, 25
あかり安心サービス　125
井熊均　13
池内タオル株式会社　98
イノベーション　123
イメージ・リスク　119
EU-ETS　198
WEEE指令　194
win-winの関係　161
エクソンバルディーズ号事件　15
エコアクション21　69
エコステージ　69
エコタウン事業　43
エコツーリズム　90
エコ・ディベロップメント　46
エコビジネス
　——の主体　11
　——のステークホルダー　13
　——の定義　6, 8
　——の「分類」　62
エコビジネスネットワーク　7
エコファンド　91, 166
エコプロダクツ　85
エコマテリアル　86
エスティ＝ウィンストン　159
ESCO事業　90, 249
NGO　173
NPO　173
エンド・オブ・パイプ　93
ODA　52

か 行

外部機能　140
拡大生産者責任　96
価値連鎖　114
家電リサイクル法　185
カーボンディスクロージャープロジェクト　208

簡易版EMS　69
環境イノベーション　123
環境影響　154
環境ODA　44, 61
環境会計　140
　——の内部機能　140
環境関連銘柄　163
環境規制　184
環境基本法　51
環境教育　39, 240
環境クズネッツ曲線　233
環境経営　54
環境経済学　57
環境経営戦略　108
環境コンサルティング　65
環境コスト　117
環境コミュニケーション　146
環境効率　115
環境広告　91
環境社会学　57
環境情報　145
環境政策　187
環境先進企業　109
環境側面　154
環境中心主義　112
環境適合設計　121
環境の目　107
環境パフォーマンス評価　134
環境ベンチャー　236
　——の類型　238
環境報告書　146
環境マーケティング　120
環境マネジメントシステム　132
環境メディア論　175
環境問題　2
環境ラベル　148
環境リスク　118
環境リスク・マネジメント　119
企業の社会的責任　5
岸川善光　72, 236
機能的定義　125
揮発性有機化合物（VOC）　186

281

キャップ&トレード方式　198
キヤノン　149
ギャランティード・セイビングス契約
　　249
Qセルズ　229
競争戦略　111
共同実施　197
京都議定書　31
キリンビール　95
國部克彦　118, 145
グリーンIT　117, 129
クリーン開発メカニズム　197
グリーン購入　135, 162
グリーンコンシューマー　40
グリーン・サービサイジング　245
　――の分類　247
グリーン調達　135
グリーンニューディール　214, 216
グリーンピース　127
グローバル・コンパクト　26
KES　69
ゲマワット，G.P　102
5R　94
コア・コンピタンス　128
公害国会　42
公害問題　28
国内クレジット制度　200, 207
国連人間環境会議　38
COP15　49, 196
COP3　196
コーポレートブランド　102
コモディティ化　231

さ　行

サスティナビリティ　20, 23, 35
サプライチェーン　72
3R　94
産学連携　167
産業ライフサイクル　120
サンテック　228
シェアード・セイビングス契約　249
JAB　137
資源有効利用促進法　185
自動車リサイクル法　185
CVCCエンジン　190

社会的責任投資　164
食品リサイクル法　185
新エネルギー　80
シンクタンク　169
水素・燃料電池　82
垂直統合　229
鈴木幸毅　46
ステークホルダー　12, 14
ステークホルダー・エンゲージメント
　　158
ステークホルダー評価マトリクス　161
スーパーファンド法　155
スマートグリッド　217
静学モデル　184
ゼロエミッション　94
ソニー　118
ソフトサービス系環境ビジネス　89
損保ジャパン　177

た　行

太陽光発電　81
宝酒造　142
谷本寛治　5, 162
WBCSD　115
地球環境問題の特性　5
地球環境リスク　119
知識創造のプロセス　123
DBO (Desigh-Build-Operate)　252
ディマンド・チェーン　72
動学モデル　184
東京海上日動　179
特定有害物質　194
土壌汚染対策法　185
トップランナー方式　191
ドメイン　125
トヨタ　83, 95
ドラッカー，D. P. F　122
取引コスト　234
トリプルボトムライン　18
トレーサビリティ　103

な　行

ナイロビ会議　47
中村吉明　7

は 行

バイオマス　82
バイオマス・ニッポン総合戦略　102
廃棄物・リサイクル関連ビジネス　93
排出量取引　197
ハイブリット車　107
パナソニック　124
バーニー，B. J. B　229
PRTR 法　185
PFI 事業　251
BLO (Build-Lease-Operate)　251
BOT (Build-Operate-Transfer)　251
ピグー税　57
ビジネス・システム　72
ビジネスライセンス　195
PDCA サイクル　20
BUND　213
風力発電　82
物理的定義　125
ブレントスパー事件　181
プロジェクトファイナンス　253
米国環境保護庁　143
ベイドンフラー＝ストップフォード　100
ベースライン＆クレジット方式　199
ベンチャー・ビジネス　236
ポーター，P. M. E　111
ポーター仮説　184
ホットエア問題　199
ホンダ　201

ま 行

マーケット・リスク　119
マーケティング・ミックス　120
マスキー法　189
マテリアルフローコスト会計　142
三井住友海上　179
三橋規宏　22, 205
森本三男　5
モントリオール議定書　31

や 行

山倉健嗣　75
山本良一　86
4R　94

四大公害問題　28

ら 行

ライフサイクルアセスメント　134
ラブ・キャナル事件　78
リオ宣言　48
リーガル・リスク　119
リコー　116
REACH 規制　195
ルメルト　100
連関図法　99, 104
RoHS 指令　194
ロハス　11

わ 行

ワシントン条約　31

＜編著者略歴＞

岸川善光（KISHIKAWA, Zenko）
- ・学　　歴：東京大学大学院工学系研究科博士課程（先端学際工学専攻）修了。博士（学術）。
- ・職　　歴：産業能率大学経営コンサルティングセンター主幹研究員、日本総合研究所経営システム研究部長、同理事、東亜大学大学院教授、久留米大学教授（商学部・大学院ビジネス研究科）を経て、現在、横浜市立大学教授（国際総合科学部・大学院国際マネジメント研究科）。その間、通産省（現経済産業省）監修『情報サービス産業白書』白書部会長を歴任。1981年、経営コンサルタント・オブ・ザ・イヤーとして「通産大臣賞」受賞。
- ・主要著書：『ロジスティクス戦略と情報システム』産業能率大学、『ゼロベース計画と予算編成』（共訳）産能大学出版部、『経営管理入門』同文舘出版、『図説経営学演習（改訂版）』同文舘出版、『環境問題と経営診断』（共著）同友館（日本経営診断学会・学会賞受賞）、『ベンチャー・ビジネス要論』（編）同文舘出版、『イノベーション要論』（編著）同文舘出版、『ビジネス研究のニューフロンティア』（共著）五弦社、『経営戦略要論』同文舘出版、『経営診断要論』同文舘出版（日本経営診断学会・学会賞（優秀賞）受賞）、『ケースブック経営診断要論』（編著）同文舘出版、『ケースブック経営管理要論』（編著）同文舘出版、『アグリビジネス特論』（編著）学文社など多数。

朴慶心（PARK, Kyeong Sim）
- ・学　　歴：久留米大学大学院ビジネス研究科博士前期課程修了。修士（経営学）。現在、横浜市立大学大学院国際マネジメント研究科博士後期課程在学中。
- ・主要著書・論文：『アグリビジネス特論』（共編著）学文社、「半導体市場における韓国企業の競争優位戦略の枠組みと特徴に関する一考察—三星・東芝・インテルの比較分析の視点から—」久留米大学大学院ビジネス研究科。

エコビジネス特論

2010年3月30日　第一版第一刷発行

編著者　岸川善光

発行所　株式会社　学文社

発行者　田中千津子

〒153-0064　東京都目黒区下目黒3-6-1
電話(03)3715-1501（代表）　振替 00130-9-98842
http://www.gakubunsha.com

落丁、乱丁本は、本社にてお取り替え致します。
定価は、売上カード、カバーに表示してあります。

印刷／東光整版印刷㈱
＜検印省略＞

ISBN 978-4-7620-2076-6
© 2010 KISHIKAWA Zenko　Printed in Japan